城市安全发展研究系列

城市安全发展体系研究

杨文涛　张晓蕾　高伟华　著

应急管理出版社

·北　京·

图书在版编目（CIP）数据

城市安全发展体系研究／杨文涛，张晓蕾，高伟华著． －－ 北京：应急管理出版社，2022

（城市安全发展研究系列）

ISBN 978 - 7 - 5020 - 9564 - 2

Ⅰ.①城…　Ⅱ.①杨…　②张…　③高…　Ⅲ.①城市管理—安全管理—研究—中国　Ⅳ.①X92②D63

中国版本图书馆 CIP 数据核字（2022）第 202964 号

城市安全发展体系研究（城市安全发展研究系列）

著　　者	杨文涛　张晓蕾　高伟华	
责任编辑	唐小磊　郑素梅	
责任校对	张艳蕾	
封面设计	解雅欣	

出版发行　应急管理出版社（北京市朝阳区芍药居 35 号　100029）

电　　话　010 - 84657898（总编室）　010 - 84657880（读者服务部）

网　　址　www.cciph.com.cn

印　　刷　北京建宏印刷有限公司

经　　销　全国新华书店

开　　本　710mm×1000mm$\frac{1}{16}$　**印张**　18$\frac{3}{4}$　**字数**　354 千字

版　　次　2022 年 11 月第 1 版　2022 年 11 月第 1 次印刷

社内编号　20221404　　　　**定价**　65.00 元

前　　言

随着经济社会的快速发展，我国城市规模越来越大，流动人口多、高层建筑密集、经济产业集聚，城市已成为一个复杂的社会机体和巨大的运行系统。城市传统安全矛盾正在集中凸显，新业态、新产业、新技术带来的新风险与日俱增，且与自然灾害风险相互耦合。城市普遍面临着安全风险叠加化、风险管理碎片化、政府监管单一化等难题和挑战。

在现代化建设的新时期，城市不仅要有风景靓丽的"天际线"，更要有安全发展的"地平线"。推进城市安全发展是贯彻落实习近平总书记重要指示批示精神的重大举措，是践行"人民至上、生命至上"发展理念的必然要求，是解决当前城市安全突出问题的重要抓手，是深化安全生产专项整治的重要载体，是推进国家治理体系和治理能力现代化的坚实基础。

为强化城市运行安全保障，有效防范事故发生，党中央、国务院高度重视城市安全工作，在《关于推进城市安全发展的意见》中要求：牢固树立安全发展理念，弘扬生命至上、安全第一的思想，强化安全红线意识，推进安全生产领域改革发展，切实把安全发展作为城市现代文明的重要标志，落实完善城市运行管理及相关方面的安全生产责任制，健全公共安全体系，打造共建共治共享的城市安全社会治理格局，促进建立以安全生产为基础的综合性、全方位、系统化的城市安全发展体系，全面提高城市安全保障水平。

城市安全发展意义重大，使命光荣。为此，本书撰写人员在研究城市安全发展战略，总结梳理全国超大、特大型城市安全发展的经验、工作成果及未来发展方向的基础上，围绕自然灾害、事故灾难两个方面认真分析城市各行业领域安全发展工作成效，提炼出城市安全发展责任体系、城市安全风险防控体系、城市隐患排查治理体系、城市应急管理体系、城市防灾减灾体系、城市安全文化体系、城市安全科技支撑体系七大体系。

城市安全任重道远，必须坚持创新发展，实现发展全过程和各行业领域更高质量、更有效率、更可持续、更为安全的发展；必须加强前瞻性思考、全局性谋划、战略性布局、整体性推进，实现发展规模、速度、质量、结构、效益、安全相统一。要努力建成与高质量安全发展相适应的城市安全发展体系，推动安全防控、隐患排查治理、应急管理、防灾减灾、安全文化、安全科技等建设取得明显进步，城市重点行业、重点领域、重点场所安全水平明显改善，灾害防御能力显著增强，城市整体安全文化氛围更加浓郁，实现城市安全更大发展。

著　者

2022 年 7 月

目　　次

1 绪论 ……………………………………………………… 1

　1.1 城市安全发展的重要性 ………………………………… 1

　1.2 城市安全发展的基本要求 ……………………………… 3

　1.3 城市安全发展的科技支撑 ……………………………… 4

2 城市安全发展责任体系 ……………………………………… 6

　2.1 城市各级党政领导责任 ………………………………… 6

　2.2 行业领域监管责任 ……………………………………… 7

　2.3 生产经营单位主体责任 ………………………………… 8

3 城市安全风险防控体系 …………………………………… 16

　3.1 安全风险防控流程 ……………………………………… 16

　3.2 生产经营单位安全风险防控 …………………………… 16

　3.3 板块及行业安全风险防控 ……………………………… 31

　3.4 持续提升安全风险防控水平 …………………………… 31

　3.5 重点行业领域安全风险防控要求 ……………………… 33

4 城市隐患排查治理体系 …………………………………… 95

　4.1 隐患排查治理工作职责 ………………………………… 95

　4.2 隐患排查治理工作流程 ………………………………… 97

　4.3 隐患分级 ………………………………………………… 99

　4.4 生产经营单位隐患排查治理 …………………………… 99

　4.5 主要行业领域隐患排查重点 ………………………… 101

5 城市应急管理体系 ……………………………………… 128

　5.1 应急管理的内涵 ……………………………………… 129

　5.2 城市应急管理的主要任务 …………………………… 130

5.3　应急组织体系 ……………………………………………… 134

5.4　应急预案体系 ……………………………………………… 136

5.5　应急物资及装备 …………………………………………… 139

5.6　应急救援队伍 ……………………………………………… 141

5.7　应急避难场所 ……………………………………………… 147

5.8　监测预警系统 ……………………………………………… 153

6　城市防灾减灾体系 ……………………………………… 156

6.1　防灾减灾工作的重要性 …………………………………… 156

6.2　城市综合防灾工作重点 …………………………………… 158

6.3　防震减灾 …………………………………………………… 168

6.4　防洪救灾 …………………………………………………… 183

6.5　城市内涝防治 ……………………………………………… 194

6.6　地质灾害防治 ……………………………………………… 198

6.7　气象灾害防御 ……………………………………………… 209

7　城市安全文化体系 ……………………………………… 236

7.1　安全文化在城市安全中的重要性 ………………………… 236

7.2　城市安全文化的主要任务 ………………………………… 239

7.3　开展城市安全文化建设 …………………………………… 242

7.4　开展城市安全文化建设评估 ……………………………… 252

8　城市安全科技支撑体系 ………………………………… 271

8.1　安全科技发展现状 ………………………………………… 271

8.2　安全科技发展机遇 ………………………………………… 275

8.3　安全科技创新发展方向 …………………………………… 276

8.4　城市安全科技发展前沿 …………………………………… 281

后记 ……………………………………………………………… 289

1　绪　　论

安全发展是提高城市文明程度和管理水平的具体体现，也是建立城市居住、生活、工作新模式的首要前提和保障。城市要牢固树立以人民为中心的发展思想，正确处理安全与发展、安全与效益的关系，始终把安全作为头等大事来抓，努力筑牢安全屏障，提升安全韧性能力，坚决守住安全底线，为实现高质量发展提供坚实可靠的安全保障。

1.1　城市安全发展的重要性

1.1.1　城市发展带来的安全问题

城市发展带来的安全问题主要有以下三个方面：

（1）城市化进程导致安全"城市病"问题凸显。当前我国正处于工业化、城镇化持续推进的过程中，城市人口、功能和规模不断扩大，发展方式、产业结构和区域布局发生了深刻变化，城市已成为一个复杂的社会机体和巨大的运行系统。由于产业集中、人员聚集、经济体量增大以及近些年自然条件急剧变化，导致各种事故风险叠加，安全事故对承灾体、脆弱性目标造成的破坏、损失和影响较以往更为显著，诸如工业生产经营单位火灾爆炸、建筑施工场所人身伤亡、道路交通事故多发、水上交通事故救援困难、老旧房屋坍塌、城镇燃气管道及终端用户燃气爆炸、玻璃幕墙坠落、高层及超高层建筑火灾、城市道路塌陷、地下管网老旧破损、大型商业综合体及地下空间逃生困难等城市传统安全矛盾正在集中凸显，已经到了需要采取综合管理措施和提升安全应急技术装备集中解决的时候。

（2）产业转型升级，城市安全新问题不断涌现。我国正在推进工业 4.0 以及基于科技端的新型基础设施建设，大力发展新产业和高端科技产业，发展教育、旅游和文化产业，发展生物医药及医疗卫生产业，不断推动国家科技进步和满足人民美好生活的需要。新产业、新技术的发展应用，同时也伴随着新的风险隐患产生。诸如大型游乐设施坍塌及人员坠亡事故时有发生、情景游戏类建筑火灾隐患突出、野外拓展训练或野外赛事故应急救援能力不足、大型人员聚集活动现场管理混乱、学校医院等单位对危险化学品的专业管理不足、物流仓储设施不规范、租赁厂房安全监管困难等问题随着城市经济社会发展不断涌现，需要用发展的思想及时采取各种管理和科技手段助力经济社会和行业生产经营单位转型升级，推动安全创新和社会进步协调发展。

（3）城市风险加大，安全投入和创新不足。城市传统安全矛盾正在集中凸显，新业态、新产业、新技术带来的新风险与日俱增，城市自然灾害风险交织叠加，普遍面临着风险管理零散、政府监管单一、城市安全基础薄弱等难题和挑战。城市管理的基层组织对重大安全风险防控力量较为薄弱，专业能力欠缺，经验不足，无法有效识别、处置基层综合性风险；城市科技创新能力不高，导致重点难点问题依旧突出，安全风险防控信息化建设尚处于起步阶段，实现信息的全面覆盖和实时整合存在困难；风险监测手段仍然薄弱，大量依赖人工监测、巡视，事故苗头难以及时发现；事故响应处置手段不多，应急物资装备不充分，有关风险防控和应急救援的法规标准滞后，导致不能高效、快速处置事故。

1.1.2 城市安全发展的重要意义

党中央、国务院高度重视城市安全工作，习近平总书记多次对城市安全作出重要指示批示。开展国家安全发展示范城市创建工作，是贯彻落实习近平总书记关于城市安全重要指示精神和党中央、国务院决策部署的重要举措，对于全面提升我国城市安全发展水平具有重大而深远的意义。

习近平总书记深刻指出，城市交通、工地和诸多社会环节构成了一个复杂的体系，无时无刻不在运转，稍不注意就容易出问题，强调要加强城市运行安全管理，增强安全风险意识，加强源头治理，防止认不清、想不到、管不到的问题发生。国家安全发展示范城市创建要认真贯彻落实中央决策部署要求，加大工作力度，切实把中央的工作要求转变为实实在在的具体行动，确保中央决策部署落实落地。

推进城市安全发展，是践行"人民至上、生命至上"发展理念的必然要求。城市安全与人民群众息息相关，保障人民群众生命安全是城市运行最重要的标尺。随着城市的发展，我国一些城市安全管理水平与现代化城市发展要求不适应、不协调的问题越来越突出。习近平总书记强调，必须坚持人民至上、紧紧依靠人民、不断造福人民、牢牢根植人民，并落实到各项决策部署和实际工作之中。当前我国社会主要矛盾已经转化为人民日益增长的美好生活需要和不平衡不充分的发展之间的矛盾。要充分运用这一矛盾来审视和分析城市安全工作中的问题和不足，深刻理解安全是满足人民美好生活需要的内涵要义和基础保障，要从人口最集中、风险最突出、管理最复杂的城市抓起，通过推进城市安全发展，始终牢固树立安全发展理念，切实保障人民群众的生命财产安全，为人民群众营造安居乐业、幸福安康的生产生活环境，让人民群众的获得感、幸福感、安全感更加充实、更有保障、更可持续。

推进城市安全发展，是推进国家治理体系和治理能力现代化的坚实基础。习近平总书记在上海考察时指出，城市治理是推进国家治理体系和治理能力现代化的重要内容。如果城市治理能力不足，城市安全事故频发，那么国家治理体系现代化也就只能永远停留在纸上。推动城市安全发展，将城市风险防控关口前移，提升精细管理能力，保持城市安全监管的高压态势，坚决防范遏制重特大事故发生，实现安全生产形势根本好转，就是为推进国家治理体系和治理能力现代化奠定坚实的实践基础。

推进城市安全发展，是新时代发展的迫切需要。当今世界正经历百年未有之大变局，我国发展面临的国内外环境正在发生深刻复杂变化，"十四五"时期以及更长时期的发展对安全工作提出了更为迫切的要求，且比过去任何时候都更加注重城市安全。践行新发展理念，推动更为安全的发展，离不开城市安全；保障人民生产生活安全，满足人民日益增长的美好生活需要，离不开城市安全；顺利开启全面建设社会主义现代化国家新征程，到2035年，建成与基本实现社会主义现代化相适应的安全发展城市，离不开城市安全。唯有坚持以人民为中心的发展思想和"人民至上、生命至上"理念，才能打好统筹发展与安全的战略主动仗，才能推动城市安全发展水平的不断提升。

1.2 城市安全发展的基本要求

城市安全发展应坚持生命至上、安全第一。牢固树立以人民为中心的发展思想，始终坚守发展决不能以牺牲安全为代价这条不可逾越的红线，严格落实地方各级党委和政府的领导责任、部门监管责任、生产经营单位主体责任，加强社会监督，强化城市安全生产防范措施落实，为人民群众提供更有保障、更可持续的安全感。

城市安全发展应坚持立足长效、依法治理。加强安全生产、职业健康法律法规和标准体系建设，增强安全生产法治意识，健全安全监管机制，规范执法行为，严格执法措施，全面提升城市安全生产法治化水平，加快建立城市安全治理长效机制。

城市安全发展应坚持系统建设、过程管控。健全公共安全体系，加强城市规划、设计、建设、运行等各个环节的安全管理，充分运用科技和信息化手段，加快推进安全风险管控、隐患排查治理体系和机制建设，强化系统性安全防范制度措施落实，严密防范各类事故发生。

城市安全发展应坚持统筹推动、综合施策。充分调动社会各方面的积极性，优化配置城市管理资源，加强安全生产综合治理，切实将城市安全发展建立在人民群众安全意识不断增强、从业人员安全技能素质显著提高、生产经营单位和区域安全保障水平持续改进的基础上，有效解决影响城市安全的突出矛盾和问题。

1.3　城市安全发展的科技支撑

党的十八大以来，党中央、国务院高度重视科技创新，作出深入实施创新驱动发展战略的重大决策部署。我国科技创新步入以跟踪为主转向跟踪和并跑、领跑并存的新阶段，正处于从量的积累向质的飞跃、从点的突破向系统能力提升的重要时期，在国家发展全局中的核心位置更加凸显，在全球创新版图中的位势进一步提升，已成为具有重要影响力的科技大国。

城市各级党委、政府高度重视应急管理、安全生产、防灾减灾救灾等工作的科技创新和信息化建设，始终坚持以人为本、生命至上的应急理念，加大应急管理科研支持和投入力度，加强信息化资源整合和平台建设，夯实信息化基础设施，强化精细化、科学化管理，促进应急管理信息化向数字化、网络化阶段跨越，为全面提升应急管理能力提供了有力的科技信息化支撑。

现阶段有关城市安全发展需要重点关注以下科技方向：

（1）提升科学文化素养和科技创新理念。由于对突发事件发展规律的认识存在局限性，更多依靠资源、资本、劳动力等要素投入支撑应急工作，运用科技手段提升社会治理水平的意识有待提高，科技理念有待创新。需顺应当前科技发展潮流，加快应急工作从要素驱动发展为主的传统观念向创新驱动发展的先进理念转变，发挥科技创新的支撑引领作用；需加强应急管理科技在提升突发事件事前预防、事中指挥救援、事后恢复和复盘溯源等方面的支撑能力；需解决日常监管执法工作和社会治理手段相对单一，监管效能偏低，应急人才及队伍科学文化素养等问题；需进一步提升应急管理科技基础规划水平，克服条块分割、布局不平衡、配置不均衡、共享机制缺乏等问题。

（2）完善综合风险监测预警和风险感知体系。提升安全生产和自然灾害防治的监测能力和预警能力，满足全域感知、全面监测、及时预警、安全可靠的需要。加强多灾种和灾害链综合监测、风险早期智能辨识能力，提高灾害风险预测、预报、预警的准确度和时效性。加快建设灾害监测预警所需的系统性、标准化基础数据支撑和数据信息共享机制，实现高效的监测数据接入与集成；推动基于大数据的事故形成机理和演化规律研究，提升智能感知预警与指挥系统支撑能力。

（3）提升应急指挥及监管执法智能化水平。进一步完善应急指挥集成环境建设，加强应急指挥调度平台终端覆盖面，提升现有应急指挥通信的容量、稳定性以及融合接入能力，创新极端条件下的应急通信手段和通信方式；加强综合管理、辅助决策的信息汇聚、数据分析能力；加快森林防火、防汛等专项应急需求的指挥系统建设。推动基于数据驱动的应急管理运行机制转变,利用大数据和人工智能等先进技术提高网络监管执法能力,以智能化手段助力风险防范和精准治理。

(4)强化先进装备配备和救援实战能力。提升应急装备产品科技含量,在重点领域突破一批"卡脖子"的关键核心技术。攻克危险化学品安全防控关键技术装备、森林防火救援专用无人机及配套系统、城市多参数感知设备等一批关键技术与核心仪器装备。推动自主创新,解决应急管理装备多以事中处置为主、事前预防装备和技术相对薄弱,主要依靠"事件推动型"被动发展的问题;解决专业装备缺乏、成套化设备较少,可靠性与环境适应性缺乏科学检验检测标准的问题;解决事件现场处置能力不强,救援力量、物资、装备等调度能力不够,体系化、数字化、可视化作战能力不足的问题。

总之,安全生产、应急救援、防灾减灾等方面的科技创新正处于大有作为的重要战略机遇期,必须牢牢把握机遇,树立创新自信,增强忧患意识,勇于攻坚克难,主动顺应和引领时代潮流,把科技创新摆在更加重要位置,用科技的力量推动城市安全更高、更快地发展。

2 城市安全发展责任体系

始终坚守发展决不能以牺牲安全为代价这条不可逾越的红线，严格落实地方各级党委和政府的领导责任、部门监管责任、生产经营单位主体责任，加强社会监督，强化城市安全生产防范措施落实，为人民群众提供更有保障、更可持续的安全感。

2.1 城市各级党政领导责任

贯彻落实党政领导干部安全生产责任制，坚持"党政同责、一岗双责、齐抓共管、失职追责"，持续完善党政领导干部安全生产职责清单和年度重点工作清单。完善党政领导干部安全生产工作报告制度，将履行安全生产工作责任情况列入各级党委和政府领导班子及其成员述职内容，优化党政领导干部安全生产常态化履职尽责机制，促进安全发展。

城市各级政府践行法治理念，强化法治思维，依法推进安全生产各项工作；把安全发展理念细化到政府工作中，及时研究部署城市安全工作。各级政府及时将城市安全重大工作、重大问题提请党委常委会研究；党委定期研究城市安全重大问题。

研究印发党政领导干部安全生产责任制规定实施办法、党委常委、政府领导班子安全生产职责清单，认真贯彻《地方党政领导干部安全生产责任制规定》，落实各级党政领导干部安全生产责任。领导班子分工体现安全生产"一岗双责"，明确各级党委和政府主要负责人是本地区安全生产第一责任人，对本地区安全生产工作负总责；各级党委、政府班子其他成员对分管范围内的安全生产工作负领导责任。各级党委和政府应当把党政领导干部落实安全生产责任情况纳入党委和政府督查督办重要内容，列入年度督查计划，适时组织开展专项督促检查。

建立由市长任主任，分管领导分工负责，党政、司法部门"一把手"为成员的安全生产委员会以及若干个专业委员会，统筹调度重点行业领域示范创建；出台城市各级各有关部门和单位安全生产工作职责清单，厘清党政部门"三定"职责，明确各个部门安全监管机构，推动部门、乡镇（街道）、村（社区）安全生产职责法定化、清单化。

出台如安全生产委员会工作规则、安全生产领域责任追究事项移送工作规程、生产安全事故领导干部"现场必勘"制度等，规范决策、议事、管理、巡查、警示、约谈、督查督办、考核等机制，压紧压实党政领导责任，强化市安全生产委员会统筹协调城市安全生产工作的权威和效能。从严落实安全生产巡查工作制度，对各地、各部门安全生产履职情况开展巡查；改进安全生产责任考核奖惩机制，积极探索制定符合城市特色的安全生产考核指标体系，严格落实安全生产"一票否决"制度。

出台推进城市安全发展工作考核办法，将推进城市安全发展作为市委全委会、政府工作报告重要内容，列为市委常委会、政府常务会每月议事日程，纳入对标找差高质量发展、部门绩效考核体系，建立形成市对县（区）、县（区）对乡镇（街道）、乡镇（街道）对村（社区）和网格员、市级部门对县（区）级部门一级考评一级的考核体系。强化考核结果运用，建立城市安全发展绩效与领导干部履职评定、职务晋升、奖励惩处挂钩制度。

2.2　行业领域监管责任

深入贯彻习近平总书记关于建立健全"党政同责、一岗双责、齐抓共管、失职追责"安全生产责任体系的重要指示精神，坚持"管行业必须管安全、管业务必须管安全、管生产经营必须管安全"和"谁主管谁负责"，明确城市各级、各有关部门和单位安全生产工作职责，建立健全负有安全生产监督管理职责的部门的责任清单和权力清单，完善安全监管层级责任链，规范乡镇（街道）、各类功能区安全生产监管机构的职能设置和人员配备。建立安全生产监督管理职责动态调整机制，明确新兴行业、领域的安全生产监督管理职责，厘清综合监管部门与各行业主管部门之间的职责边界，消除监管盲区漏洞。完善安全风险会商研判、防控协同和安全保障机制，强化部门监管合力。优化各级安全生产委员会办公室实体化运行机制，推动警示提示、约谈督办等制度落实。

例如，某市工信局制定印发了《市工信局领导班子成员 2020 年安全生产重点工作清单》《2020 年度市工信局安全生产工作任务》，将履行安全生产工作职责情况列入领导班子和班子成员年度述职报告内容，并组织签订安全生产责任书，实现安全生产责任"全员全覆盖"。制定印发《市工信局安全生产重大事项提示单制度》《市工信局安全生产考核评分细则》等制度文件，将安全生产年度考核结果纳入年度绩效综合考核。建立安全生产举报制度，发布受理举报公告。充分发挥工业专委会牵头部门作用。工业专委会专题研究调度安全生产工作，研判工业和信息化领域安全生产风险和要求，组织相关成员单位建立"分管领导＋处室负责人＋安全员"责任网。召开市工业生产经营单位安全生产专委会和市化治办会议，加强部门协同配合，建立健全联动机制，形成部门协同的工作合力。坚持把安全生产与业务工作同步谋划、同步检查、同步总结，形成常态化部署机制。

某市交通运输局强化旅游包车客运安全管理。其会同市文旅局、交管局向旅行社、旅游客运经营单位、维修单位印发《旅游包车客运安全管理试点示范工作实施方案》以及相关的配套制度，探索全面实施旅游包车安全例检，上传例检信息，落实旅客实名制和行包安检管理，并力争在多个方面实现对原有包车安全管理的新突破，支撑试点示范工作有序开展，形成交通、公安、文旅多部门监管合力。强化运游全程管控，通过整合交通信息系统和文旅部门运游综合服务平台，搭建了旅游包车安全管理系统，加强了营运车辆全运营过程、驾驶员全职业过程管理；通过技术管理系统、联合监管系统融入交通运输、公安交管两部门的需求，应用电子戳技术和人脸识别技术，由驾驶员实时上传教育答题结果和行车日志记录，督促驾驶员接受日常培训教育、落实好车辆日常维护要求，推进生产经营单位主体责任深化落实，全面提升旅游客运行业安全水平和服务形象。

2.3 生产经营单位主体责任

生产经营单位是安全生产的责任主体，对本单位的安全生产承担主体责任，应落实安全生产主体责任重点事项清单，建立健全全员安全生产责任制和安全生产规章制度，压实生产经营单位第一责任人责任、全员岗位责任以及安全防控、基础管理和应急处置等责任。加强安全生产标准化、信息化建设，推进安全风险分级管控和隐患排查治理双重预防机制建设，夯实生产经营单位安全生产基础。全面实施安全生产风险报告制度，建立安全风险辨识评估、管控、警示报告制度和重大事故隐患排查治理情况报告制度，健全生产经营单位全过程安全责任追溯制度，完善安全生产承诺制度，推动建立自我约束、持续改进的安全生产内生机制。矿山、金属冶炼、建筑施工、运输单位和危险物品的生产、经营、储存、装卸单位设置安全生产管理机构或者配备专职安全生产管理人员。高危行业领域依法实施安全生产责任保险，在其他行业领域推广安全生产责任保险。生产经营单位加大对安全生产资金、物资、技术、人员的投入保障力度，按照规定提取和使用安全生产费用。关注从业人员的身体、心理状况和行为习惯，实施工伤预防行动计划，建立工伤预防联防联控机制。

2.3.1 建立健全全员安全生产责任制和安全生产规章制度

生产经营单位应当建立、健全安全生产责任制度，实行全员安全生产责任制，明确生产经营单位主要负责人、其他负责人、职能部门负责人、生产车间（区队）负责人、生产班组负责人、一般从业人员等全体从业人员的安全生产责任，并逐级进行落实和考核。考核结果作为从业人员职务调整、收入分配等的重要依据。

生产经营单位应当依据法律、法规、规章和国家、行业或者地方标准，制定涵盖本单位生产经营全过程和全体从业人员的安全生产管理制度和安全操作规程。

安全生产管理制度应当涵盖本单位的安全生产会议、安全生产资金投入、安全生产教育培训和特种作业人员管理、劳动防护用品管理、安全设施和设备管理、职业病防治管理、安全生产检查、危险作业管理、事故隐患排查治理、重大危险源监控管理、安全生产奖惩、事故报告、应急救援，以及法律、法规、规章规定的其他内容。

2.3.2 压实生产经营单位安全责任

生产经营单位的主要负责人是本单位安全生产的第一责任人，对落实本单位安全生产主体责任全面负责，应当：建立、健全并实施本单位全员安全生产责任制；组织制定并督促安全生产管理制度和操作规程的落实；确定符合条件的分管安全生产的负责人、技术负责人；依法设置安全生产管理机构并配备安全生产管理人员，落实本单位技术管理机构的安全职能并配备安全技术人员；定期研究安全生产工作，向职工代表大会、职工大会或者股东大会报告安全生产情况，接受工会、从业人员、股东对安全生产工作的监督；保证安全生产投入的有效实施，依法履行建设项目安全设施和职业病防护设施与主体工程同时设计、同时施工、同时投入生产和使用的规定；组织建立安全风险分级管控和隐患排查治理双重预防机制，督促、检查安全生产工作，及时消除生产安全事故隐患；组织开展安全生产教育培训工作；依法开展安全生产标准化建设、安全文化建设和班组安全建设工作；组织实施职业病防治工作，保障从业人员的职业健康；组织制定并实施事故应急救援预案；及时、如实报告事故，组织事故抢救。

生产经营单位分管安全生产的负责人协助主要负责人履行安全生产职责，技术负责人和其他负责人在各自职责范围内对安全生产工作负责。

矿山、金属冶炼、道路运输、建筑施工单位，危险物品的生产、经营、储存、装卸、运输单位和使用危险物品从事生产并且使用量达到规定数量的单位（即高危生产经营单位），应当按规定设置安全生产管理机构或者配备安全生产管理人员。

生产经营单位的安全生产管理机构以及安全生产管理人员应当：组织或者参与拟订本单位安全生产规章制度、操作规程；参与本单位涉及安全生产的经营决策，提出改进安全生产管理的建议，督促本单位其他机构、人员履行安全生产职责；组织制定本单位安全生产管理年度工作计划和目标，并进行考核；组织或者参与本单位安全生产宣传教育和培训，如实记录安全生产教育培训情况；监督本单位安全生产资金投入和技术措施的落实；监督检查本单位对承包、承租单位安全生产资质、条件的审核工作，督促检查承包、承租单位履行安全生产职责；组织开展危险源辨识和评估，督促落实本单位重大危险源的安全管理措施，监督劳动防护用品的采购、发放、使用和管理；组织落实安全生产风险管控措施，检查本单位的安全生产状况，及时排查事故隐患，制止和纠正违章指挥、强令冒险作业、违反操作规程的行为，督促落实安全生产整改措施；组织或者参与本单位生产安全事故应急预案的制定、演练。

生产经营单位应当支持安全生产管理机构和安全生产管理人员履行管理职责，并保证其开展工作应当具备的条件。生产经营单位安全生产管理人员的待遇应当高于同级同职其他岗位管理人员的待遇。高危生产经营单位应当建立安全生产管理岗位风险津贴制度，专职安全生产管理人员应当享受安全生产管理岗位风险津贴。

2.3.3　加强高危单位安全管理

高危生产经营单位分管安全生产的负责人或者安全总监、安全生产管理机构负责人和安全生产管理人员的任免，应当书面告知负有安全生产监督管理职责的主管部门。

从业人员在300人以上的高危生产经营单位和从业人员在1000人以上的其他生产经营单位，应当设置安全总监。安全总监应当具备安全生产管理经验，熟悉安全生产业务，掌握安全生产相关法律法规知识。安全总监协助本单位主要负责人履行安全生产管理职责，专项分管本单位安全生产管理工作。

从业人员在300人以上的高危生产经营单位和从业人员在1000人以上的其他生产经营单位，应当建立本单位的安全生产委员会。安全生产委员会由本单位的主要负责人、分管安全生产的负责人或者安全总监、相关负责人、专门的安全生产管理机构及相关机构负责人、安全生产管理人员和工会代表以及从业人员代表组成。生产经营单位的安全生产委员会负责组织、指导、协调本单位安全生产工作任务的贯彻落实，研究和审查本单位有关安全生产的重大事项，协调本单位各相关机构安全生产工作有关事宜。安全生产委员会每季度至少召开1次会议，会议应当有书面记录。

2.3.4　合理签订劳动合同及协议

生产经营单位与从业人员签订的劳动合同、聘用合同以及与劳务派遣单位订立的劳务派遣协议，应当载明有关保障从业人员劳动安全、防止职业病危害的事项。生产经营单位应当将工作过程中可能产生的职业病危害及其后果、职业病防护措施和待遇等如实告知从业人员，不得隐瞒或者欺骗。劳务派遣单位无能力或逃避支付劳务派遣人员工伤、职业病相关待遇的，由生产经营单位先行支付。

生产经营单位不得以任何形式与从业人员订立免除或者减轻其对从业人员因生产安全事故、职业病危害事故依法应当承担责任的协议。使用劳务派遣人员的生产经营单位应当将现场劳务派遣人员纳入本单位从业人员统一管理，履行安全生产保障责任，不得将安全生产保障责任转移给劳务派遣单位。

2.3.5 加强经营出租管理

生产经营单位将生产经营项目、场所、设备及交通运输工具发包或者出租的，应当对承包单位、承租单位的安全生产条件或者相应的资质进行审查，并签订专门的安全生产管理协议，或者在承包合同、租赁合同中约定有关的安全生产管理事项。对不具备安全生产条件或者相应资质的，不得发包、出租。生产经营单位对承包单位、承租单位的安全生产工作应统一协调、管理，定期进行安全检查，发现安全问题的，应当及时督促整改。

发包或者出租给不具备安全生产条件或者相应资质的单位、个人，或者未与承包单位、承租单位签订安全生产管理协议、约定安全生产管理事项，发生生产安全事故的，生产经营单位应当承担主要责任，承包、承租单位承担连带赔偿责任。

2.3.6 加强产权变动管理

生产经营单位因改制、破产、收购、重组等发生产权变动的，在产权变动完成前，安全生产的相关责任主体不变；产权变动完成后，由受让方承担安全生产责任，受让方为两个以上的，由控股方承担安全生产责任。

2.3.7 保证安全投入

生产经营单位应当确保本单位具备安全生产条件所必需的资金投入，应将安全生产资金投入纳入年度生产经营计划和财务预算，不得挪作他用。安全生产资金应专项用于：完善、改造和维护安全防护及监督管理设施设备；配备、维护、保养应急救援器材、设备和物资，制定应急预案和组织应急演练；开展重大危险源和事故隐患评估、监控和整改；安全生产评估检查、专家咨询和标准化建设；配备和更新现场作业人员安全防护用品；安全生产宣传、教育、培训；安全生产适用的新技术、新标准、新工艺、新装备的推广应用；安全设施及特种设备检测检验；参加安全生产责任保险等。

生产经营单位应当按照国家和省有关规定建立安全生产费用提取和使用制度。

2.3.8 开展事故赔偿与保险

生产经营单位发生生产安全事故，造成从业人员死亡的，死亡者家属除依法获得工伤保险补偿外，事故发生单位还应当按照有关规定向其一次性支付生产安全事故死亡赔偿金。生产安全事故死亡赔偿金标准按照不低于一年度全国城镇居民人均可支配收入的 20 倍计算。

生产经营单位按照有关规定参加安全生产责任保险的，发生生产安全事故，由承保公司按照保险合同的约定支付相应的赔偿金。

2.3.9　采用先进安全技术

生产经营单位应当推进安全生产技术进步，采用新工艺、新技术、新材料、新装备并掌握其安全技术特性，及时淘汰陈旧落后及安全保障能力下降的安全防护设施、设备与技术，不得使用国家明令淘汰、禁止使用的危及生产安全的工艺、设备。

2.3.10　强化生产现场安全

生产经营单位的生产、生活和储存区域之间应当保持规定的安全距离。生产、经营、储存、使用危险物品的车间、商店和仓库不得与员工宿舍在同一座建筑物内，且必须与员工宿舍、周边居民区及其他社会公共设施保持规定的安全距离。生产经营场所和员工宿舍应当设有符合紧急疏散要求、标志明显、保持畅通的安全出口和疏散通道。禁止封闭、堵塞生产经营场所或者员工宿舍的安全出口和疏散通道。

生产经营单位应当在危险源、危险区域设置明显的安全警示标志，配备消防、通信、照明等应急器材和设施，并根据生产经营设施的承载负荷或者生产经营场所核定的人数控制人员进入。

2.3.11　加强劳动保护

生产经营单位应当按照国家和省有关规定，明确本单位各岗位从业人员配备劳动防护用品的种类和型号，为从业人员无偿提供符合国家、行业或者地方标准要求的劳动防护用品，并督促、检查、教育从业人员按照使用规则佩戴和使用。

购买和发放劳动防护用品的情况应当记录在案。不得以货币或者其他物品替代劳动防护用品，不得采购和使用无安全标志或者未经法定认证的特种劳动防护用品。

2.3.12　开展职业病危害监测

存在职业病危害的生产经营单位，应当按照有关规定及时申报本单位的职业病危害因素，并定期检测、评价。

对从事接触职业病危害的从业人员，生产经营单位应当按照有关规定组织上岗前、在岗期间和离岗时的职业健康检查，并将检查结果书面告知从业人员。职业健康检查费用由生产经营单位承担。

2.3.13　加强应急管理

生产经营单位应当制定、及时修订和实施本单位的生产安全事故应急救援预案，并与所在地县级以上人民政府生产安全事故应急救援预案相衔接。高危生产经营单位每年至少组织 1 次综合或者专项应急预案演练，每半年至少组织 1 次现场处置方案演练；其他生产经营单位每年至少组织 1 次演练。

生产经营单位应当建立应急救援组织，配备相应的应急救援器材及装备。不具备单独建立专业应急救援队伍的规模较小的生产经营单位，应当与邻近建有专业救援队伍的生产经营单位或者单位签订救援协议，或者联合建立专业应急救援队伍。

2.3.14 组织开展教育培训

生产经营单位应当定期组织全员安全生产教育培训。对新进从业人员、离岗 6 个月以上的或者换岗的从业人员，以及采用新工艺、新技术、新材料或者使用新设备后的有关从业人员，及时进行上岗前的安全生产教育和培训；对在岗人员应当定期组织安全生产再教育培训活动。教育培训情况应当记录备查。

以劳务派遣形式用工的，生产经营单位与劳务派遣单位应当在劳务派遣协议中明确各自承担的安全生产教育培训职责。未明确职责的，由生产经营单位承担安全生产教育培训责任。

生产经营单位的主要负责人、分管安全生产的负责人或者安全总监、安全生产管理人员，应当具备与所从事的生产经营活动相适应的安全生产知识和管理能力。

高危生产经营单位的主要负责人、分管安全生产的负责人或者安全总监、安全生产管理人员，应当经过培训，并由负有安全生产监督管理职责的主管部门对其安全生产知识和管理能力考核合格。

特种作业人员应当按照国家有关规定，接受与其所从事的特种作业相应的安全技术理论培训和实际操作培训，取得特种作业相关资格证书后，方可上岗作业。

2.3.15 组织实施安全标准化及安全文化建设

生产经营单位应当按照国家有关规定，开展以岗位达标、专业达标和生产经营单位达标为主要内容的安全生产标准化建设。

生产经营单位应当开展安全文化建设，建立安全生产自我约束机制。

2.3.16 加强隐患排查治理

生产经营单位应当建立健全安全生产隐患排查治理体系，定期组织安全检查，开展事故隐患自查自纠。对检查出的问题应当立即整改；不能立即整改的，应当采取有效的安全防范和监控措施，制定隐患治理方案，并落实整改措施、责任、资金、时限和预案；对于重大事故隐患，应当及时将治理方案和治理结果向负有安全生产监督管理职责的部门报告,并由负有安全生产监督管理职责的部门对其治理情况进行督办,督促生产经营单位消除重大事故隐患。

安全检查应当包括:安全生产管理制度健全和落实情况;设备、设施安全运行状态,危险源控制状态,安全警示标志设置情况;作业场所达到职业病防治要求情况;从业人员遵守安全生产管理制度和操作规程情况,作业场所、工作岗位危险因素情况,相应的安全生产知识和操作技能情况,特种作业人员持证上岗情况;劳动防护用品的发放配备情况,从业人员佩带和使用情况;现场生产管理、指挥人员违章指挥、强令从业人员冒险作业行为情况,以及对从业人员的违章违纪行为及时发现和制止情况;生产安全事故应急预案的制定、演练情况等。

2.3.17 加强重大危险源管理

生产经营单位应当加强重大危险源管理,建立重大危险源辨识登记、安全评估、报告备案、监控整改、应急救援等工作机制,采用先进技术手段对重大危险源实施现场动态监控,定期对设施、设备进行检测、检验,设立重大危险源安全警示标志,制定应急预案并组织演练。

生产经营单位应当每半年向所在地县(区)或者按隶属关系向负有安全生产监督管理职责的部门报告本单位重大危险源监控及相应的安全措施、应急措施的实施情况;对新产生的重大危险源,应当及时报告并依法实施相关管理措施。

2.3.18 强化安全风险管控

生产经营单位应当建立安全生产风险管控机制,定期进行安全生产风险排查,对排查出的风险点按照危险性确定风险等级,并采取相应的风险管控措施,对风险点进行公告警示。

高危生产经营单位应当利用先进技术和方法建立安全生产风险监测与预警监控系统,实现风险的动态管理。发现事故征兆等险情时,应当立即发布预警预报信息。生产现场带班人员、班组长和调度人员,在遇到险情时第一时间享有下达停产撤人命令的直接决策权和指挥权。

生产经营单位应当建立单位负责人现场带班制度,建立单位负责人带班考勤档案。带班负责人应当掌握现场安全生产情况,及时发现和处置事故隐患。

生产经营单位进行爆破、悬挂、挖掘、大型设备(构件)吊装、危险装置设备试生产、危险场所动火、建筑物和构筑物拆除以及重大危险源、油气管道、有限空间、有毒有害、临近高压输电线路等作业的,应当按批准权限由相关负责人现场带班,确定专人进行现场作业的统一指挥,由专职安全生产管理人员进行现场安全检查和监督,并由具有专业资质的人员实施作业。

生产经营单位委托其他有专业资质的单位进行危险作业的,应当在作业前与受托方签订安全生产管理协议,明确各自的安全生产职责。

2.3.19　及时报告生产安全事故

生产经营单位发生生产安全事故，应当按照国家和省有关规定报告当地安全生产监督管理部门和其他有关部门。

生产经营单位系上市公司及其子公司的，上市公司应当立即报告注册地证券主管部门，并按有关规定及时办理信息披露事宜。

3　城市安全风险防控体系

城市安全发展立足长效治理、系统建设、过程管控、综合施策，系统打造共建共治共享的城市安全社会治理格局，强化安全风险管控，防范化解重大安全风险，保障城市安全运行和人民群众生命财产安全。

3.1　安全风险防控流程

根据工作要求制定安全风险评估工作方案，建立工作组织机构，落实人员及工作职责，进行资料准备和现场调查，开展安全风险评估，划分安全风险等级，实行安全风险分级、分类管控，建立安全风险管控机制。安全风险防控流程如图3-1所示。

3.2　生产经营单位安全风险防控

3.2.1　风险辨识

1. 辨识准备

生产经营单位开展安全风险辨识工作方案，在工作方案中明确风险辨识的目的、范围、对象，确定组织及实施机构或人员，提出辨识工作要求和保障措施。若企事业规模较小，可制定建议的安全风险辨识工作计划，明确辨识范围、对象以及辨识评估工作人员。

针对已确定的辨识范围和对象，组织辨识评估人员学习辨识评估方法；准备辨识评估资料，一般情况下需准备生产现场总平面布置图、生产设备清单、安全操作规程、现有的安全生产管理制度等。

2. 单元划分

一般情况下，安全风险辨识按照建（构）筑物及设备设施、作业活动两个大类划分单元。

建（构）筑物及设备设施辨识单元的划分，应遵循大小适中、便于分类、功能独立、易于管理、范围清晰的原则，将划分结果录入辨识单元清单（表3-1）。

作业活动辨识单元的划分，应当涵盖生产经营单位日常工作所有的作业活动，将每一项作业活动划分为一个单元，将划分结果录入辨识单元清单（表3-2）。

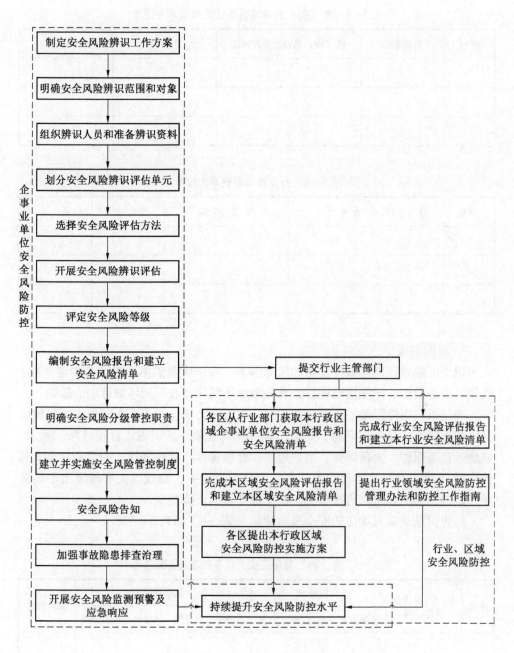

图3-1 安全风险防控流程

表3-1 建（构）筑物及设备设施辨识单元清单

序号	辨识单元	建（构）筑物及设备设施	位　置	备　注

表3-2 作业活动辨识单元清单

序号	作业活动	作业步骤	作业场所	备　注

3. 辨识实施

识别可能导致风险事件发生的风险因子，辨识应覆盖单元内全部的建（构）筑物、设备设施、作业活动项目，充分考虑不同状态和不同环境带来的影响。

确定风险事件类型。风险事件类型一般可分为物体打击、车辆伤害、机械伤害、起重伤害、触电、淹溺、灼烫、火灾、高处坠落、坍塌、冒顶片帮、透水、放炮、瓦斯爆炸、火药爆炸、锅炉爆炸、容器爆炸、其他爆炸、中毒和窒息及其他伤害20类。每个生产经营单位在实际辨识过程中，发现以上事故类型不能满足风险辨识的需要时，可根据实际情况增补新的风险类型。

将辨识结果录入相应的安全风险清单（表3-3和表3-4）。

表3-3 建（构）筑物及生产设备设施安全风险清单

序号	建（构）筑物及设备设施	风险辨识		风险评估				管控措施
		风险因子	事故/事件类型	可能性	严重性	风险值	风险分级	

表3-4 作业活动安全风险清单

序号	作业活动	风险辨识		风险评估					管控措施
		风险因子	事故/事件类型	可能性	严重性	频次	风险值	风险分级	

3.2.2 风险评估与分级

建（构）筑物及设备设施单元可采用风险矩阵法或其他方法开展风险评估，作业活动单元可采用作业条件危险性评估法或其他方法开展风险评估。风险评估常用方法见表3-5。

表3-5 风险评估常用方法

评 估 方 法	风险评估过程				
	风险识别	风 险 分 析			风险评价
		后果	可能性	风险等级	
头脑风暴法	SA	A	A	A	A
结构化/半结构化访谈	SA	A	A	A	A
德尔菲法	SA	A	A	A	A
情景分析	SA	SA	A	A	A
检查表	SA	NA	NA	NA	NA
预先危险分析	SA	NA	NA	NA	NA
失效模式和效应分析（FMEA）	SA	NA	NA	NA	NA
危险与可操作性分析（HAZOP）	SA	SA	NA	NA	SA
保护层分析法（LOPA）	SA	NA	NA	NA	SA
结构化假设分析（SWIFT）	SA	NA	SA	SA	SA
风险矩阵	SA	SA	SA	SA	A
人因可靠性分析	SA	SA	SA	SA	SA
以可靠性为中心的维修	SA	SA	SA	SA	SA
业务影响分析	A	SA	A	A	A
根原因分析	A	NA	SA	SA	NA
潜在通路分析	A	NA	NA	NA	NA
因果分析	A	SA	NA	A	A

表3-5（续）

评 估 方 法	风险评估过程				
	风险识别	风 险 分 析			风险评价
		后果	可能性	风险等级	
风险指数	A	SA	SA	A	SA
故障树分析	NA	A	A	A	A
事件树分析	NA	SA	SA	A	NA
决策树分析	NA	SA	SA	A	A
Bow-tie法	NA	A	SA	SA	A
层次分析法（AHP）	NA	SA	SA	A	SA
在险值法（VaR）	NA	SA	SA	A	SA
均值-方差模型	NA	A	A	A	SA
资本资产定价模型	NA	NA	NA	NA	SA
FN曲线	A	SA	SA	A	SA
马尔可夫分析法	A	NA	SA	NA	NA
蒙特卡罗模拟法	NA	SA	SA	SA	SA
贝叶斯分析	NA	NA	SA	NA	SA

注：SA表示非常适用；A表示适用；NA表示不适用。

　　将评估分级结果填入安全风险清单。采用新技术、新工艺、新设备和新材料以及作业环境、作业内容发生改变或者工艺技术、设备设施等发生变更时，应当重新进行风险辨识评估，修订完善安全风险清单。

　　1. 风险矩阵法

　　风险矩阵法（简称LS法），其公式为$R = L \times S$。其中，R是风险值，指事故发生的可能性与事件后果的结合；L是事故发生的可能性；S是事故后果严重性。R值越大，说明该系统危险性大、风险大。L，S，R的判定准则分别见表3-6、表3-7、表3-8，风险矩阵表见表3-9。

表3-6　事故发生的可能性（L）判定准则

等级	事故发生的可能性	等级	事故发生的可能性
5	完全可以预料	2	可能性小，完全意外
4	相当可能	1	极不可能
3	可能，但不经常		

表3-7 事件后果严重性（S）判定准则

等级	后　果	等级	后　果
5	灾难，数人死亡	2	轻伤
4	非常严重，一人死亡	1	值得关注，基本无不良后果
3	重伤		

表3-8 安全风险等级（R）判定准则

风险值	风险分级	风险值	风险分级
20～25	重大风险	9～12	一般风险
15～16	较大风险	1～8	低风险

表3-9 风险矩阵表

后果等级	1	2	3	4	5
5	轻度危险	显著危险	高度危险	极其危险	极其危险
4	轻度危险	轻度危险	显著危险	高度危险	极其危险
3	轻度危险	轻度危险	显著危险	显著危险	高度危险
2	稍有危险	轻度危险	轻度危险	轻度危险	显著危险
1	稍有危险	稍有危险	轻度危险	轻度危险	轻度危险

2. 作业条件危险性评估法

作业条件危险性评估法（简称 LEC 法）。L 指事故发生的可能性，E 指人员暴露于危险环境中的频繁程度，C 指一旦发生事故可能造成的后果。给三种因素的不同等级分别确定不同的分值，再以三个分值的乘积 D（危险性）来评价作业条件危险性的大小，即 $D = L \times E \times C$。D 值越大，说明该作业活动危险性大、风险大。L, E, C, D 的判定准则分别见表 3-10、表 3-11、表 3-12、表 3-13。

表3-10 事故事件发生的可能性（L）判定准则

分值	事故、事件发生的可能性	分值	事故、事件发生的可能性
10	完全可以预料	0.5	很不可能，可以设想
6	相当可能	0.2	极不可能
3	可能，但不经常	0.1	实际不可能
1	可能性小，完全意外		

表3-11 暴露于危险环境的频繁程度（E）判定准则

分值	频繁程度	分值	频繁程度
10	连续暴露	2	每月一次暴露
6	每天工作时间内暴露	1	每年几次暴露
3	每周一次或偶然暴露	0.5	非常罕见地暴露

表3-12 发生事故事件偏差产生的后果严重性（C）判定准则

分值	后　果	分值	后　果
100	大灾难，许多人死亡	7	重伤
40	灾难，数人死亡	3	轻伤
15	非常严重，一人死亡	1	值得关注，基本无不良后果

表3-13 风险等级（D）判定准则

风险值	评　估　级　别		风险分级
>320	A级	极其危险	重大风险
160~320	B级	高度危险	较大风险
70~160	C级	显著危险	一般风险
<70	D级	轻度危险	低风险

　　风险分级依据评估结果，按照风险值从大到小的顺序，分为重大风险、较大风险、一般风险和低风险四个等级，分别对应红、橙、黄、蓝四种警示颜色。

　　3. 安全风险辨识、评估与分级应用示例

　　1）风险辨识

　　以建（构）筑物及设备设施中的计算机房的安全风险辨识、评估与分级实施过程为例。

　　步骤一：确定风险因子。

　　建（构）筑物及设备设施中的计算机房电气线路过载或短路。

　　步骤二：确定事故类型。

　　计算机房火灾可能造成人员伤亡、计算机烧毁等。计算机房着火后产生的烟雾会污染办公区域空气，造成人员中毒、窒息等人身伤亡事故。

　　2）风险分级准则

　　计算机房风险分级利用风险矩阵法作为分级准则。

3）评估风险级别

步骤一：计算机房火灾事故发生的可能性。

计算机房各处装设有烟雾报警器，消防控制室24 h有人值班，火灾一旦发生能及时发现；近5年内发生过电线老化导致的空调外机火灾。因此，事故发生的可能性等级为2。

步骤二：计算机房火灾事故后果严重性。

计算机房发生火灾将造成师生死亡，或直接经济损失100万元以上。因此，事故后果严重性等级为5。

步骤三：确定安全风险等级。

风险值＝2×5＝10，显著危险，评估级别为一般风险。

4）管控措施

工程技术措施：计算机教室的室内装修应采取防潮、防静电措施，并宜采用防静电架空地板，不得采用无导出静电功能的木地板或塑料地板。计算机房的电气线路应敷设于架空的防静电地板下的夹层内，地板、前面的电线应采用桥架、线槽等形式进行敷设。

管理措施：严禁私接电源、乱设插座、乱充电。禁止吸烟及使用明火。使用移动插座取电时，用电负荷应与既有电气线路安全负荷相匹配，不应擅自拉接临时电线。

培训教育措施：对人员进行防火、安全用电知识培训。

应急处置措施：立即疏散现场人员。启动火灾事故现场处置方案。

4. 风险辨识评估模板

以中小学校为例说明风险辨识评估清单的使用情况（表3－14）。

表3－14　中小学校建（构）筑物及生产设备设施安全风险清单

序号	建(构)筑物及设备设施	风险辨识		风险 评 估				控 制 措 施
		风险因子	事故/事件类型	可能性	严重性	风险值	风险分级	
1	教学场所	电气线路过载或短路；地面湿滑；通道不畅	火灾、其他伤害	2	5	10	一般风险	1. 教学用房及教学辅助用房的窗玻璃不得采用彩色玻璃。 2. 除音乐教室外，各类教室的门均宜设置上亮窗。 3. 除心理咨询室外，教学用房的门扇均宜附设观察窗。 4. 教学用房的地面应有防潮处理。

表3-14（续）

序号	建(构)筑物及设备设施	风险辨识		风 险 评 估				控 制 措 施
		风险因子	事故/事件类型	可能性	严重性	风险值	风险分级	
1	教学场所	电气线路过载或短路；地面湿滑；通道不畅	火灾、其他伤害	2	5	10	一般风险	5. 教学用房的楼层间及隔墙应进行隔声处理。 6. 教室最后排座椅之后应设横向疏散走道。 7. 学校应制定教学管理制度、事故现场处置方案。 8. 学校普通教室课桌椅的排距不宜小于0.90 m。 9. 最前排课桌的前沿与前方黑板的水平距离不宜小于2.20 m。 10. 教室自最后排课桌后沿至后墙面或固定家具的净距不应小于1.10 m。 11. 学校普通教室内纵向走道宽度不应小于0.60 m。 12. 普通教室内应为每个学生设置一个专用的小型储物柜
2	体育运动场	场地选址或平面布置不合理；排水不畅；器材防护不足	其他伤害	2	5	10	一般风险	1. 学校体育运动场地应设在校园内，校园内道路应避免穿越体育运动场地。 2. 室外田径场、足球场等室外场地有排水设施，并保证排水通畅。 3. 室外体育器材易接触的零部件所有棱边应加以防护，自由空间内不应有任何导致使用者伤害的障碍。 4. 学校使用合成材料面层施工的运动场地应通过验收。 5. 对露天体育器械每年全面整修油漆一次，保持完好、牢固。 6. 学校组织体育教学或体育活动前，教师应对体育设施和器械进行全面安全检查，无安全隐患，方可使用

表3-14（续）

序号	建(构)筑物及设备设施	风险辨识		风险评估				控制措施
		风险因子	事故/事件类型	可能性	严重性	风险值	风险分级	
3	计算机房	电气线路过载或短路	火灾	2	5	10	一般风险	1. 计算机教室的室内装修应采取防潮、防静电措施，并宜采用防静电架空地板，不得采用无导出静电功能的木地板或塑料地板。 2. 计算机房的电气线路应敷设于架空的防静电地板下的夹层内，地板、前面的电线应采用桥架、线槽等形式进行敷设。 3. 严禁私接电源、乱设插座、乱充电。禁止吸烟及使用明火。 4. 使用移动插座取电时，用电负荷应与既有电气线路安全负荷相匹配，不应擅自拉接临时电线
4	餐厅	电气线路过载或短路	火灾	3	5	15	较大风险	1. 安全出口不得设置台阶、门槛。 2. 安全出口门往外开启，保持畅通。 3. 定期对灭火器进行一次维修，检验合格后贴上标签。 4. 消防器材不得圈占、遮挡。 5. 消火栓、灭火器上方有标志，消防器材完好、有效，外观保持完好，消火栓内有完好的水枪、水带，水带按要求卷好。 6. 对配电箱、开关箱、在用电气设备进行维修、检查时，应先切断电源，且开关要有明显的标识。 7. 每天检查设备接电及电气部分是否完好。 8. 选用干粉灭火器。 9. 灭火器设置在明显且便于取用的地点，并不得影响安全疏散。 10. 处于危险地段的人行道设置防护栏杆。 11. 疏散通道和楼梯间设置照明灯。

表 3 - 14（续）

序号	建(构)筑物及设备设施	风险辨识		风 险 评 估				控 制 措 施
		风险因子	事故/事件类型	可能性	严重性	风险值	风险分级	
4	餐厅	电气线路过载或短路	火灾	3	5	15	较大风险	12. 显著位置张贴应急疏散图、安全须知等安全提示标识或资料。 13. 紧急出口门上设置"禁止锁闭"的标志。 14. 定期进行火灾事故应急演练
5	厨房	燃气泄漏	火灾、中毒窒息	3	5	15	较大风险	1. 厨房应保持清洁，染有油污的抹布、纸屑等杂物，应随时清除。灶具旁的墙壁、抽油烟罩等易污染处应每天清洗，油烟管道应至少每两个月清洗一次。 2. 油炸食品时，锅里的油不应超过油锅的三分之二，并留意避免水滴和杂物掉进油锅；油锅加热时应采用温火。 3. 厨房工作人员进行加热、油炸等操作时不应离开岗位。 4. 厨房内的燃气燃油管道、法兰接头、阀门应定期检查，非专业人员不得擅自接、改拆电线、燃气管道和电源、气源。如发现燃气燃油泄漏，应立即关闭阀门，及时透风，并严禁使用任何明火和启动电源开关。 5. 燃气瓶应集中管理，距灯具等明火或高温表面应有足够的间距。 6. 厨房内电器设备的线路应正式安装，不得增加容量，不得超负荷或过载运行。 7. 餐厅建筑面积大于 1000 m² 的食堂，其烹饪操作间的排油烟罩及烹饪部位应设置自动灭火装置，并应在燃气或燃油管道上设置与自动灭火装置联动的自动切断装置。 8. 厨房内应配备石棉毯、干粉灭火器等，并应放置在明显部位。

表 3 - 14（续）

序号	建(构)筑物及设备设施	风险辨识		风 险 评 估				控 制 措 施
		风险因子	事故/事件类型	可能性	严重性	风险值	风险分级	
5	厨房	燃气泄漏	火灾、中毒窒息	3	5	15	较大风险	9. 厨房工作人员下班时，应认真检查厨房区域安全情况，切断不用电源，拔出厨房机械、电器插头（冷柜除外），关闭燃油燃气阀门，并做下班安检记录
6	厨房	排烟设施着火	火灾	3	3	9	一般风险	1. 定期清理排风扇、管道。 2. 指定专人负责燃气排烟设备的日常安全检查。 3. 定期组织人员参加安全教育培训
7	特种设备	电梯风险	高处坠落、夹伤	2	5	10	一般风险	1. 聘用有资质的维保单位进行维护保养，禁止非专业人士进行拆解。 2. 严禁电梯内蹦跳打闹，倚靠箱壁。 3. 有安全检验合格证，并将其固定在电梯内乘坐人员能够观测到的醒目位置；在有效期内使用且定期进行维护保养。 4. 在醒目位置张贴警示标志。 5. 电梯内设置的报警装置完好有效，联系畅通，应急照明清晰。 6. 楼层显示信号系统显示清晰，指示正确，动作无误。 7. 超载报警提示清晰响亮。 8. 防止夹人装置反应灵活、无卡顿现象。 9. 机房内，因停电或电器系统发生故障时，其手动或者电动操作移动装置操作灵活有效

3.2.3 风险分级管控

1. 建立风险管控措施

针对辨识评估出来的安全风险，应按消除、替代、减弱、隔离、警示的顺序制定风险控制措施；在制定风险控制措施的过程中，应充分考虑各项措施是否将风险降低到了可接受的水平，如风险还未降低到可接受的水平，应采取进一步的控制措施。

在制定风险控制措施时，应确保控制措施具有可行性、安全可靠性和有效性。根据风险的动态变化，应及时更新和调整风险管控措施。

生产经营单位发生安全事故或同行业其他单位发生安全事故时，应根据事故原因，分析本单位相应管控措施的正确性、完善性和有效性，并针对不足增设管控措施。

2. 编制风险评估报告和清单

在完成风险辨识、评估分级和确定风险控制措施后，应编制本单位安全风险评估报告和建立安全风险清单。生产经营单位安全风险评估报告的主要内容如下：

（1）封面。包括报告名称、编制单位和日期。

（2）目录。

（3）单位概况。包括地理位置、自然条件、周边社会环境、总平面布置、建（构）筑物、生产工艺、原辅材料及化学品、作业活动、主要设备设施、给排水、供（配）电、采暖通风及空调系统、消防系统、劳动定员、组织机构以及其他基本情况。

（4）评估单元划分说明。

（5）评估方法说明。

（6）建（构）筑物及设备设施安全风险评估。

（7）作业活动安全风险评估。

（8）评估总结。

（9）附件。包括安全风险评估清单及其他资料性附件。

小微型生产经营单位可简单列出单位名称、地址、经纬度、统一信用代码、所属县（区）及镇（街道、开发区）、联系人及电话，以及建（构）筑物及设备设施、作业活动安全风险评估清单即可。

同时，各生产经营单位应将编制完成的安全风险评估报告和建立的安全风险清单提交本行业主管部门。

3. 明确安全风险分级管控职责

各生产经营单位根据自身组织机构设置情况，明确各级组织管控的安全风险名单和工作职责。一般情况下，风险等级越高，管控层级越高，但基层人员也应参与高风险管控。

小微型生产经营单位若组织机构单一，可由一个层级管控所有安全风险，但应明确风险管控职责。

4. 建立安全风险管控制度

生产经营单位应建立安全风险管控制度，包括安全风险管控职责、管理内容和方法等，并按照管理内容的要求开展管控工作。

5. 建立安全风险档案

生产经营单位应当建立安全风险档案。安全风险档案包括安全风险管控制度、管控清单、分布图、变更情况、报告确认材料等内容。其中，较大以上安全风险资料应当单独立卷，内容包括安全风险名称、等级、所处位置、管控措施和变更情况等。

6. 安全风险告知

将安全风险辨识管控纳入年度安全生产教育培训计划并组织实施，定期开展安全风险辨识管控知识教育和技能培训，提高全员安全风险辨识管控意识和管控能力，保证从业人员了解本岗位安全风险基本情况，熟悉安全风险管控措施，掌握事故应急处置要点。

应在醒目位置设置安全风险告知卡，标明危险源名称、风险描述、风险等级、可能引发的事故类型、管控措施、应急措施、管控层级及报告方式等内容。各单位可根据需要设计安全风险告知卡的具体样式，图 3-2 提供了一个安全风险告知卡示例。

危险源名称：变电站	事故类型	风险描述	主要控制措施
管理部门：工程部 风险等级： □Ⅰ级　□Ⅱ级 ■Ⅲ级　□Ⅳ级 未经许可 禁止入内　禁止烟火 当心触电　必须穿防护鞋	触电 火灾	1.接触带电设备，对人体造成触电伤害。 2.电气设备故障，外壳带电，触碰电气设备金属外引起触电。 3.电缆损伤、老化引发设备短路，造成火灾	1.配电间未经许可，禁止入内。 2.请与带电设备保持足够的安全距离。 3.高压设备发生故障接地时，室内人员进入接地点4m以内，均应穿绝缘靴。接触设备的外壳和构架时，还应戴绝缘手套。 4.电缆穿墙、穿楼板的孔洞处，电缆进出、柜、箱的开孔部位和电缆穿保护管的管口处应实施防火封堵。 5.所有电气设备的金属底座、框架、外壳和传动装置必须可靠的接地。 6.巡视高压设备时，不宜进行其他工作
	应急 措施	发现有人触电，应立即切断电源，使触电人员脱离电源，并进行急救。拨打120急救电话请求救援。遇有电气设备着火时，应立即将有关设备的电源切断，然后进行救火。对可能带电的电气设备应使用干式灭火器、二氧化碳灭火器或六氟丙烷灭火器灭火。拨打119火警电话请求救援。组织排除现场险情，立即向领导和上级部门报告事故情况	
管控层级	公司级：—　车间级：√　班组级：—		
重要提示	1.加强人员安全培训教育，提高安全防护意识。 2.未经培训合格人员严禁操作电气设备。 3.定期开展人身伤害应急预案演练，提高员工自救互救应急处置能力	紧急联系电话： 值班电话： 火警电话：119 急救电话：120	

图 3-2　安全风险告知卡示例

存在较大以上安全风险的场所应设置较大以上安全风险公示栏，将较大风险的名称、位置、危险特性、影响范围、可能发生的生产安全事故类型及后果、管控措施、应急措施、管控责任部门和监督举报电话等告知直接影响范围内的相关单位和人员。

在重大安全风险区域醒目位置设置安全风险警示牌，标明重大安全风险名称、可能导致的事故类型及其后果、主要管控措施、应急措施、报告方式、管控责任部门和责任人等内容。各单位可根据需要设计重大安全风险警示牌的具体样式，表 3 – 15 提供了一个参考示例。

表 3 – 15　重大安全风险警示牌示例

序号	风险点名称	易发事故类型	风险等级	主要危险因素	主要管控措施	管控层级	责任人/电话	检查频次
1	柴油库	火灾爆炸	重大风险	违章作业 油罐泄漏 安全管理制度落实不到位	工程措施：…… 个体防护：…… 管理措施：…… 应急措施：……	公司	王 * / 13 ××××××××	2 次/天

7. 事故隐患排查治理

生产经营单位应制定事故隐患排查治理工作制度，明确公司、部门、班组隐患排查要求，组织开展安全生产大检查、专项安全检查和日常性安全检查，针对事故隐患提出治理措施要求，定期开展事故隐患总结分析，杜绝同类隐患反复发生。

小微型生产经营单位可不制定事故隐患排查治理工作制度，但应制定事故隐患日常检查计划，及时开展隐患排查整改工作。

8. 安全风险监测预警及应急响应

生产经营单位应梳理反映安全风险的关键指标，尽可能是可量化监测的指标，如供水、供热管网的压力、流量指标，公路（桥隧）车流量指标，地质灾害点可疑滑坡体位移指标，水库水位指标，大型商业综合体以及公园景区客流量指标等。设置监测监控仪表进行实时监测，及时进行预警提示。

当出现预警提示或出现事故时，应立即组织应急响应，采取措施控制事故源，控制事故影响范围，救助受伤害人员。

生产经营单位应制定综合应急预案、专项应急预案、现场处置方案，以及针对不同事故类型编制应急处置卡。小微型生产经营单位可只编制事故应急处置卡。

3.3 板块及行业安全风险防控

3.3.1 编制板块及行业安全风险评估报告和清单

行业主管部门收集本领域生产经营单位安全风险报告和清单后，应编制本行业安全风险评估报告，整理形成行业安全风险清单。

各板块从行业主管部门获取本行政区域生产经营单位安全风险报告和清单后，应编制本行政区域安全风险评估报告，整理形成本行政区域安全风险清单。

行业安全风险评估，可利用累加的风险指标，评估分析行业内各单位的风险等级、本行业在不同板块的风险等级。板块安全风险评估，可采用层次分析法和模糊综合评价法叠加分析行政区域内各单位的风险等级、不同行业的风险等级。

风险评估完成后，将安全风险等级从高到低划分为重大风险、较大风险、一般风险和低风险四个等级，分别用红、橙、黄、蓝四种颜色标示。各行业、各区域汇总较大以上风险数据，建立行业、板块较大以上风险清单。

3.3.2 提出行业安全风险防控办法和指南

在行业领域推动开展安全风险评估、摸清行业安全风险底数后，应建立行业领域安全风险防控办法和防控工作指南。在安全风险防控办法中明确安全风险防控职责任务、组织实施要求、保障与监督管理要求等内容。在安全风险防控工作指南中明确安全风险管控流程及各环节的具体内容。将安全风险防控工作常态化、系统化，解决行业领域安全风险防控的痛点和难点，为持久、动态开展城市安全风险防控工作奠定基础。

3.3.3 提出板块安全风险防控实施方案

在行业领域提出行业领域安全风险防控办法和防控工作指南后，各县（区）应制定本行政区域安全风险防控实施方案，落实各行业领域安全风险防控工作要求，加强源头管控，落实安全风险管控责任和措施，实时开展风险警示，强化应急保障，建立风险管控信息系统，实施差异化动态监管，持续提高本区域安全风险防控水平。

3.4 持续提升安全风险防控水平

3.4.1 完善安全风险防控制度体系

通过各板块、各部门、各单位持续开展安全风险防控，建立板块和行业领域安全风险防控管理办法和工作指南，形成覆盖全面的城市安全风险防控工作体系，突出解决城市安全风险防控技术难题。

3.4.2 定期开展安全风险评估报告

安全风险是动态变化的，需要适时掌握其变化情况，一般情况下，生产经营单位每年开展一次本单位的安全风险评估，将较大以上风险向行业主管部门报告；市安全风险评估以及各板块、各行业领域安全风险评估与五年专项规划相衔接，在下一个五年规划编制前完成安全风险评估。

安全风险评估报告主要分为生产经营单位安全风险评估报告、行业安全风险专项报告、区域安全风险评估报告和市级综合安全风险评估报告四类。

生产经营单位安全风险评估报告由各生产经营单位组织撰写。行业安全风险专项报告由各行业主管部门组织撰写。区域安全风险评估报告由各县（区）安委办组织撰写。市级综合安全风险评估报告由市安委办组织撰写。

各级、各行业领域安全风险评估报告起草完成后，应组织专家评审，评审专家原则上不少于7人，一般应包括本领域相关专家和市安委办指派的专家；同时，应邀请主要配合单位人员参加。生产经营单位安全风险评估报告起草完成后，应组织本单位人员进行论证，也可邀请行业专家进行评审。

3.4.3 开展安全风险分级管控

各板块、各行业主管部门根据安全风险清单，确定安全风险等级，制定安全风险管控措施，明确分级管控主体和监管责任；针对重大安全风险，如必要应建立重大风险联防联控机制。各行业主管部门分析本行业领域安全风险评估情况，制定、修订本行业领域安全风险管控办法，落实安全风险分级管控各项措施。

3.4.4 建立安全风险管理信息系统

各板块、各行业主管部门应利用安全风险评估成果，加强安全风险防控信息化建设，建立具有安全风险登记、辨识、研判、监测、防控及上报功能的信息系统。

各板块、各行业领域利用信息系统开展安全风险网上报告时，应当编制安全风险网上填报指南，为生产经营单位报告安全风险提供指导和服务。生产经营单位应当上网登录并按照要求填报安全生产基本信息、较大以上安全风险信息等内容。没有较大以上安全风险的，也应当登录安全风险网上报告系统进行确认。生产经营单位有分布在不同地址的多个生产经营场所的，统一登录后分别填报每个生产经营场所的安全风险信息；同一生产经营场所使用多个生产经营单位名称的，以其中一个名称的统一社会信用代码填报，并按照要求备注其他名称。

各板块、各行业主管部门应监督生产经营单位每年完成一次较大以上安全风险上报。新建企事业应当在建设项目竣工验收合格后30日内完成首次安全风险报告，涉及危险化学品建设项目的，在试生产前完成报告。当生产经营单位的名称、主要负责人等基本信息发生变化时，有新的较大以上安全风险时，原报告的较大以上安全风险等级发生变化时，应当在发生变化后15日内将变更情况进行上报。

推行在线监管、远程监管、移动监管和预警防控等非现场管理方式，以信息化手段落实安全风险预防预控、监测预警、应急处置的动态管控机制，不断提升城市安全风险防控网格化、信息化、智慧化水平。

3.5　重点行业领域安全风险防控要求

3.5.1　危险化学品安全风险防控要求

1. 优化企业平面布局

企业总平面布置必须符合国家关于防火防爆标准规范的要求。中央控制室应布置在行政管理区；具有火灾爆炸危险性的生产装置、储存设施的控制室，不应布置在装置区内，确须布置的，应按照《石油化工建筑物抗爆设计标准》（GB 50779）进行抗爆设计、建设和加固；具有甲乙类火灾危险性、粉尘爆炸危险性、中毒危险性的厂房（含装置或车间）以及仓库内的办公室、休息室、外操室、巡检室，必须立即予以拆除。"两重点一重大"企业应按照《危险化学品生产装置和储存设施风险基准》（GB 36894）、《危险化学品生产装置和储存设施外部安全防护距离确定方法》（GB/T 37243）计算确定外部安全防护距离，并符合国家有关标准要求。

2. 改造工艺生产流程

涉及重点监管的危险化工工艺的企业应在充分安全论证和正规设计的前提下，对其工艺流程进行优化和改造，最大程度减少生产、储存过程的危险化学品在线量，且应委托具有相应资质的设计和施工单位实施改造。化工园区内涉及原料或产品同质化、上下游产业链的企业，应开展装置间的联产改造，通过管道输送，实现企业之间原料或者产品互供，减少原料和产品的存储量。企业要在确保生产安全的前提下，合理安排生产计划，借助物流配送和工艺技术更新，全面评估原料、中间产物、产品减量储存的风险和可行性，确定最小安全储存量，最大限度地取消暂存设施，尤其要减少自身具有爆炸危险特性的原料、中间产物和最终产物储存量，实现即产即用即销，降低实际存量，减少储罐、储存数量。因工艺需要，布置在装置内的乙类物品储存间，其储量不大于 5 t，布置在甲、乙类厂房的中间仓库，其储量不宜超过 1 昼夜的需要量。生产和使用《危险化学品目录》中自身具有爆炸危险特性化学品的企业或项目，不得建设在化工集中区。

3. 推动危险工艺替代

推动企业使用低燃烧性、低反应活性、低腐蚀性、低毒性等危险性较低的化学品替代原有高危险性的化学品作为原料、溶剂、助剂与公用工程物料等，实现高危险性化学品的替代。推动企业改造工艺过程或生产流程，用连续操作或半连续操作替代间歇操作，用温度、压力等反应条件温和的工艺替代高温高压工艺，用自动加卸料替代人工装卸料等。采用过程强化技术改善反应过程的传质和传热，提升生产效率；使用新型高性能的催化剂，提升催化效率和选择性，减少危险的副反应或副产物，实施高危工艺低危化改造。间歇式硝化工艺（在同一硝化反应釜内同时完成硝化反应、分馏精馏等多个单元操作的）应用连续操作或半连续操作替代。坚决淘汰国家明确淘汰的工艺、设备和超期服役的高风险化工设备和设施。

4. 加强全流程自动化控制

"两重点一重大"生产装置、储存设施应根据风险分析结果，采用自动控制系统，具备温度、压力、液位等自动调节、报警、超限联锁紧急切断、紧急停车功能。硝化工艺生产装置应采用 DCS 系统控制。在发生事故时会有相互影响的硝化釜与硝化釜、硝化物贮槽等设施之间，应增设应急自动隔断阀（隔离措施），防止事故扩大化。硝化工艺等涉及强放热的反应釜，应设置紧急排放系统和紧急冷却设施。紧急排放的物料应设安全回收处置设施，紧急冷却设施应具备远程操作功能，有足够的冷量和备用动力源。采取机械化、自动化包装等措施，严格控制现场操作人数。涉及硝化工艺危险度 2 级以上的同一生产车间（装置）、区域，同一时间现场操作人员必须控制在 3 人以下。对于反应工艺危险度被确定为 5 级的，相关装置应设置在独立防爆墙隔离空间内，并设置超压泄爆设施，反应过程中操作人员不应进入隔离区域。涉及可燃性固体、液体、气体或有毒气体包装，或爆炸性粉尘的包装独栋厂房，应采取机械化、自动化包装等措施，将当班操作人员控制在 9 人以下。

5. 完善安全仪表系统

"两重点一重大"的生产装置和储存设施，要在 LOPA 分析的基础上配备符合要求的安全仪表系统。要从严审查安全仪表系统安全要求技术文件设计。通过仪表设备合理选择、结构约束（冗余容错）、检验测试周期以及诊断技术等手段，优化安全仪表功能设计，确保降低风险。要明确每个安全仪表功能（或子系统）的检验测试周期和测试方法等要求。企业在投运前要严格组织对安全仪表系统进行审查和联合确认，确保安全仪表满足既定功能和完整性要求，具备安全投用条件。按要求开展精细化工反应安全风险评估的企业，反应工艺危险度被确定为 2 级及以上的，应设置相应的安全设施和安全仪表系统；反应工艺危险度被确定为 4 级及以上的，应通过风险分析（如 LOPA 分析）确定安全仪表的安全完整性等级，并依据要求配置安全仪表系统。

6. 提升监测预警能力

生产或使用可燃气体及有毒气体的工艺装置和储运设施区域内，必须严格按照《石油化工可燃气体和有毒气体检测报警设计标准》（GB/T 50493）和《工作场所有毒气体检测报警装置设置规范》（GBZ/T 223）的规定设置可燃气体和有毒气体检测报警仪。可燃气体和有毒气体检测报警系统应独立于基本过程控制系统。毒性气体密闭空间的应急抽风系统应当能够在室外或远程启动，并与密闭空间的有毒气体检测报警系统联锁启动。

7. 加快企业安全信息化平台建设

重大危险源企业建设运用重大危险源监测预警、企业安全风险分区分级、生产人员在岗在位、生产全流程管理安全生产信息化系统，实时管控人员、车辆、物料流向，实时监测监控重大危险源、重要场所、重要作业过程以及设备设施和工艺参数，实现自动报警、自动预警和跟踪消警，实现人员全覆盖、责任全落实，促进企业产业工人岗位技能、全流程自动化和安全标准化运行质量提升。

3.5.2 消防安全风险防控要求

全面推行单位消防风险隐患"自知、自查、自改"和公示承诺、风险申报制度，推动企业落实消防安全内控体系，加强高层建筑、地下人员密集场所、大型商业综合体等重点场所火灾隐患排查整治，深化沿街店铺、"三合一"、群租房等小单位、小场所整治，强化基层火灾防范，着力解决"小火亡人"问题。紧盯打通消防生命通道、电动自行车火灾防范等关键环节，实施系统消防安全整治。大力实施"互联网＋消防监管"，加快推进"智慧消防"建设，推动消防安全远程监督、移动执法、线上管理。加强城市消防安全状况评估，完善特大城市消防治理体制机制。加强乡镇火灾隐患整治，强化对乡镇工业园、特色小镇等新兴产业消防安全管理，推进乡镇农村公共消防基础建设。持续开展单位消防安全标准化建设和社区消防安全能力提升行动。将消防安全纳入"大数据＋网格化＋铁脚板"工作机制，完善网格化消防安全治理机制。推进消防队站建设，加快推动应急装备升级换代，强化石油化工产业园特种灭火装备配备。

1. 加强消防安全风险预警

加强消防安全状况评估，建立消防安全形势分析评估机制，有效防范化解全局性、系统性消防安全风险。建立火灾风险预警评估模型，实时智能评估消防安全风险，提高火灾预测预判预警能力，实现差异化、精准化监管。建立火灾等灾情信息公众推送平台，实现火灾信息向相关区域人员、相关行业单位责任人、管理人的定向推送。优化新材料新产品新业态用地布局，确保消防设施与企业同步建设，强化新材料新产品新业态消防安全风险研判，建立早发现、早预警、早防范机制。

2. 开展消防安全隐患排查整治

坚持"祛火源、降荷载、强设施、畅通道、重管理"理念，抓住防控关键环节。深化完善高层建筑消防安全治理。建立高层建筑消防安全责任人、管理人履职承诺制度，明确每栋高层公共建筑消防安全经理人、高层住宅建筑消防安全楼栋长，定期开展消防隐患排查和消防设施可靠性测试，防患于未然。

改善商业集中区消防安全环境。督促商业集中地区的大型商业综合体严格落实管理规定要求，明确各管理部门、各类店铺、岗位员工消防安全任务，并作为绩效考核、运营管理考核重要指标，实现大型商业综合体消防安全管理达标率100%。

优化物流仓储区消防安全环境。重点核查各类物流园区的消防设施和消防通道建设情况，确保与园区规模相匹配。新建物流园区严格按照国家法律、法规和消防技术标准规范的要求，确保消防设施与园区同步建设。

加强地下空间消防安全治理。对地下空间进行消防安全排查，组织开展人员密集地下空间安全疏散及应急救援能力提升行动，完善地铁、地下商城、地下车库等人员密集区域地下空间的监控检测设施，加大地下空间灾害知识宣传力度，定期开展社会性应急安全演练，开展应急救援能力培训，提升疏导救援能力。在地铁、地下商城等地下空间人员密集处，张贴突发灾害自救指南，定期维修检查地下空间自救设施、逃生设施，确保有效有用。

强化化工园区消防安全治理。督促化工园区、化工集中区、新材料产业园、大型危险化学品生产企业、危险化学品码头等易燃易爆危险化学品场所建立消防安全风险评估机制，定期开展自查评估，落实重大消防安全风险管控措施。

加强历史文化保护区消防安全管理。对历史城区、历史街区、历史风貌区、一般历史地段、工业遗产和古镇古村消防环境进行摸底，结合历史文化保护区保护规划，完善消防车通道，设置微型消防站和消防水池，配备相关消防设施。督促紧邻或位于历史文化街区、历史地段保护范围内的易燃易爆企业提升防护等级，加强消防力量配备。

改善老旧场所及群租房消防环境。将老旧场所消防治理列入政府年度"民生实事"工程，每年督办整改一批老旧场所火灾隐患。认真组织开展群租房火灾隐患排查整治，开展消防宣传和监督检查，督促落实消防安全责任和整改消防安全隐患，依法查处消防安全违法行为，推广群租房密集区域建立微型消防站和电动自行车集中充电装置，配置简易逃生器材和简易消防设施。

开展电动自行车消防安全治理。全面系统排查摸底电动自行车消防安全方面的问题隐患，加强电动自行车源头管理、使用管理，积极开展典型案例警示教育，加大联合监督执法力度，推动形成"严禁电动车入楼充电、严禁将电动自行车电池卸载后入户充电"的社会共识。推广电动自行车集中充电设施建设和相关技防设施安装应用，减少火灾事故损失。

加强沿街门店小场所消防安全治理。开展沿街门店小场所消防安全综合治理，重点整治场所违规住人、电气线路私拉乱接、消防设施缺失损坏、安全出口及疏散通道堵塞封闭、使用液化气钢瓶或燃气使用不规范、电动自行车违规停放充电、人员密集场所外窗安装铁栅栏等隐患。同时，督促指导单位通过安装简易喷淋、独立式感烟火灾探测报警器等设施，提升设防等级。通过张贴宣传画、悬挂标语、发放告知书、入户宣传等形式，全面提升从业人员消防安全意识和自防自救能力。

深化燃气使用安全治理。加强燃气生产、储存、经营单位的检查，特别是燃气使用场所的检查，督促整改燃气使用隐患，推广安装使用燃气泄漏安全保护装置等技防措施，提高自防能力。

加强基层消防安全治理。推动消防安全网格化管理机制落实，将消防工作内容融入社区综合治理。固化完善网格员消防工作职责和流程，实现火灾隐患"发现—反馈—整改"的闭环管理。拓展消防救援站工作职能，健全完善防消联勤常态化运行机制，探索推进一线指战员参与辖区消防监督执法，积极发挥志愿者、保安等社会化消防监督力量作用，补强基层防火队伍。厘清基层消防安全监管职责边界，探索通过赋予乡镇（街道）综合行政执法队伍消防工作职责消防监督执法权限等方式，加强基层消防监管工作。

推进消防通道建设。制定"一区一策""一路一策"消防车通道治理方案，提升住宅小区和背街小巷抗御火灾能力。实时监控消防车道、疏散通道等消防"生命通道"，利用机器视觉代替人工视觉进行车辆、障碍物的目标提取、违法行为自动判定、自动跟踪识别，实现消防"生命通道"畅通的精准监管。

强化"5分钟"消防救援圈建设。按照"5分钟"消防救援圈要求，加密消防救援站建设，完善以国家综合性消防救援队伍为主力，以专（兼）职和志愿者力量为补充的应急救援力量体系。

提升农村火灾防控能力。结合乡村振兴战略和实施、村庄整治等工作，健全农村消防组织和消防队伍，完善农村消防基础设施建设，提升农村火灾防控能力。深入落实农村地区消防安全管理责任，持续开展农村地区消防安全隐患排查治理。推动农村集体组织建立微型消防站，强化农村志愿消防队组建，发动社会力量和广大群众，共同参与农村地区火灾防控。

3.5.3 交通运输安全风险防控要求

持续整治"大吨小标""百吨王"等安全痼疾，完善货车装载源头治理、科技治超、信用治超等长效机制。推动"两客一危一货"车辆安装使用主动安全智能防控系统。建立客货运驾驶人从业信息、交通违法和事故信息共享机制。加强交通运输新业态管理服务，强化车辆异地、长途客运班车和省际包车、校车、危险货物运输企业安全监管。加强延伸到农村的城市公交车安全监管。实施干线公路灾害防治工程，深入治理重点路段安全隐患。构建危险货物道路运输跨区域全链条安全监管体系。

实施铁路沿线安全环境管理"双段长"制度，推进铁路沿线环境、公铁水并行交汇地段安全专项治理，强化安全防护设施设置与管理。强化港口码头危化学品和水上交通安全管控，有序推进江河建桥撤渡，健全"三无"船舶长效整治机制。开展水上涉客运输安全治理，强化水上干线客（滚）运输安全监管，严格执行客船恶劣天气条件下禁限航规定。完善城市轨道交通建设运营全生命周期安全评价、评估制度，强化轨道交通设施检测养护、设备运行维修、行车组织、客运组织、运行环境等各类安全风险管控，持续推进城市轨道交通保护区环境专项整治，加强内涝监测设施建设，完善防洪排涝应急预案，明确气象风险预警、应急响应启动条件，严密防御极端暴雨天气。持续推进道路"平安交通"建设，不断健全完善道路运输应急体系。

1. 道路运输

1）道路运输车辆监控要求

道路运输车辆，包括用于公路营运的载客汽车、危险货物运输车辆、半挂牵引车以及重型载货汽车（总质量为 12 t 及以上的普通货运车辆）。道路运输车辆动态监督管理应当遵循企业监控、政府监管、联网联控的原则。

道路旅客运输企业、道路危险货物运输企业和拥有 50 辆及以上重型载货汽车或者牵引车的道路货物运输企业应当按照标准建设道路运输车辆动态监控平台，或者使用符合条件的社会化卫星定位系统监控平台，对所属道路运输车辆和驾驶员运行过程进行实时监控和管理。

旅游客车、包车客车、三类以上班线客车和危险货物运输车辆在出厂前应当安装符合标准的卫星定位装置。重型载货汽车和半挂牵引车在出厂前应当安装符合标准的卫星定位装置，并接入全国道路货运车辆公共监管与服务平台。

道路运输经营者应当选购安装符合标准的卫星定位装置的车辆，并接入符合要求的监控平台。应当在监控平台中完整、准确地录入所属道路运输车辆和驾驶人员的基础资料等信息，并及时更新。

道路旅客运输企业和道路危险货物运输企业监控平台应当接入全国重点营运车辆联网联控系统，并按照要求将车辆行驶的动态信息和企业、驾驶人员、车辆的相关信息逐级上传至全国道路运输车辆动态信息公共交换平台。

道路货运企业监控平台应当与道路货运车辆公共平台对接，按照要求将企业、驾驶人员、车辆的相关信息上传至道路货运车辆公共平台，并接收道路货运车辆公共平台转发的货运车辆行驶的动态信息。

道路运输管理机构在办理营运手续时，应当对道路运输车辆安装卫星定位装置及接入系统平台的情况进行审核。

对新出厂车辆已安装的卫星定位装置，任何单位和个人不得随意拆卸。除危险货物运输车辆接入联网联控系统监控平台时按照有关标准要求进行相应设置以外，不得改变货运车辆车载终端监控中心的域名设置。

道路运输管理机构、公安机关交通管理部门、安全监管部门间应当建立信息共享机制。公安机关交通管理部门、安全监管部门根据需要可以通过道路运输车辆动态信息公共服务平台，随时或者定期调取系统数据。

任何单位、个人不得擅自泄露、删除、篡改卫星定位系统平台的历史和实时动态数据。

2）车辆监控

道路运输企业是道路运输车辆动态监控的责任主体。

道路旅客运输企业、道路危险货物运输企业和拥有 50 辆及以上重型载货汽车或牵引车的道路货物运输企业应当配备专职监控人员。专职监控人员配置原则上按照监控平台每接入 100 辆车设 1 人的标准配备，最低不少于 2 人。监控人员应当掌握国家相关法规和政策，经运输企业培训、考试合格后上岗。

道路货运车辆公共平台负责对个体货运车辆和小型道路货物运输企业（拥有 50 辆以下重型载货汽车或牵引车）的货运车辆进行动态监控。道路货运车辆公共平台设置监控超速行驶和疲劳驾驶的限值，自动提醒驾驶员纠正超速行驶、疲劳驾驶等违法行为。

道路运输企业应当建立健全系统平台的建设维护及管理制度、车载终端安装使用及维护制度、监控人员岗位职责及管理制度、交通违法动态信息处理和统计分析制度等动态监控管理相关制度，规范动态监控工作。

道路运输企业应当根据法律法规的相关规定以及车辆行驶道路的实际情况，按照规定设置监控超速行驶和疲劳驾驶的限值，以及核定运营线路、区域及夜间行驶时间等，在所属车辆运行期间对车辆和驾驶员进行实时监控和管理。设置超速行驶和疲劳驾驶的限值，应当符合客运驾驶员 24 h 累计驾驶时间原则上不超过 8 h，日间连续驾驶不超过 4 h，夜间连续驾驶不超过 2 h，每次停车休息时间不少于 20 min，客运车辆夜间行驶速度不得超过日间限速 80% 的要求。

监控人员应当实时分析、处理车辆行驶动态信息，及时提醒驾驶员纠正超速行驶、疲劳驾驶等违法行为，并记录存档至动态监控台账；对经提醒仍然继续违法驾驶的驾驶员，应当及时向企业安全管理机构报告，安全管理机构应当立即采取措施制止；对拒不执行制止措施仍然继续违法驾驶的，道路运输企业应当及时报告公安机关交通管理部门，并在事后解聘驾驶员。动态监控数据应当至少保存6个月，违法驾驶信息及处理情况应当至少保存3年。对存在交通违法信息的驾驶员，道路运输企业在事后应当及时给予处理。

道路运输经营者应当确保卫星定位装置正常使用，保持车辆运行实时在线。卫星定位装置出现故障不能保持在线的道路运输车辆，道路运输经营者不得安排其从事道路运输经营活动。

任何单位和个人不得破坏卫星定位装置以及恶意人为干扰、屏蔽卫星定位装置信号，不得篡改卫星定位装置数据。

卫星定位系统平台应当提供持续、可靠的技术服务，保证车辆动态监控数据真实、准确，确保提供监控服务的系统平台安全、稳定运行。

道路运输管理机构应当充分发挥监控平台的作用，定期对道路运输企业动态监控工作的情况进行监督考核，并将其纳入企业质量信誉考核的内容，作为运输企业班线招标和年度审验的重要依据。

2. 城市轨道交通

1）运营基础要求

城市轨道交通工程项目验收合格后，由城市轨道交通运营主管部门组织初期运营前安全评估。通过初期运营前安全评估的，方可依法办理初期运营手续。初期运营期间，运营单位应当按照设计标准和技术规范，对土建工程、设施设备、系统集成的运行状况和质量进行监控，发现存在问题或者安全隐患的，应当要求相关责任单位按照有关规定或者合同约定及时处理。

城市轨道交通线路初期运营期满一年，运营单位应当向城市轨道交通运营主管部门报送初期运营报告，并由城市轨道交通运营主管部门组织正式运营前安全评估。通过安全评估的，方可依法办理正式运营手续。对安全评估中发现的问题，城市轨道交通运营主管部门应当报告城市人民政府，同时通告有关责任单位要求限期整改。开通初期运营的城市轨道交通线路有甩项工程的，甩项工程完工并验收合格后，应当通过城市轨道交通运营主管部门组织的安全评估，方可投入使用。受客观条件限制难以完成甩项工程的，运营单位应当督促建设单位与设计单位履行设计变更手续。全部甩项工程投入使用或者履行设计变更手续后，城市轨道交通工程项目方可依法办理正式运营手续。

运营单位承担运营安全生产主体责任，应当建立安全生产责任制，设置安全生产管理机构，配备专职安全管理人员，保障安全运营所需的资金投入。

运营单位应当配置满足运营需求的从业人员，按相关标准进行安全和技能培训教育，并对城市轨道交通列车驾驶员、行车调度员、行车值班员、信号工、通信工等重点岗位人员进行考核，考核不合格的，不得从事岗位工作。运营单位应当对重点岗位人员进行安全背景审查。城市轨道交通列车驾驶员应当按照法律法规的规定取得驾驶员职业准入资格。运营单位应当对列车驾驶员定期开展心理测试，对不符合要求的及时调整工作岗位。

运营单位应当按照有关规定，完善风险分级管控和隐患排查治理双重预防制度，建立风险数据库和隐患排查手册，对于可能影响安全运营的风险隐患及时整改，并向城市轨道交通运营主管部门报告。城市轨道交通运营主管部门应当建立运营重大隐患治理督办制度，督促运营单位采取安全防护措施，尽快消除重大隐患；对非运营单位原因不能及时消除的，应当报告城市人民政府依法处理。

运营单位应当建立健全本单位的城市轨道交通运营设施设备定期检查、检测评估、养护维修、更新改造制度和技术管理体系，并报城市轨道交通运营主管部门备案。运营单位应当对设施设备进行定期检查、检测评估，及时养护维修和更新改造，并保存记录。

城市轨道交通运营主管部门和运营单位应当建立城市轨道交通智能管理系统，对所有运营过程、区域和关键设施设备进行监管，具备运行控制、关键设施和关键部位监测、风险管控和隐患排查、应急处置、安全监控等功能，并实现运营单位和各级交通运输主管部门之间的信息共享，提高运营安全管理水平。运营单位应当建立网络安全管理制度，严格落实网络安全有关规定和等级保护要求，加强列车运行控制等关键系统信息的安全保护，提升网络安全水平。

城市轨道交通运营主管部门应当对运营单位运营安全管理工作进行监督检查，定期委托第三方机构组织专家开展运营期间安全评估工作。初期运营前、正式运营前以及运营期间的安全评估工作管理办法由交通运输部另行制定。

城市轨道交通运营主管部门和运营单位应当建立城市轨道交通运营信息统计分析制度，并按照有关规定及时报送相关信息。

2）运营安全保障

城市轨道交通工程项目应当按照规定划定保护区。开通初期运营前，建设单位应当向运营单位提供保护区平面图，并在具备条件的保护区设置提示或者警示标志。

在城市轨道交通保护区内进行新建、改建、扩建或者拆除建（构）筑物作业，挖掘、爆破、地基加固、打井、基坑施工、桩基础施工、钻探、灌浆、喷锚、地下顶进作业，敷设或者搭架管线、吊装等架空作业，取土、采石、采砂、疏浚河道作业，大面积增加或者减少建（构）筑物载荷的作业，电焊、气焊和使用明火等具有火灾危险作业时，作业单位应当按照有关规定制定安全防护方案，经运营单位同意后，依法办理相关手续并对作业影响区域进行动态监测。

使用高架线路桥下空间不得危害城市轨道交通运营安全，并预留高架线路桥梁设施日常检查、检测和养护维修条件。地面、高架线路沿线建（构）筑物或者植物不得妨碍行车瞭望，不得侵入城市轨道交通线路的限界。沿线建（构）筑物、植物可能妨碍行车瞭望或者侵入线路限界的，责任单位应当及时采取措施消除影响。责任单位不能消除影响，危及城市轨道交通运营安全、情况紧急的，运营单位可以先行处置，并及时报告有关部门依法处理。

禁止损坏隧道、轨道、路基、高架、车站、通风亭、冷却塔、变电站、管线、护栏护网等设施，损坏车辆、机电、电缆、自动售检票等设备；禁止干扰通信信号、视频监控设备等系统；禁止擅自在高架桥梁及附属结构上钻孔打眼，搭设电线或者其他承力绳索，设置附着物；禁止损坏、移动、遮盖安全标志、监测设施以及安全防护设备。

禁止拦截列车，强行上下车，擅自进入隧道、轨道或者其他禁入区域；禁止攀爬或者跨越围栏、护栏、护网、站台门；禁止擅自操作有警示标志的按钮和开关装置，在非紧急状态下动用紧急或者安全装置；禁止在城市轨道交通车站出入口 5 m 范围内停放车辆、乱设摊点等，妨碍乘客通行和救援疏散；禁止在通风口、车站出入口 50 m 范围内存放有毒、有害、易燃、易爆、放射性和腐蚀性等物品，在出入口、通风亭、变电站、冷却塔周边躺卧、留宿、堆放和晾晒物品，在地面或者高架线路两侧各 100 m 范围内升放风筝、气球等低空漂浮物体和无人机等低空飞行器。

在城市轨道交通车站、车厢、隧道、站前广场等范围内设置广告、商业设施的，不得影响正常运营，不得影响导向、提示、警示、运营服务等标识识别、设施设备使用和检修，不得挤占出入口、通道、应急疏散设施空间和防火间距。城市轨道交通车站站台、站厅层不应设置妨碍安全疏散的非运营设施。

禁止乘客携带有毒、有害、易燃、易爆、放射性、腐蚀性以及其他可能危及人身和财产安全的危险物品进站、乘车。运营单位应当按规定在车站醒目位置公示城市轨道交通禁止、限制携带的物品目录。

鼓励经常乘坐城市轨道交通的乘客担任志愿者，及时报告城市轨道交通运营安全问题和隐患，检举揭发危害城市轨道交通运营安全的违法违规行为。运营单位应当对志愿者开展培训。

3）应急处置

运营单位应当按照有关法规要求建立运营突发事件应急预案体系，制定综合应急预案、专项应急预案和现场处置方案。运营单位应当组织专家对专项应急预案进行评审。因地震、洪涝、气象灾害等自然灾害和恐怖袭击、刑事案件等社会安全事件以及其他因素影响或者可能影响城市轨道交通正常运营时，参照运营突发事件应急预案做好监测预警、信息报告、应急响应、后期处置等相关应对工作。

运营单位应当储备必要的应急物资，配备专业应急救援装备，建立应急救援队伍，配齐应急人员，完善应急值守和报告制度，加强应急培训，提高应急救援能力。

运营单位应当定期组织运营突发事件应急演练，其中综合应急预案演练和专项应急预案演练每半年至少组织一次。现场处置方案演练应当纳入日常工作，开展常态化演练。运营单位应当组织社会公众参与应急演练，引导社会公众正确应对突发事件。

运营单位应当在城市轨道交通车站、车辆、地面和高架线路等区域的醒目位置设置安全警示标志，按照规定在车站、车辆配备灭火器、报警装置和必要的救生器材，并确保能够正常使用。

城市轨道交通运营突发事件发生后，运营单位应当按照有关规定及时启动相应的应急预案。运营单位应当充分发挥志愿者在突发事件应急处置中的作用，提高乘客自救互救能力。现场工作人员应当按照各自岗位职责要求开展现场处置，通过广播系统、乘客信息系统和人工指引等方式，引导乘客快速疏散。

运营单位应当加强城市轨道交通客流监测。可能发生大客流时，应当按照预案要求及时增加运力进行疏导；大客流可能影响运营安全时，运营单位可以采取限流、封站、甩站等措施。因运营突发事件、自然灾害、社会安全事件以及其他原因危及运营安全时，运营单位可以暂停部分区段或者全线网的运营，根据需要及时启动相应的应急保障预案，做好客流疏导和现场秩序维护，并报告城市轨道交通运营主管部门。运营单位采取限流、甩站、封站、暂停运营措施应当及时告知公众，其中封站、暂停运营措施还应当向城市轨道交通运营主管部门报告。

城市轨道交通运营主管部门和运营单位应当建立城市轨道交通运营安全重大故障和事故报送制度。城市轨道交通运营主管部门和运营单位应当定期组织对重大故障和事故原因进行分析，不断完善城市轨道交通运营安全管理制度以及安全防范和应急处置措施。

城市轨道交通运营主管部门和运营单位应当加强舆论引导，宣传文明出行、安全乘车理念和突发事件应对知识，培养公众安全防范意识，引导理性应对突发事件。

3. 高速铁路沿线安全环境管控

1）强化高速铁路沿线安全管控

落实《铁路安全管理条例》，依法设立高速铁路线路安全保护区、地下水禁采区、河道禁采区。对在保护区内烧荒、放养牲畜、排污、倾倒垃圾和危害铁路安全物质，在高速铁路两侧 200 m 范围内及地下水禁采区内抽取地下水，在河道禁采区域内采砂、淘金等禁止性行为，采取有效管控措施。

加强沿线新建项目和原有建筑、生产生活设施改造的规划管理和安全管控，确保铁路两侧无违反法律法规及国家或行业标准、影响铁路运输安全的危险物品生产、加工、储存或销售场所，采矿采石和爆破作业，以及排放粉尘烟尘及腐蚀性气体的生产活动。对可能被大风刮起危及铁路运输安全的轻型材料建（构）筑物、农用薄膜、塑料大棚及影响行车瞭望或倒伏后影响铁路运输安全的塔杆、广告牌、烟囱等高大设施和高大树木，采取有效的管控措施。

规范设置高速铁路沿线的安全防护设施、警示标志、界碑标桩等，明确管理维护责任并确保落实到位。

加强各类城镇工程管线、综合管廊、城市道路和高速铁路交汇工程建设的规划、建设和管理，确保路地两方工程协调有序，保障高速铁路安全。

2）加强高速铁路沿线环境整治管理

落实铁路两侧 100 m 控制区范围内秩序管控措施。依法拆除违法搭建的建（构）筑物，拆除或整葺影响观瞻的临时建（构）筑物、残缺建筑、破旧建筑、残墙断壁等；依法取缔违规加工作坊和占道经营，取缔或规范废品收购站等。

加强铁路两侧 500 m 可视区范围内环境卫生整治。有效管控卫生环境，对露天堆放的生活垃圾、建筑垃圾、废品废料、河塘漂浮物、露天粪坑、污水坑及"白色污染"等轻飘物品及时清理到位。规范管理建设工地，确保工地围挡设施、道路、料场等整洁美观，扬尘整治措施落实到位，防尘、防护网（布）设置规范并采取加固措施。合理布局绿化美化设施，铁路用地红线内统一种植护坡草坪、修建隔离护栏和绿篱，对铁路用地红线外的农田林网、荒山荒坡、道路网、裸露地、闲置地及拆除违法建设后的地段实施绿化美化。

3）建立健全高速铁路沿线环境整治长效管控机制

强化铁路沿线环境整治统筹协调机制。高速铁路沿线省、市、县与铁路有关部门、单位要将高速铁路沿线环境综合整治列入重要议事日程，制定相关规划或实施方案，统筹部署重点工作；建立高速铁路沿线环境综合整治和安全环境管控协调机制，及时协调解决有关重大问题和路地职责衔接问题；建立各类交汇工程建设管理协商机制，及时解决工程建设与运营中的具体问题；建立健全日常管理的信息互通、资源共享、协调联动的工作机制，形成工作合力；建立工作检查与考核机制，定期对高速铁路沿线安全环境情况开展检查，并纳入政府环境建设综合评价考核体系。

建立"双段长"工作责任制。高速铁路沿线市、县和铁路有关单位要建立"双段长"责任制，沿高速铁路线路（城区内每 1 km、城区外每 5 km）设铁路运营单位和地方乡镇（街道）相关负责人各 1 名作为段长，公布"双段长"人员名单，明确"双段长"巡查、会商、处置及上报信息等工作职责，建立人员随工作岗位动态调整制度；建立"双段长"教育管理制度，督促、指导"双段长"认真履行职责，并定期对"双段长"工作情况进行检查和考核。"双段长"要认真履行职责，定期巡查负责线路，建立巡查记录和问题台账，及时安排处置问题，对超出职权范围的事项及时报上级地方政府和铁路有关单位处理。

4. 公共电气车运营

1）公共电气车运营安全

运营企业是城市公共汽电车客运安全生产的责任主体。运营企业应当建立健全企业安全生产管理制度，设置安全生产管理机构或者配备专职安全生产管理人员，保障安全生产经费投入，增强突发事件防范和应急处置能力，定期开展安全检查和隐患排查，加强安全乘车和应急知识宣传。

运营企业应当制定城市公共汽电车客运运营安全操作规程，加强对驾驶员、乘务员等从业人员的安全管理和教育培训。驾驶员、乘务员等从业人员在运营过程中应当执行安全操作规程。

运营企业应当对城市公共汽电车客运服务设施设备建立安全生产管理制度，落实责任制，加强对有关设施设备的管理和维护。

运营企业应当建立城市公共汽电车车辆安全管理制度，定期对运营车辆及附属设备进行检测、维护、更新，保证其处于良好状态。不得将存在安全隐患的车辆投入运营。

运营企业应当在城市公共汽电车车辆和场站醒目位置设置安全警示标志、安全疏散示意图等，并为车辆配备灭火器、安全锤等安全应急设备，保证安全应急设备处于良好状态。

禁止携带违禁物品乘车。运营企业应当在城市公共汽电车主要站点的醒目位置公布禁止携带的违禁物品目录。有条件的，应当在城市公共汽电车车辆上张贴禁止携带违禁物品乘车的提示。

运营企业应当依照规定配备安保人员和相应设备设施，加强安全检查和保卫工作。乘客应当自觉接受、配合安全检查。对于拒绝接受安全检查或者携带违禁物品的乘客，运营企业从业人员应当制止其乘车；制止无效的，及时报告公安部门处理。

城市公共交通主管部门应当会同有关部门，定期进行安全检查，督促运营企业及时采取措施消除各种安全隐患。

运营企业应当根据城市公共汽电车客运突发事件应急预案，制定本企业的应急预案，并定期演练。发生安全事故或者影响城市公共汽电车客运运营安全的突发事件时，城市公共交通主管部门、运营企业等应当按照应急预案及时采取应急处置措施。

禁止非法拦截或者强行上下城市公共汽电车车辆，在城市公共汽电车场站及其出入口通道擅自停放非城市公共汽电车车辆、堆放杂物或者摆摊设点等，妨碍驾驶员的正常驾驶，违反规定进入公交专用道，擅自操作有警示标志的城市公共汽电车按钮、开关装置，非紧急状态下动用紧急或安全装置，妨碍乘客正常上下车，以及其他危害城市公共汽电车运营安全、扰乱乘车秩序的行为。运营企业从业人员接到报告或者发现上述行为应当及时制止；制止无效的，及时报告公安部门处理。

任何单位和个人都有保护城市公共汽电车客运服务设施的义务，不得有破坏、盗窃城市公共汽电车车辆、设施设备，擅自关闭、侵占、拆除城市公共汽电车客运服务设施或者挪作他用，损坏、覆盖电车供电设施及其保护标识，在电车架线杆、馈线安全保护范围内修建建筑物、构筑物或者堆放、悬挂物品，搭设管线、电（光）缆等，擅自覆盖、涂改、污损、毁坏或者迁移、拆除站牌，以及其他影响城市公共汽电车客运服务设施功能和安全的行为。

2）公交车行驶安全

健全公交车驾驶区域安全防护隔离设施标准。明确在用公交车驾驶区域安全防护隔离设施安装标准，确定防护隔离设施的指标要求，既能保障驾驶员在行车过程中不受侵扰，又能满足驾驶员突遇身体不适等紧急情况的救助需求。研究提高客车结构安全技术及安全运行技术条件等国家标准，增加公交车驾驶区域安全防护隔离设施有关强制要求。组织本地区交通运输、公安等部门对在用公交车驾驶区域安全防护隔离设施现状和底数进行全面摸排，指导制定改造方案，在确保相关经费落实的前提下，明确安装时间节点和保障措施；督促本地区公交运输企业在公交车内设立安全警戒线，喷涂张贴统一警示标语，安装智能视频监控、一键报警等技术防范设施。

切实落实公交车配备乘务管理人员（安全员）相关规定要求。研究出台配套政策措施，加大资金投入力度，按照"政府购买服务，先重点后一般"的要求，逐步在跨江跨河、跨高速公路高速铁路以及经过人员密集区的重点线路公交车上配备乘务管理人员（安全员），跟车服务乘客、维护秩序，加强安全防范。指导、督促公交运输企业加强乘务管理人员（安全员）的教育培训，开展实战演练。

全面提升公交车驾驶员安全意识和应急处置能力。指导公交运输企业按照《城市公共汽电车应急处置基本操作规程》（JT/T 999）要求，完善应急处置规范，明确紧急情况时必须立即靠边停车、及时报警等操作流程。加强对公交运输企业的监督检查，督促公交运输企业加强内部管理和驾驶员身心健康管理，健全驾驶员日常教育培训制度，以应对处置乘客干扰行车为重点，开展心理和行为干预培训演练，规范驾驶员安全驾驶行为，切实提高驾驶员安全应对处置突发情况的技能素质。

开展桥梁防撞护栏排查治理。按照全面覆盖、突出重点的原则，全面排查在用城市、公路桥梁防撞护栏设置情况，摸清底数和安全管理现状。对城市桥梁要重点排查防撞护栏、防撞垫、限界结构防撞设施、分隔设施等安全设施，对不符合标准要求的安全隐患，进行彻底整改。对公路桥梁要开展护栏升级改造支撑技术研究，编制护栏升级改造技术方案和技术指南，综合考虑公路桥梁结构安全、运行状况、防撞标准、改造条件等进行评估，根据评估结果，科学合理制定防护设施设置方案，结合干线公路改造、公路安全生命防护工程、危桥改造工程、公路改扩建工程等逐步完善，提高桥梁安全防护能力。

强化落实综合性交通管控措施。对客观上无法改造或改造难度大的桥梁，且跨越大型饮用水水源一级保护区和高速铁路的桥梁、特大悬索桥及斜拉桥等缆索承重的桥梁，研究科学调整公交线路或采取公交车限速等交通管控措施。完善各相关部门联合管理措施，加强对桥梁上车辆运行情况、驾驶行为的监控，确保车辆通行安全。

5. 内河渡口渡船安全管理

1）渡口管理

在审批渡口的设置和撤销时应当充分考虑安全因素，明确渡运水域范围、渡运路线、渡运时段、渡口位置等主要内容。审批前应当征求渡口所在地海事管理机构的意见，涉及公路管理职责的，还应当征求公路管理机构的意见。渡运水域涉及两个或者两个以上县级行政区域的，由渡口相关的人民政府协调处理，并征求相应的海事管理机构意见。严禁非法设置渡口。

渡口的选址应当在水流平缓、水深足够、坡岸稳定、视野开阔、适宜船舶停靠的地点，并且与危险物品生产、堆放场所之间的距离符合危险品管理相关规定；具备货物装卸、旅客上下的安全设施；配备必要的救生设备和专门管理人员。

渡口应当根据其渡运对象的种类、数量、水域情况和过渡要求，合理设置码头、引道，配置必要的指示标志、船岸通信和船舶助航、消防、安全救生等设施。渡口引道的宽度、纵坡和码头的设置应当满足相应的技术标准。

以渡运乘客为主的渡口应当有可供乘客安全上下的坡道，客运量较大的且具有相应陆域条件的渡口应当建有乘客候船亭等设施。

以渡运货车为主的渡口，应当安装、使用地磅等称重设备，如实记录称重情况。有条件的渡口，应当设置电子监控设施。

经批准运输超长、超宽、超高物品的车辆或者重型车辆过渡，应当采取有效保护措施后方可过渡，但超过渡船限载、限高、限宽、限长标准的车辆，不得渡运。渡运危险货物车辆的，渡口应当设置危险货物车辆专用通道。

设置和使用缆渡，不得影响他船航行。

渡口运营人应当在渡口明显位置设置公告牌，标明渡口名称、渡口区域、渡运路线、渡口守则、渡运安全注意事项以及安全责任单位和责任人、监督电话等内容。梯级河段、库区下游以及水位变化较大的渡口水域，渡口应当标识警戒水位线和停航封渡水位线。

渡口运营人应当加强对渡口安全设施和渡船渡运的安全管理，根据国家有关规定建立渡口、渡船安全管理制度，落实安全管理责任制。

在法定或者传统节日、重大集会、集市、农忙、学生放学放假等渡运高峰期间，渡口运营人应当根据乘客、车辆的流量和渡运安全管理的需要，安排相应专门人员现场维持渡口渡运秩序与安全。

渡口运营人应当结合船舶条件、气象条件和通航状况合理调度和使用渡船，不得指挥渡船违章作业、冒险航行。

县级人民政府指定的部门应当加强对渡口运营人的安全教育和培训，并负责渡口工作人员的培训、考试、合格证书颁发。渡口运营人应当对渡口工作人员、渡船船员、渡工定期开展安全教育培训。

渡口运营人应当督促渡船清点并如实记录每航次渡船载客数量及车辆驾驶员等随船过渡人员，并开展定期或者不定期核查。

日渡运量超过 300 人次渡口的运营人及载客定额超过 12 人的渡船应当编制渡口渡船安全应急预案，每月至少组织一次船岸应急演习。日渡运量较少的渡口及载客定额 12 人以下的渡船，应当制定应急措施，每季度至少组织一次演练。

2）渡船和船员渡工管理

渡船应当按照相关规定取得船舶检验证书和船舶登记证书。渡船检验证书应当标明船舶抗风等级。20 m 以上的渡船，应当持有船舶检验机构签发的载客定额证书；20 m 以下的渡船应当在相关证书中签注载客定额。船长小于 15 m 的渡船按照省级交通运输主管部门制定的检验规则进行检验。省级交通运输主管部门未规定检验规则的，参照海事管理机构制定的《内河小型船舶法定检验技术规则》检验发证。

渡船应当悬挂符合国家规定的渡船识别标志，并在明显位置标明载客（车）定额、抗风等级以及旅客乘船安全须知等有关安全注意事项。

渡船夜航应当按照《内河船舶法定检验技术规则》《内河小型船舶法定检验技术规则》配备夜间航行设备和信号设备。高速客船从事渡运服务以及不具备夜航技术条件的渡船，不得夜航。

渡船应当定期维护保养，确保处于适航状态，并按期申请检验。逾期未检验或者检验不合格的，不得从事渡运。

对船体或者车辆甲板出现局部严重变形的渡船，应当申请船舶检验机构按照实际装载情况进行强度复核。船龄十年以上未达到特别定期检验船龄要求的渡船应当在定期检验时着重加强对船体强度、稳性等方面的检验。

渡船载运危险货物或者载运装载危险货物的车辆的，应当持有船舶载运危险货物适装证书。

渡船应当按照规定配备消防救生设备，放置在易取处，保持其随时可用，并在规定的场所明显标识存放位置，张贴消防救生演示图和标示应急通道。

禁止水泥船、排筏、农用船舶、渔业船舶或者报废船舶从事渡运。

渡船船员应当按照相关规定具备船员资格，持有相应船员证书。载客12人以下的渡船可仅配备渡工。渡工应当经过驾驶技术和安全培训，考核合格后取得海事管理机构颁发的渡工证书，方可驾驶渡船。渡船船员、渡工每年应当参加由渡口运营人、乡镇人民政府或者相关主管部门组织的至少4 h的安全培训。

渡运时，船员、渡工应遵守渡口、渡船管理制度和值班规定，按照水上交通安全操作规则操纵、控制和管理渡船；掌握渡船的适航状况，了解渡运水域的通航环境，以及有关水文、气象等必要的信息；不得酒后驾驶，不得疲劳值班；发现或者发生影响渡运安全的突发事件，应当及时报告并尽力救助遇险人员。

3）渡运安全管理

渡船应当在渡运水域内按照核定的渡运路线航行。

在渡运水域内不得从事水上过驳、采砂、捕捞、养殖、设置永久性固定设施等可能危及渡船航行安全的作业或者活动。

渡船航行，应当以安全航速行驶，加强了望，谨慎操作，使用有效方式发布船舶动态和表明避让意图，主动避让过往船舶，不得抢航或者强行横越。顺航道行驶的船舶驶近渡运水域时，应当加强了望，谨慎驾驶，采取有效措施协助避让。

渡船载客、载货应当符合乘客定额、装载技术要求及载重线规定，不得超载。渡运水域的水位超过警戒水位线但未达到停航封渡水位线的，渡船载客、载货数量不得超过核定的乘客定额和载重量的80%。渡船应当按照规定控制荷载分布，保证装载平衡和稳性，采取安全措施防止车辆及货物移位。

渡船载客应当设置载客处所，实行车客分离。按照上船时先车后人、下船时先人后车的顺序上下船舶。车辆渡运时除驾驶员外车内禁止留有人员。乘客与大型牲畜不得混载。

乘客、车辆过渡，应当遵守渡口渡船安全管理规定，听从渡口渡船工作人员指挥。车辆在渡口区域内应当低速行驶，在指定的地点候渡，不得争道抢渡。制动、转向系统不良和有其他故障影响安全行车的车辆，不得驶上渡船。

装载危险货物的车辆过渡时，车辆驾驶员或者押运人员应当向渡口运营人主动告知所装载危险货物的种类和危害特征，以及需要采取的安全措施。渡船载运装载危险货物车辆，应当检查车辆是否持有与运输的危险货物类别、项别或者品名相符的《道路运输证》。车辆所载货物应当与船舶适装证书相符。渡船应当按照有关规定对危险货物积载隔离。渡船不得同时渡运旅客和危险货物。渡船载运装载危险货物的车辆时，除船员以外，随车人员总数不得超过 12 人。严禁任何人隐瞒、伪装、偷运各种危险品、污染危害性货物过渡。渡船不得运输法律、法规以及交通运输部规定禁止运输的货物，不得载运装载有危险货物而未持有相应《道路运输证》的车辆。

有下列情形之一时，渡船不得开航：当风力超过渡船抗风等级、能见度不良、水位超过停航封渡水位线等可能危及渡运安全的恶劣天气、水文条件；渡船超载或者积载不当可能危及渡运安全的；渡船存在可能影响航行安全的缺陷且未按规定纠正的；发现易燃、易爆等危险品和乘客同船混载，或者装运危险品的车辆和客运车辆同船混载的；发生乘客打架斗殴、寻衅滋事等可能危及渡运安全的；渡船船员、渡工配备不符合规定要求的。

渡船发生水上险情的，应当立即进行自救，并报告当地人民政府或者海事管理机构。当地人民政府和海事管理机构接到报告后，应当依照职责，组织搜寻救助。渡口渡船应当服从指挥，在不危及自身安全的情况下，积极参与水上搜寻救助。

3.5.4 工贸行业安全风险防控要求

聚焦高温熔融金属、冶金煤气、涉爆粉尘、铝加工（深井铸造）等重点领域，深化重大事故隐患排查治理，推动企业应用先进安全技术装备，淘汰危及生产安全的工艺、设备，提升本质安全水平。

推广金属涉爆粉尘适用的湿法除尘工艺、铝加工（深井铸造）采用自动化监测报警和联锁装置。突出有限空间作业、危险化学品使用、检维修作业、动火作业、外委作业等关键环节的风险管控。加强对商场、超市、批发市场、餐饮等人员和货物密集场所的安全隐患排查，严格大型群众性活动报批程序，严防商贸展览、促销活动火灾、踩踏等群死群伤事故。

1. 冶金行业

会议室、活动室、休息室、更衣室等场所不应设置在铁水、钢水与液渣吊运影响的范围内。

吊运铁水、钢水与液渣的起重机应符合冶金起重机的相关要求；炼钢厂在吊运重罐铁水、钢水或液渣时，应使用固定式龙门钩的铸造起重机，应定期检查龙门钩横梁、耳轴销和吊钩、钢丝绳及其端头固定零件。

盛装铁水、钢水与液渣的罐（包、盆）等容器耳轴应按国家标准规定要求定期进行探伤检测。

冶炼、熔炼、精炼生产区域的安全坑内及熔体泄漏、喷溅影响范围内禁止积水或放置易燃易爆物品。金属铸造、连铸、浇铸流程应设置铁水罐、钢水罐、溢流槽、中间溢流罐等高温熔融金属紧急排放和应急储存设施。

炉、窑、槽、罐类设备本体及附属设施应定期检查，出现严重焊缝开裂、腐蚀、破损、衬砖损坏、壳体发红及明显弯曲变形等应报修或报废。

氧枪等水冷元件应配置出水温度与进出水流量差检测、报警装置及温度监测，应与炉体倾动、氧气开闭等联锁。

煤气柜禁止建设在居民稠密区，应远离大型建筑、仓库、通信和交通枢纽等重要设施；附属设备设施应按防火防爆要求配置防爆型设备；柜顶应设置防雷装置。

高炉、转炉、加热炉、煤气柜、除尘器等设施的煤气管道应设置可靠隔离装置和吹扫设施。

煤气区域的值班室、操作室等人员较集中的地方，应设置固定式一氧化碳监测报警装置。煤气分配主管上支管引接处应设置可靠的切断装置；车间内各类燃气管线，在车间入口应设置总管切断阀。煤气水封和排水器的设置、水封高度、给（加）水装置应符合标准规范要求。

带式输送机的通廊禁止采用可燃材料建设，超过 120 ℃ 的烧结矿禁止使用皮带输送。

金属冶炼企业主要负责人和安全生产管理人员依法经考核合格。

2. 有色行业

吊运熔融有色金属及液渣的起重机应符合吊运熔融金属起重机的相关要求；横梁焊缝和销轴应按要求定期进行探伤检测；吊钩、板钩、钢丝绳及其端头固定零件应定期进行检查。

会议室、操作室、活动室、休息室、更衣室、交接班室等场所不应设置在熔融有色金属及液渣吊运影响范围内。

盛装熔融有色金属及液渣的罐（包、盆）等容器耳轴应按要求定期进行探伤检测。

熔融有色金属冶炼、精炼、铸造生产区域的安全坑内及泄漏、喷溅影响范围内不应存在积水，或放置易燃易爆物品。

熔融有色金属铸造、浇铸流程应设置紧急排放和应急储存设施，或紧急排放和应急储存设施应处于良好的备用状态。

采用水冷方式冷却的熔融有色金属冶炼炉窑、铸造机、加热炉及水冷元件，应设置应急水源。

冶炼炉窑的闭路循环水冷元件应设置出水温度、进出水流量差监测报警装置；开路水冷元件应设置进水流量、压力监测报警装置，应实施出水温度定期人工检测。存在冷却水进入炉内风险的闭路循环元件，应设置进出水流量差监测报警装置，应设置防止冷却水大量进入炉内的安全设施（如快速切断阀等）。

炉、窑、槽、罐类设备本体及附属设施应定期检查，出现严重焊缝开裂、腐蚀、破损、衬砖损坏、壳体发红及明显弯曲变形等应报修或报废，禁止继续使用。

可能出现一氧化碳泄漏、聚集的场所，应设置固定式监测报警装置；可能存在砷化氢气体的场所，应使用符合国家标准最高容许浓度精度要求的检测监测设备，或采取同等效果的检测措施。

使用煤气（天然气）的燃烧装置，应设置防止回火的紧急自动切断装置；煤气（天然气）点火作业程序应符合标准要求。

煤气 U/V 型水封和湿式冷凝水排水器水封的有效高度应符合标准要求；煤气排水器禁止违规共用。

生产、储存、使用煤气的企业，应配备专职的煤气防护人员及防护设备。

3. 建材行业

水泥工厂煤磨袋式收尘器（或煤粉仓）应设置温度和一氧化碳监测，或设置气体灭火装置；筒型储存库人工清库作业应外包给具备高空作业工程专业承包资质的承包方，且作业前应进行风险分析。

燃气窑炉应设置燃气低压警报器和快速切断阀，易燃易爆气体聚集区域应设置监测报警装置。

纤维制品三相电弧炉、电熔制品电炉应设置预防水冷构件泄漏的设施。

进入筒型储库、磨机、破碎机、篦冷机、各种焙烧窑等有限空间作业时，应采取有效的防止电气设备意外启动、热气涌入等隔离防护措施。

玻璃窑炉、玻璃锡槽，水冷、风冷保护系统应采取预防漏水、漏气的措施，设置监测报警装置。

4. 机械行业

会议室、活动室、休息室、更衣室等场所禁止设置在熔炼炉、熔融金属吊运和浇注影响范围内。

吊运熔融金属的起重机应符合冶金铸造起重机技术条件，驱动装置中应设置两套制动器。吊运浇注包的龙门钩横梁、耳轴销和吊钩等零件，应进行定期探伤检查。

铸造熔炼炉炉底、炉坑及浇注坑等作业坑禁止潮湿、积水以及存放易燃易爆物品。铸造熔炼炉冷却水系统应配置温度、进出水流量检测报警装置，应设置防止冷却水进入炉内的安全设施。

天然气（煤气）加热炉燃烧器操作部位应设置可燃气体泄漏报警装置，或燃烧系统应设置防突然熄火或点火失败的安全装置。

使用易燃易爆稀释剂（如天拿水）清洗设备设施，应采取有效措施及时清除集聚在地沟、地坑等有限空间内的可燃气体。

涂装调漆间和喷漆室应规范设置可燃气体报警装置和防爆电气设备设施。

存放滤水处理后或机械压实成块状的铝镁屑，应单独设立房间（库房）存放，按规范设置氢气浓度监测报警及机械通排风连锁装置；应对存放量及存放时间制定安全风险管控要求，或对存放量及存放时间作出规定要求。

5. 轻工行业

食品制造企业涉及烘制、油炸等设施设备，应采取防过热自动报警切断装置和隔热防护措施。

白酒储存、勾兑场所应规范设置乙醇浓度检测报警装置。

纸浆制造、造纸企业禁止使用水蒸气或明火直接加热钢瓶汽化液氯。

日用玻璃、陶瓷制造企业燃气窑炉应设置燃气低压警报器和快速切断阀，或易燃易爆气体聚集区域设置监测报警装置。

日用玻璃制造企业炉、窑类设备本体及附属设施禁止出现开裂、腐蚀、破损、衬砖损坏、壳体发红及明显弯曲变形。

喷涂车间、调漆间应规范设置通风装置和防爆电气设备设施。

6. 纺织行业

纱、线、织物加工的烧毛、开幅、烘干等热定型工艺的汽化室、燃气贮罐、储油罐、热媒炉等应与生产加工、人员密集场所明确分开。

保险粉、双氧水、亚氯酸钠、雕白粉（吊白块）等危险品禁止与禁忌物料混合贮存；保险粉禁止露天堆放，储存场所应采取防水、防潮等措施。

7. 烟草行业

熏蒸杀虫作业前，应确认无关人员全部撤离仓库，且作业人员佩戴防毒面具。

使用液态二氧化碳制造膨胀烟丝的生产线和场所，应设置二氧化碳浓度报警仪、燃气浓度报警仪、紧急联动排风装置。

8. 粉尘防爆领域

存在粉尘爆炸危险场所的建筑物宜为框架结构的单层建筑，其屋顶宜用轻型结构。如为多层建筑应采用框架结构；与居民区、员工宿舍、会议室等人员密集场所应保持安全距离。

不同类别的可燃性粉尘不应合用同一除尘系统。粉尘爆炸危险场所除尘系统不应与带有可燃气体、高温气体或其他工业气体的风管及设备连通。应按工艺分片（分区域）设置相对独立的除尘系统。不同防火分区的除尘系统不应连通。

干式除尘器应设置锁气卸灰装置，及时清卸灰仓内的积灰。干式除尘器灰斗内壁应光滑；应采用泄爆、抑爆和隔爆、抗爆中的一种或多种控爆方式，但不能单独采取隔爆，如采用泄爆装置，泄爆口应朝向安全区域。

铝镁等金属粉尘不应采用正压吹送的除尘系统。其他粉尘受工艺条件限制采用正压吹送时，应采取可靠的防范点燃源的措施。铝镁等金属粉尘及木质粉尘的干式除尘系统应规范设置锁气卸灰装置。铝镁制品机械加工采用干式除尘，应配备铝镁粉尘生产、收集、贮存的防水防潮设施。

除尘系统禁止采用干式静电除尘器和重力沉降室除尘，禁止采用巷道式构筑物作为除尘风道。

粉尘爆炸危险场所的 20 区应使用防爆电气设备设施。

在粉碎、研磨、造粒等易于产生机械点火源的工艺设备前，应按规范设置去除铁、石等异物的装置。

木制品加工企业，与砂光机连接的风管应规范设置火花探测报警装置。

应制定粉尘清扫制度，除尘系统、作业现场积尘及时清理。

9. 涉氨制冷领域

包装间、分割间、产品整理间等人员较多房间的空调系统严禁采用氨直接蒸发制冷系统。快速冻结装置应设置在单独的作业间内，且作业间内作业人员数量不应超过 9 人。

10. 深井铸造领域

企业应制定熔炼或浇铸过程中停电、燃气泄漏、高温金属溢流等异常情况下的现场应急处置方案并定期开展演练。

固定熔炼炉高温熔融金属出口应设置机械式锁紧装置，应配置液位传感器、报警装置并与固定熔炼炉熔融金属出口和流槽紧急排放口自动切断阀连锁。

深井铸造结晶器等水冷元件的冷却水系统应配置进水压力、流量和进出水温度监测及报警装置，应与熔融金属紧急排放口自动切断阀连锁。

浇铸流程应规范采用引锭盘托架利用导轨导槽防倾覆、设置水平或液位等传感器与熔融金属紧急排放口自动切断阀连锁报警装置等其中一种防止熔融金属大量泄漏的控制措施。

高温工作的熔融金属铸造设施及水冷系统应设置高位应急水池等冷却应急处置措施，应急措施应满足浇铸系统最大水流量 5 min 工作时间水源要求。

引锭盘托架钢丝绳应定期检查、更换并如实记录，禁止存在应报废而继续使用的情况；托架卷扬系统应设置两路独立电源或应急电源，禁止使用无绳槽卷筒以及导向轮深度不符合要求的托架卷扬系统。

11. 涉及煤气作业的相关行业领域

煤气点火作业程序应符合标准要求。

涉及煤气的有限空间作业，程序、氧含量、一氧化碳浓度等应符合标准要求。

带煤气作业或在煤气设备上动火应有作业方案和安全措施，应取得煤气防护站或安全主管部门的书面批准。

不应在雷雨天进行带煤气抽堵盲板、带煤气接管、高炉换探料尺、操作插板等危险作业；作业时应有煤气防护站人员在场监护；操作人员应佩戴呼吸器或通风式防毒面具。

进入煤气区域应佩戴便携式煤气报警器，且两人同行。

12. 存在动火作业的相关行业领域

对动火作业应进行风险辨识、评估等级，落实动火作业审批制度，动火作业前开具动火作业票证。

动火作业按规定进行可燃气体分析以及检测和记录；对动火作业设备（管线）采取拆离、盲封等措施；严格按照工作方案实施，安排专人监火，安全防护措施落实到位。

13. 存在有限空间作业的相关行业领域

对有限空间进行危害辨识，确定有限空间数量、位置以及主要危险有害因素，建立台账资料；按规范在有限空间场所设置明显安全警示标志。

落实作业审批制度。有限空间作业前，将有限空间作业方案和作业现场可能存在的危害和防控措施告知作业人员；按规范进行检测、通风；作业现场设置监护人员；配备相关的防护用品和应急装备。

14. 存在外委作业的相关行业领域

发包单位应将承包单位及其项目部纳入本单位实施统一管理。外包项目有多个承包单位或外包项目作业过程中存在交叉作业的，发包单位应对多个承包单位的安全生产工作以及同一作业区域内的多个相关方的交叉作业实施统一协调、管理。

发包单位应提供必要的安全生产作业条件和环境，做好工程施工区域、运行设备、其他检修区域的隔离工作，设置逃生通道、悬挂警示标志；对承包单位进行外包项目的安全、技术书面交底。

3.5.5 既有建筑安全风险防控要求

既有建筑是指已建成并投入使用的建筑，包括居住建筑、工业建筑以及学校、医疗卫生机构、文体场馆、车站、商场、宾馆、饭店、集贸市场、养老和福利机构、宗教活动场所等诸多类型的公共建筑，涉及城乡各行各业，面广量大且产权多元。由于历史发展阶段的社会经济、技术水平以及技术标准不完善等原因，很多既有建筑的安全性能水平较差，不同程度上存在着安全隐患，需要进一步加强城市既有建筑从建成交付、使用维护到报废拆除"全寿命"周期安全管理，确保建筑使用安全，切实维护公共安全和公众利益。

1. 加快完善既有建筑安全治理体系

加强既有建筑安全管理对保障人民生命财产安全，维护社会稳定，促进经济发展具有十分重要的意义。城市有必要成立既有建筑安全管理领导小组，负责既有建筑安全管理工作的组织领导和综合协调，以推进治理体系和治理能力现代化建设为导向，切实担负起既有建筑安全管理相关责任，确保既有建筑使用安全。

1）严格落实产权人主体责任

既有建筑所有人是既有建筑使用安全责任人。属于国家或者集体所有的既有建筑，其管理单位为使用安全责任人；所有人下落不明、权属不清的既有建筑，实际使用人或管理人应当承担既有建筑使用安全责任。既有建筑使用安全责任人应当遵守国家有关建筑安全管理的各项规定，按照建筑设计使用功能规范合理使用建筑，不得违章装修、违规拆改，应当定期对建筑进行安全检查和维护，及时排除安全隐患，确保建筑原有的整体性、抗震性、耐久性和结构安全。对已出现险情的房屋，应当根据房屋危险等级，及时制定解危方案。凡不具备继续居住（使用）条件的，应当迅速组织人员撤离。对于达到设计使用年限、地基基础或结构构件出现异常或受损情形仍需继续使用的既有建筑，以及学校、医疗卫生机构、文体场馆、景区、车站、商场、宾馆、饭店、集贸市场、养老和福利机构、公共娱乐场所、宗教活动场所等人员密集场所，要建立定期建筑安全检查（鉴定和检测）和维护制度。

2）充分发挥部门监管责任

城市有关既有建筑的行业部门要按照"三管三必须"要求，认真履行安全生产职责。住房城乡建设、自然资源规划、财政、公安、应急、消防、市场监管、城市管理等部门要按照相关法律法规规定，做好既有建筑安全管理相关工作。教育、卫生健康、文化和旅游、文物保护、体育、交通运输、商务、民政、民族宗教事务等部门应当按照各自职责，督促学校、医疗卫生机构、文体场馆、景区、车站、商场、饭店、集贸市场、养老和福利机构、宗教活动场所等公共建筑的安全使用责任人定期进行建筑安全检查（鉴定和检测）和维护，消除建筑使用安全隐患。

3）认真履行属地管理责任

各地要遵循既有建筑"预防为主、防治结合、规范使用、确保安全"的原则，实行"属地管理、条块结合、以块为主"的监管方式，成立相应的工作机构，完善管理网络，切实履行既有建筑安全管理属地职责。要将既有建筑安全管理纳入安全生产管理体系，编制财政预算，建立统筹管理、分级负责、综合协调、社会参与的既有建筑使用安全管理体系。要按照"横向到边、纵向到底"的工作要求，发挥镇（街道）、社区、物业服务企业作用，推动管理重心下移，充分发挥本地区安全网格化管理体系，逐级细化管理片区，压实属地安全管理责任，确保每个片区有专人巡查、专人负责，及时发现和处理既有建筑安全问题。建立危房档案，摸清底数，登记造册，并建立经常性的排查巡查机制，根据排查结果、日常巡查记录等，对房屋危变情况进行登记更新，掌握房屋安全动态。对检查巡查中发现的安全隐患，应及时督促产权人（使用人）进行房屋安全鉴定，落实解危措施。

4）加快建立长效管理机制

修订完善城市房屋安全管理条例或者办法，确保房屋安全管理工作有章可循、有据可依。各地应加强房屋安全管理队伍建设，配齐技术力量，保障房屋安全管理工作顺利开展。加快推行房屋安全检测、鉴定工作市场化，加快房屋安全检测、鉴定机构诚信体系建设，完善行业准入和退出机制，切实把实力强、信誉好的房屋安全检测企业、鉴定机构选进来。加强对房屋安全检测、鉴定工作的事中事后监管，把好房屋安全检测、鉴定报告关，加强信用考核，严肃查处弄虚作假、暗箱操作等行为。要切实落实房屋安全检测企业、鉴定机构的主体责任，保证检测、鉴定报告有效期内的真实可靠。要建立市、区两级房屋应急抢险和救援机制，制定应急预案，储备应急设备和物资。

2. 认真开展既有建筑安全隐患排查

1）加强危旧建筑安全重点监管

为更有针对性地组织、落实既有建筑安全管理工作，明确既有建筑重点监管范围，将下列既有建筑纳入重点监管范围：已超过建筑设计使用年限，需要继续使用的建筑；已达到建筑设计使用年限的一半，并经过结构改造的建筑；设计、建造年代较久的建筑（如采用空斗墙承重、单肋屋面板、砖拱楼屋盖、内框架结构、半砖墙承重等）；因施工、堆物、撞击、火灾、爆炸及重大自然灾害等原因导致建筑出现裂缝、变形、不均匀沉降等现象或者损坏，安全性待定的建筑；教育设施、养老设施、商场、超市、影剧院、体育馆、网吧、医院等人员密集场所的建筑；根据相关规定，其他应当加强重点监管的建筑。

2）抓紧开展既有建筑安全排查

各地要按照"见底彻底"目标，开展辖区内既有建筑安全排查，重点是2000年之前建成，建设标准低、人员密集的老旧楼房，例如：已超过房屋设计使用年限，需要继续使用的房屋；因人为因素或自然灾害导致房屋出现裂缝、变形、不均匀沉降等现象，仍需继续使用的房屋；未经批准或许可进行结构改造的房屋；鉴定为C级或D级危房的房屋等。

3）加强特定环境下的建筑安全检查

高度重视台风、雷电、雨雪等恶劣气候条件下既有建筑安全工作，既有建筑使用安全责任人要认真做好既有建筑安全自查。受地铁、隧道等重大项目施工影响的既有建筑，要认真做好事前排查、事中巡查和事后核查，对存在重大安全隐患的建筑要及时撤出人员，避免建筑坍塌伤亡事故发生。

4）加快建立既有建筑安全隐患排查常态化机制

城市可结合既有建筑隐患排查工作，研究可行措施适时推广购买房屋安全管理服务商业类保险，通过购买"保险＋服务"、组建专业巡查队伍等方式，加快建立"责任人自查、基层网格排查、部门联查、第三方专业检查、政府督查"的常态化安全隐患排查机制，将既有建筑安全排查、危险建筑定期检查以及特定条件下的既有建筑安全专项检查有机结合，运用信息化技术同步建立既有建筑安全管理档案，实现动态管理，做到安全隐患早预防、早发现、早消除。

3. 切实加强既有建筑改扩建和装饰装修监督管理

1）明确既有建筑改扩建和装饰装修基本程序

对依法需要纳入基本建设程序管理的既有建筑改扩建、装饰装修工程，要按照立项、用地、规划、施工许可和竣工验收备案等程序要求，强化工程建设质量安全监管。对于生产经营等需要，改变既有建筑空间用途、使用功能的其他装饰装修工程，按照"分级管理、分类监管、确保安全"原则，细化装饰装修活动过程管理，强化部门联动，严禁违法违规拆改建筑主要承重构件、抗震设施、防火措施和超过设计标准增大荷载等危害建筑结构安全的行为。推行室内装修改造工程消防设计审查验收许可前置安全评价，由装修改造主体在申请消防设计审查验收许可前，组织完成对结构设计安全的鉴定（检测）和对建筑安全的技术评定。

2）建立健全装饰装修登记制度

产权人（使用人）对既有建筑装饰装修，需要办理基本建设手续的，按照相关法律法规办理手续；不需要的，应当在装饰装修开工前，向物业服务企业申请装修登记；没有物业服务企业的，向属地村（居）民委员会或者管房单位申请登记。其中涉及变动建筑主体或者承重结构的，需提交原设计单位或者具有相应资质等级的设计单位出具的设计方案。产权人（使用人）应当按照装修登记内容进行装修。对于利用既有建筑改造为人员密集场所的，在办理营业或开业手续前，经营人应提供建筑安全评估（鉴定）意见或报告，作为场所合法使用证明材料留存备查，相关部门加强事中事后监管。

3）加大装饰装修等拆改行为巡查及查处力度

住建部门要会同相关行业主管部门、属地镇（街）、居委会、物业公司等管房单位，重点加强对各类老旧办公楼、商场、公寓、居委社区用房等老旧房屋的违法拆改、违章装修行为的巡查，发现或收到投诉举报的，要及时处理。执法部门要严厉打击非法建设、违规改造、擅自改变建筑用途等行为，对违法违规责任人依法给予行政处罚并实施信用联合惩戒。情节严重危害公共安全的，依法追究刑事责任。

4. 做好危房和老旧建筑解危治理工作

按照"先急后缓、分类实施、逐步推进"的原则，对危房和老旧建筑先落实安全措施、后实施解危工作。

1）危房预警

对存在疑似安全隐患的房屋，由房屋所有人（使用人）向房屋安全鉴定中心申请房屋安全鉴定；危房危及公共安全，但房屋所有人（使用人）拒不履行解危义务的，属地镇（街）或房屋安全管理部门可代为申请房屋安全鉴定。危房在未采取解危治理措施期间，属地镇（街）督促房屋所有人（使用人）采取有效措施，公开预警，告知周边群众规避房屋垮塌风险；房屋所有人（使用人）拒不履行告知义务的，属地镇（街）代为履行告知义务并设立危房警示标志。

2）解危方式

危房解危可采用加固、征收拆迁、翻修、异地置换四种方式。采取加固除危方式，加固可加固的危房。不具有加固价值，需整体拆除，已列入征收拆迁计划的，通过征收拆迁方式进行解危。房屋征收解危过程中，房屋权属为机关事业单位、国有企业所有的，权属单位负责组织危房所有人（使用人）搬迁；房屋权属为个人、私有企业所有，或权属不清的，属地镇（街）负责组织危房所有人（使用人）搬迁。

经鉴定为 D 级且未被列入征收拆迁计划的危房，可以进行翻修。危房所有人（使用人）提出申请，经属地政府同意，按照权属证书载明的"原位址、原面积、原高度"等规定进行翻修。

应整体拆除且危房所处位置不具备翻修条件、暂无征收拆迁计划的危房，采取异地置换房源方式，可以在异地新建或购买现有安置房。

3）解危政策

行政审批、自然资源规划、住房城乡建设、城管、生态环境、消防等部门要加强对危房和老旧建筑解危工作的支持力度，加强相关业务指导，规范高效办理相关审批手续。解危费用由房屋所有人（使用人）自行承担。对房屋所有人确实无力承担或者无法全部承担解危费用的，鼓励各地设立解危救助资金，用于支持危房解危和困难救助。特殊困难对象如符合保障性住房申请条件的，可优先照顾安置保障性住房。房屋所有人在对危房解危时，可按规定提取个人住房公积金和住宅专项维修资金用于房屋加固或翻修。鼓励商业银行在政策允许范围内给予信贷资金支持。

城市应切实加强对本行政区域内既有建筑安全监管工作的组织和领导，健全工作体系和机制，努力解决辖区内既有建筑安全管理工作中的重要问题，加大保障力度。要加强既有建筑使用安全宣传教育，着重普及建筑安全使用知识，提高房屋所有人、使用人、管理人的安全使用主体责任意识和全社会公共安全意识。鼓励建立既有建筑安全举报奖励制度，设立举报专栏、专线，对投诉举报属实的按规定予以奖励，广泛发动群众力量，消除监管盲区死角。

3.5.6 施工建设安全风险防控要求

建设施工领域生产安全事故多发，各地需结合自身实际，进一步做好施工安全管理工作，切实消除风险隐患，坚决整改隐患盲区，采取切实措施，全力遏制事故发生。

1. 压实参建单位主体责任

施工安全领域应彻底落实各参建单位主体责任：

一是压实建设单位首要安全责任。建设单位应当明确参建各方安全责任，加强对参建各方施工过程安全生产履约管理，并在危险性较大的分部分项工程施工中依法履行安全管理职责。严禁建设单位任意压缩合理工期、违法发包工程。

二是压实施工单位主体安全责任。施工单位应当设立安全生产管理机构，按规定配备专职安全生产管理人员。施工单位应当建立健全全员安全生产责任制，制定实施安全生产规章制度和操作规程、安全生产教育培训计划，建立安全风险分级管控和隐患排查治理双重预防工作机制。严禁施工单位转包、违法分包、挂靠、超越本单位资质等级承揽工程，严禁施工单位未取得安全生产许可证从事建筑施工活动。

三是压实工程监理单位监理责任。工程监理单位应当配备与工程规模和技术要求相适应的安全监理人员，编制并实施监理规划和监理实施细则。工程监理单位应当严格审查施工组织设计中的安全技术措施和专项施工方案，对重点部位、关键工序实施旁站监理。发现一般和轻微安全隐患的立即督促企业整改，整改完成后必须组织复查确认。发现重大安全隐患时，应当在保证安全的前提下要求施工单位立即暂停施工作业，迅速整改消除隐患并及时报告建设单位，隐患消除后方可进行后续施工作业。施工单位拒不整改或者不停止施工的，工程监理单位应当第一时间报告住建执法机构。

2. 严格项目经理和相关负责人履职

施工安全领域应抓实施工项目关键人员的履职尽责工作：

一是严格落实项目经理责任。项目经理应当在建设项目施工现场带班生产，全面管控工程项目安全生产状况，定期组织安全隐患排查，发现隐患及时消除并做好记录。项目经理确需临时离开现场不能带班的，应当经建设单位项目负责人和本单位相关负责人同意，书面委托项目施工管理负责人或者技术负责人现场带班生产，如需变更应按规定办理相关手续。

二是严格落实负责人施工现场带班制度。项目负责人是工程项目安全管理第一责任人，应当监督落实工程项目带班制度，全面掌握工程项目安全生产状况，加强对重点部位和关键环节的控制并及时消除隐患。超过一定规模的危险性较大的分部分项工程施工时，施工单位负责人应当到施工现场带班检查，出现险情或发现重大隐患时立即督促整改并及时消除险情和隐患。

3. 强化危险性较大的分部分项工程安全管控

危险性较大的分部分项工程是指房屋建筑和市政基础设施工程在施工过程中，容易导致人员群死群伤或者造成重大经济损失的分部分项工程。施工安全领域应坚持将危险性较大的分部分项工程安全管控作为核心工作加以重视。

一是建立健全危险性较大的分部分项工程安全管控体系。工程参建各方应当落实风险辨识、方案论证、条件验收、领导带班、挂牌督办等管理环节，加强施工全过程动态管控，确保责任落实、监管到位。抓好重点部位和重点时段安全管控，盯紧重大风险点位各个管理环节，切实保证各项管控措施落到实处。

二是严格落实危险性较大的分部分项工程安全管控责任。建设单位应当及时组织勘察、设计、施工、工程监理、工程监测等单位协调解决危险性较大的分部分项工程施工安全问题，列出危险性较大的分部分项工程清单，对各方主体履行职责情况进行检查；风险点位施工前，组织危险性较大的分部分项工程条件验收。施工单位应当编制危险性较大的分部分项工程专项施工方案，超过一定规模的危险性较大的分部分项工程专项施工方案应组织专家进行论证，并严格按照审核、论证的危险性较大的分部分项工程施工方案组织施工，不得擅自修改专项施工方案。工程监理单位按规定编制危险性较大的分部分项工程监理实施细则，并实施专项巡视检查，发现异常情况及时上报。

1）建筑起重机械安全要求

产权单位应保证设备符合安全技术标准、非国家明令淘汰或者禁止使用的产品。禁止提供与建筑起重机械不是同一制造厂制造的标准节、附着装置。建筑起重机械应经检验达到安全技术标准规定要求，有完整的安全技术档案，有齐全有效的安全保护装置。产权单位负责建筑起重机械日常检查和维修保养管理，做到在设备全寿命周期内的"一机一档"管理。

安装拆卸单位应依规编制安装拆卸方案（含应急救援预案），经单位技术负责人签字后，报总包单位、监理单位进行审核。专业技术管理人员负责对参加安装拆卸的人员进行书面安全技术交底；负责检查安装拆卸作业安全条件，达不到标准要求的，不得进行安装拆卸作业。安装拆卸单位应将建筑起重机械安装、拆卸工程专项施工方案，安装、拆卸人员名单，安装、拆卸时间等材料报施工总承包单位和监理单位审核后，告知安监机构。

施工总承包单位/使用单位应与设备安装拆卸单位依法签订安全生产协议，审核安装拆卸单位编制专项施工方案（含应急救援预案、设备制造许可证、产品合格证等）；组织制定并实施防止塔式起重机相互碰撞的安全措施，保证外部作业安全条件（外电架空线路防护等）；依规办理设备使用登记证；对塔式起重机主要部件、安全装置等每个月至少检查一次，发现隐患及时进行整改。现场司机、信号司索工等应与安监智慧系统中备案一致；需要变更的，应在安监智慧系统中及时更换人员。

项目监理部配备的监理人员应具备相应的施工安全监理能力。项目总监理工程师及安全专业监理工程师应审核施工单位报审的专项施工方案、资质证书和安全生产许可证、特种作业人员操作资格证书。核查施工单位项目专职安全生产人员是否具备登机检查、识别设备隐患的实际能力。

检测单位安全职责应依规开展设备检验检测工作，对出具检验检测报告承担责任。对检测中发现严重安全隐患的，应及时通知安监机构。

2）基坑工程安全要求

（1）前期工作要求。

基坑工程开工前，建设单位（或委托的有关单位）应对周边环境作详细调查，并向勘察、设计、施工、监理等单位提供环境调查报告及相应保护要求。建设单位应委托具备相应资质单位进行基坑专项设计，并向基坑专项设计单位提供审查合格的勘察报告、建筑总平面图、地下工程施工图、周边环境调查报告及相关设施保护要求。设计单位应以此作为设计依据，保证设计方案符合基坑工程实际。基坑设计施工图应具备安全、合理、可实施性，基坑工程专项设计方案应包含支护结构设计、地下水控制设计、监测及预警、相关计算书等内容。基坑工程招标应符合国家及地方招投标法规，不得随意压低工程造价，不得肢解发包基坑工程。

设计方案应严格履行设计方案的专家论证及设计施工图审查。方案论证专家一般由岩土工程及结构专家组成。设计方案应对专家论证意见有修改回复并经论证组长签字通过。支护结构一般不得超越用地红线，否则应取得相邻地块产权单位的同意；临近规划有地铁、管廊或其他地下工程时，禁止采用锚索（杆）、土钉等锚拉式支护结构。

建设单位应在基坑开工前委托具备相应资质单位承担基坑第三方监测工作。监测单位应编制监测方案并报监理审核，对于安全等级二级以上基坑，应通过专家论证。在基坑支护工程施工及降水前，应提前埋设监测点并取得监测初始值，监测范围不少于 3 倍基坑挖深。

（2）过程控制措施。

① 施工方案管理。

基坑工程均应由施工（或总包）单位编制专项施工方案并应经过单位技术负责人及监理单位总监审批。超危大工程应组织专家论证，论证结论为修改后通过的，方案修改后应报经论证专家组长审核签字；论证结论为不通过的，应在修改后组织论证，论证专家原则上应为原先论证专家。基坑工程施工前，施工单位应严格落实二级安全技术交底制度，现场施工人员严格按专项方案施工。

施工单位未经设计同意不得擅改设计。因规划调整、地下工程设计变更、周边使用条件或环境变化等确需调整专项施工方案的，应首先报经基坑设计单位复核验算并出具基坑设计变更文件后，方可变更专项施工方案并重新履行报批手续。重要变更（支护形式变化、重要工况调整等）应经专家论证后方可实施。

② 开挖支护。

加强开挖条件验收，龄期强度未到不得挖土。桩间土喷锚防护应随土方开挖分层同步进行，不得开挖到底后再喷护施工。

支护结构施工过程中加强监理旁站监督，保证隐蔽工程施工记录的真实性，并加强质量检查。

采取竖向斜撑支护时，监理应督促施工单位严格按设计工况施工，即：土方分段开挖，斜撑下部区域预留三角形土台；底板分段施工；支撑牛腿强度达标并在斜撑架设完成后方可开挖支撑下方土体。

③ 拆撑。

拆撑应严格按设计工况进行，换撑未达到强度要求时严禁拆撑；重要工程应有拆撑专项施工方案，方案经专家论证通过后才可实施。施工前应作基本试验确定抗拉承载力；锚索（杆）施工严格按设计及规范要求进行，注浆体达到强度要求后按规范要求进行逐级张拉、锁定；腰梁做法、锚具选择应满足设计要求。

④ 水泥土墙施工。

根据地层选择合理施工工艺；严格施工过程监理，加强土钉抗拔检测，保证土钉与挂网钢筋牢固连接。

加强现场旁站监理，水泥土墙的面积置换率（格栅大小）及搭接宽度应符合设计及规范要求，水泥掺量不得小于设计要求，基坑开挖前应进行现场取芯检测水泥土强度及均匀性。

⑤ 基坑放坡、排降水及开挖。

放坡坡度应符合设计及相关规范要求，土方应分层开挖、及时进行坡面防护施工；坑内排水沟应与坡脚保持适当距离并应采用盲沟排水。

降水井深度及间距应按设计布置，并应先行试降水检验降水效果及止水帷幕的有效性；对未止水或悬挂式止水的基坑，降水过程应严加管理，控制水位降深，做到按需降水；对全封闭止水的基坑，降水过程中应密切观测坑外水位变化情况，发现渗漏及时停止降水并采取处置措施。

严格执行土方开挖条件验收制度，不具备条件不得开挖；开挖过程应考虑时空效应，严格分层、分区、对称、均衡、限时开挖，不得速挖、超挖；挖土流向、清运路线均应明确并严格执行；开挖过程中对成品（工程桩、支护桩、立柱及支撑、降水井、监测设施等）保护措施应落实到位，开挖过程形成的临时边坡应留足够的安全坡度（不小于1:3）；临边坑中坑开挖应有相应支护措施。

（3）基坑监测。

监测方案应按设计文件及相关规范要求编制，并应通过专家论证。监测工作严格按审批后的方案进行，不得随意减少监测项目、降低监测频次。监测人员应坚持将监测数据日报、周报、月报及阶段性报告及时报送建设、监理单位，建设、监理单位应及时向相关单位反馈。当监测数据达到控制值（报警值）的90%时，应及时发出预警；当监测数据达到控制值（报警值）时、巡视发现报警现象出现时，应及时向各相关单位发出报警讯息。

（4）基坑安全使用。

基坑只要未完成回填，基坑施工责任单位应定期安排人员巡视检查。土建施工单位坑边场地使用应符合基坑设计文件中荷载限制要求，否则应采取加固措施。降水井封井应满足结构抗浮要求，且应分批分部位实施。型钢、钢板桩的拔除应在基坑回填完成后进行，拔除过程中应进行跟踪注浆、及时封填留下的空洞。

3）模板支撑体系安全要求

依规对搭设模板支撑体系的材料、构配件进行现场检验，扣件抽样复试；并以此为依据，对构造设计进行必要的校核计算。

模板支撑体系在搭设时，结构杆件应符合安全技术规范及施工专项方案的要求。模板和配件不得随意堆放，不得抛掷模板等物料。模板支撑体系严禁超载，不得与起重机械、脚手架、操作平台等支成一体。在高处搭设拆卸时，周围应设安全网或搭脚手架，并加设防护栏杆；临街及交通要道地区，应设警示牌、设专人看管。混凝土浇筑时，浇捣设备、临边防护及临设用电系统应符合有关技术规范要求，且须按照专项施工方案规定的顺序进行，并指定专人对模板支撑体系进行监测。

混凝土达到规定强度及专项施工方案要求时，模板支撑体系方可拆除，否则应经计算和技术主管确认后再拆除。拆模顺序和方法应按照专项施工方案或技术标准执行。

模板支撑体系搭设拆卸操作人员应持建筑施工特种作业操作资格证书。

4）脚手架工程

（1）钢管扣件式脚手架工程。

脚手架结构杆件设置应符合安全技术标准、专项施工方案的要求，搭设时应齐全，不得缺失，否则应做加固处理。悬挑式脚手架、落地式脚手架不宜混搭。立杆、纵向水平杆应对接，剪刀撑斜撑杆宜搭接。立杆基础应符合专项施工方案要求，并设排水设施。

遇有基坑未及时回填等特殊施工时段及地下室入口坡道、门厅、挑檐、天井等特殊部位，基础施工与杆件设置应做专门设计。

连墙件设置位置、数量应符合专项施工方案要求，否则应依规设置抛撑及架体断面加固。作业层满铺、铺牢脚手板，底层或悬挑层宜用模板满封，中间每隔两层做一次层间防护。

脚手架搭设应与施工进度同步，连墙件、剪刀撑应与脚手架同步搭设。悬挑梁及锚固件、斜拉钢丝绳、花篮高强螺栓的规格、数量、位置等应符合安全技术标准、专项施工方案要求。

当有六级强风以及浓雾、雨雪天气时应停止脚手架搭设与拆除作业；夜间不宜从事搭设与拆除作业。

在脚手架作业影响范围内应设警戒、设专人监管。

脚手架在使用期间，作业层上的施工荷载应符合设计要求，严禁超载，不得将模板支架、缆风绳、泵送混凝土和砂浆的输送管等固定在架体上；严禁悬挂起重设备，严禁拆除或移动架体上的安全防护设施。

从事脚手架搭设、拆除的作业人员应持建筑施工特种作业操作资格证书。

（2）附着式升降脚手架工程。

附着式升降脚手架首次安装后安装单位应进行自检，每次提升作业前应通知总包单位、监理单位进行作业前安全检查，检查合格后方可进行提升作业；提升到位后及时报检，检测合格后方可使用。

提升前应检查架体周围是否有障碍物，清除所有障碍物后方可进行提升作业。

架体在提升过程中不得堆放任何材料，不得利用架体运输物料，静止状态下也不能集中堆放，架体上的杂物、垃圾应及时清理。提升过程中严禁任何人员在架体上作业及走动，主体周围 10 m 内不得有人员逗留或交叉作业。

专职安全员在附着式升降脚手架安装及提升期间应进行现场巡查。

架体提升到位后应及时将承重顶撑支好，翻板及时恢复到防护位置，并将电动葫芦链条卸荷。每个机位在使用工况下应设置三道附墙支座，提升时设置不少于两道附墙支座，使用工况下当第三道附墙支座无法安装时，应做好临时加固措施。附墙支座锚固处应采用 2 根或 2 根以上的附着锚固螺栓，原则上垂直设置。附墙支座锚固螺栓应采取防松措施，螺栓应高出螺母顶平面，销轴连接应有可靠轴向止动装置。

架体应在下列部位采取可靠的加强构造措施：①架体与附墙支座的连接处；②架体上提升机构的设置处；③架体上防坠、防倾装置的设置处；④架体吊拉点设置处；⑤架体平面的转角处；⑥当遇到塔吊、施工升降机、物料平台等设施，需断开处。

架体升降到位后，每一附墙支座与竖向主框架应采取固定装置或措施。防坠装置在使用和升降工况下均应设置在竖向主框架部位，并应附着在建筑物上，每一个升降机位不应少于一处。防坠装置与提升设备严禁设置在同一个附墙支承结构上。使用工况下架体与主体结构表面之间应采取可靠的防止人员和物料坠落的防护措施。

同步及荷载控制系统应完好，超载报警停机、欠载报警等功能正常有效。电动葫芦、电箱、电线应设置防雨防潮措施。定期保养螺栓连墙件、升降装置、防倾装置、防坠落装置、电控设备、同步控制装置等，检查过墙螺栓、网片销轴是否有松动、脱落现象。

当附着式升降脚手架停工超过一个月或遇到六级以上大风停工时应设置加固措施，复工后及时进行安全检查，确认合格后方可使用。

（3）高处作业吊篮。

高处作业吊篮安装前，安装单位应完成专项施工方案的编制和审批工作，不能直接按照产品说明书中参数及安装要求安装的，应组织专家对方案进行论证。严禁对悬吊平台进行改造，不同厂家的吊篮零部件不得混装。

吊篮安装完成后安装单位应组织自检，自检合格后方可交付使用单位。使用单位应委托有相应资质的检验检测机构进行检测，检测合格并经总包、使用、监理、安装、租赁单位验收合格后，方可投入使用。

吊篮在施工现场进行二次安装时，作业人员应持有建设行政主管部门颁发的在有效期内的特种作业人员操作资格证，严格按照专项施工方案进行作业，严禁使用单位人员私自安装、拆卸、移位；移位时不得用工作钢丝绳或安全钢丝绳拖拉悬吊平台。高处作业吊篮在同一建筑同一高度移位后、同种方式安装的，使用单位应及时组织验收；未经验收或验收不合格的不得使用。

专职安全员应负责现场安拆、移位、检验检测、维护保养等作业的监督管理。

使用单位应安排专人每天对吊篮安全状况及使用行为进行检查并做好记录，发现安全隐患及时消除。吊篮操作人员必须经过专业培训，吊篮内作业人员严禁超过2人，所有作业人员应佩戴安全带并正确系挂在安全绳上。作业人员必须由地面进出悬吊平台，不得在高空出入。严禁在悬吊平台之外加设装置运载物料。

吊篮在运行时，操作人员应密切注意上下有无障碍物，以免引起碰撞或损坏限位开关。严禁在悬吊平台内使用梯子、凳子、垫脚物等进行作业，严禁将吊篮作为载人和起重设备使用。在施工范围下方可能有人员通过的区域，应设置安全警示线，必要时配备安全监督人员。安全锁应完好有效，严禁使用超过有效标定期限的安全锁。限位开关、急停开关、制动和滑降装置应灵敏可靠。悬挂机构、悬吊平台的钢结构及焊缝应无明显变形、裂纹和严重锈蚀。结构件的各连接螺栓应齐全、紧固，并应有防松动措施，所有连接销轴使用应正确，均应有可靠的轴向止动装置。配重块应可靠固定在配重架上，并应有防止可随意移除的措施。严禁钢丝绳与主体结构干涉或摩擦。安全绳应固定在有足够强度的建筑结构上，严禁固定在吊篮结构上。

5）交叉作业安全要求

平面总体布置应符合要求。现场道路宜设人车分流措施，对在塔式起重机臂架旋转范围内及在建工程坠落范围内的人行通道、加工场所，应设防护棚或其他可靠防护措施，并符合消防安全、施工安全标准要求，设置必要的警示标志。

洞口、临边作业。临边作业的临空一侧应设置防护栏杆。施工升降机停层平台两侧边，应设置防护栏杆，并应符合《建筑施工高处作业安全技术规范》（JGJ 80—2016）4.3的规定。停层平台口应设置高度不低于1.8 m的楼层防护门，并设置防外开装置。洞口作业应采取防坠落措施，电梯井门及电梯井道内应依规做好相应的防护措施。

操作平台应通过设计计算，并编制专项施工方案，架体构造、材质应符合有关标准要求。移动式操作平台面积不宜大于 $10\ m^2$，高度不宜大于 $5\ m$，高宽比不宜大于 $2:1$，施工荷载不宜大于 $1.5\ kN/m^2$，制动器处在移动情况外，且均应保持制动状态。落地式操作平台高度不宜大于 $15\ m$，高宽比不宜大于 $3:1$，施工荷载不宜大于 $2.0\ kN/m^2$，应与建筑物进行刚性连接或防倾措施。悬挑式操作平台的搁置点、拉结点、支撑点应设置在稳定的主体结构上，且应有可靠连接。

交叉作业时，下层作业应在上层作业的坠落半径之外；在坠落半径范围内或建筑起重机械起重臂旋转半径范围内的人员进出通道口、人行道路、集中加工场地、临时设施等处，须搭设安全防护棚或其他隔离措施。

6）临时用电

采用三级配电系统。每台用电设备应有各自专用的开关箱，严禁用同一个开关箱直接控制 2 台及 2 台以上用电设备（含插座）。采用 TN - S 接零保护系统。TN 系统中的保护零线除必须在配电室或总配电箱处做重复接地外，还必须在配电系统的中间处和末端处做重复接地。采用二级漏电保护系统。末端剩余电流动作保护器的额定剩余动作电流不应大于 $30\ mA$，额定剩余电流动作时间不应大于 $0.1\ s$。电缆线路应采用埋地或架空敷设，严禁沿地面明设，并应避免机械损伤和介质腐蚀。埋地电缆路径应设方位标识。

4. 规范施工单位用工年龄管理

随着施工人员年龄结构逐渐老化，规范用工年龄管理非常必要。

一是应依法签订劳动合同。按照国家和省、市建筑工人实名制管理的有关要求，在进入施工现场前，施工单位应当与建筑工人签订劳动合同，未签订劳动合同的不得进场施工。

二是规范用工年龄管理。施工单位与建筑工人签订劳动合同时，应当严格执行国家关于法定退休年龄的规定，对男性超过 60 周岁、女性超过 50 周岁的不得签订劳动合同。因特殊情况确需安排或使用超龄建筑工人的，施工单位应当对超龄人员健康证明（健康证明有效期为 1 年）进行核验，并根据项目具体情况合理安排工作岗位。

三是合理安排特殊岗位人员。施工单位应当科学编制施工方案并按照相关安全技术要求，划分高危险性、高风险性工作区域和岗位，不得安排或使用男性 55 周岁以上、女性 45 周岁以上的建筑工人进入施工现场从事高空、特别繁重体力劳动等高危险性、高风险性工作。

5. 强化安全生产标准化建设

住建执法机构应加强建设工程安全生产标准化建设，每季度组织人员分别抽查安全生产标准化评级达标项目和不合格项目；每半年选取优质工程项目，组织各县（区）建设管理行业部门和项目管理人员进行现场观摩学习。进一步推进中小工程项目安全生产标准化体系建设，形成过程控制、持续改进的安全管理机制。

6. 明确施工单位教育培训责任

强化"培训不到位是重大安全隐患"的意识，切实加强对建筑施工安管人员、特种作业人员的安全培训和教育，强化施工现场作业一线人员安全知识和安全技能培训，建立健全从业人员安全培训档案。凡施工现场一线作业人员进入新的岗位或者新的施工现场前，必须接受安全生产教育和安全技能培训，否则不得上岗作业。

7. 严厉查处违法违规行为

住建执法机构要严格按照"隐患就是事故，事故就要处理"和"铁面、铁规、铁腕、铁心"要求，以防范重特大安全事故为目标，加大监督检查力度，提高监督检查频次，严格监督检查标准，深入开展建筑安全隐患排查治理。加大对工程项目建设、施工、工程监理单位履职情况的检查力度，重点围绕轨道交通工程、深基坑、超限高层等高风险项目，加大隐患排查整治。认真总结分析检查督查结果，着力从制度层面研究解决问题。对于违法违规行为要严肃惩处，以零容忍的态度，用重典、出重拳，对因责任不落实而发生事故的单位和有关人员实行顶格处罚、联合惩戒，并计入诚信体系，构成犯罪的依照刑法有关规定追究刑事责任，坚决做到有法必依、执法必严、违法必究，真正让执法"长牙""带电"。

3.5.7 城镇燃气安全风险防控要求

燃气安全事关人民群众的生命财产安全，需要行业主管部门、燃气生产经营单位和广大用户时刻树立"安全第一"的思想。要吸取各类燃气事故的经验教训，围绕当前制约燃气安全的突出问题，狠抓燃气安全隐患排查整治和安全责任落实，盯准影响燃气安全运行的重点部位和关键环节，开展精准化治理。要加快完善安全设施，加强预警能力建设，加快推进燃气管网等基础设施数字化、智能化安全运行监控能力建设，提升燃气本质安全水平，营造全社会保护燃气设施和安全使用燃气的氛围，促进城镇燃气行业安全生产形势持续平稳发展。

1. 完善城镇燃气安全监管机制

成立城镇燃气安全专业委员会，结合城市安全生产责任制，健全城镇燃气安全监管体系，建立边界清晰、部门联动的城镇燃气安全管理工作机制，实施分级分类和网格化监管，形成条块结合的工作格局。建立部门联席会议制度，统筹协调燃气安全监管工作，督促贯彻落实法律法规和有关方针政策，研究燃气安全监管推进工作中的重大问题和重要事项，协调各地各部门各单位做好燃气安全工作。推动开展部门联合执法和监督检查，合力打击危害燃气安全的违法违规行为。加强部门组织分工和协调联动，组织开展燃气安全宣传教育活动，积极营造全社会重视管道保护和燃气生产使用安全的良好氛围。

城镇燃气安全专业委员会成员单位就城镇燃气领域突出问题定期开展专项检查，加强沟通联络、互通信息，将发现的违法违规行为的线索及时移交给有处罚权的部门；及时总结专项检查成果，对发现的隐患、问题进行"回头看"，实现安全隐患、问题闭环管理；强化地下燃气管道和燃气领域企业和从业人员信用管理，对严重失信行为实施联合惩戒。

2. 健全城镇燃气管道运行维护机制

做好燃气管道综合规划管理工作，统筹协调燃气管道布局与走向，合理确定燃气管道敷设的排列顺序、位置和间距。完善城镇燃气管道普查与信息系统建设，明确各管道权属单位的主体责任，明确日常管理维护、安全防范、隐患整改、事故救援、档案记录等管理责任和权限。利用互联网、物联网等信息手段，加强对燃气管道的巡查养护和隐患排查工作。针对燃气管道可能发生或造成的泄漏、燃爆、坍塌等突发事故，管道权属单位要制定应急救援预案和现场处置方案，并定期组织演练。

3. 开展城镇燃气安全生产分级分类监管

将城镇燃气企业按照企业规模、经营类别、经营区域等方面的要求采取分类的形式进行监管。如将管道燃气企业、跨区域的加气站企业作为 A 类监管对象，将液化石油气和液化天然气企业、加气站、燃气具安装维修企业作为 B 类监管对象，将燃气用户作为 C 类监管对象。市级燃气行业主管部门负责对 A 类监管对象开展安全监管，落实监督检查频次，做好相关问题和隐患整改的监督工作；对区（县）和乡镇（街道）监管工作实施指导、监督和检查。区（县）根据当地安全生产工作实际，制定本地区 B 类、C 类对象的分级分类监管实施办法，并做好相关问题和隐患整改的监督工作。

市级燃气行业主管部门和区（县）、乡镇（街道）各个层级制定并落实年度监督检查计划，对监管对象执行有关安全生产法律法规情况以及是否具备有关法律、法规、规章和国家标准或者行业标准规定的安全生产条件等进行监督检查，对检查发现的违法行为依职权进行查处。

4. 强化城镇管道燃气设施安全隐患排查整治

推行城镇地下燃气管道施工监护制度。做好城镇地下燃气管道第三方破坏防控工作，施工单位在地下燃气管道上方及周边开挖施工时，应执行许可审批程序，及时告知施工可能涉及的相关管道权属单位，将相应管道保护方案报权属单位审查。管道权属单位接到通知后应安排专人现场监护，严防第三方破坏事故的发生。发生意外事故时，施工单位和管道权属单位应做好现场应急处置，减少因第三方破坏造成的损失。

改造燃气老旧地下管道和清理整治占压燃气管道违章建（构）筑物。制定燃气老旧管道改造计划，加大投入，加快完成老旧管道改造；在老旧管道未实施改造前，燃气企业要加大老旧管道巡查频率，发现燃气泄漏立即组织抢修，确保安全运行。燃气企业全面排查摸清占压燃气管道违章建（构）筑物情况，重点巡查燃气管道被占压、曾经发生过燃气泄漏事故以及穿越密闭空间的燃气管段，将清单及时移交城镇燃气行业主管部门。城镇燃气行业主管部门会同其他有关部门、属地研究制定拆违整治方案，及时整治现存占压燃气管道违章建（构）筑物，对暂时无法拆除的，要研究管道改造方案，消除安全隐患。燃气企业应将巡查发现的违章搭建"苗头"及时告知城市管理部门，让其协助予以制止。

燃气企业落实供气主体责任，开展管道燃气用户安全隐患排查，加强入户安全检查，指导用户安全用气，及时消除安全隐患；对不符合安全用气条件的，指导用户快速整改。

5. 排查整治燃气场站、充装场所安全隐患

督促燃气企业开展燃气场站、充装场所隐患排查，实施清单管理、动态销号，同时建立危险源台账档案，对重大危险源进行安全评价。

建立城镇燃气安全检查标准，督促燃气企业对天然气门站、天然气储配站、车用加气站、压缩天然气场站、液化天然气场站、液化石油气储配站、液化石油气供应站等设施开展隐患自查。城镇燃气行业主管部门定期开展城镇燃气供应设施的隐患滚动排查和督促整改，一时难以整改到位的，应要求采取有效措施，确保安全运行。

督促液化石油气气瓶充装单位、检验机构深入排查气瓶安全隐患。推动瓶装液化气企业用颜色等方式完善自有气瓶标志标识，并在瓶体上标注举报服务电话等信息。检查充装单位许可证是否在有效期内、现场作业人员是否持证上岗、充装前后检查制度执行情况、非自有钢瓶的置换情况、充装记录情况等，检查气瓶检验机构是否按照检验规范开展检验工作、气瓶二维码信息标识应用情况、是否及时出具检验报告、是否及时更新检验系统中的气瓶信息。

严厉打击液化石油气气瓶充装单位违法违规充装和检验机构违法违规检验行为，严厉打击充装非自有气瓶、超期未检气瓶、非法改装气瓶、翻新气瓶、报废气瓶和无信息标识气瓶等行为，严厉打击检验机构未将气瓶检验信息录入气瓶信息化管理系统、未按照安全技术规范和冒用其他检验机构名称进行检验等行为。

6. 合理规划瓶装液化气站点布局及规范配送管理

强化瓶装液化气经营企业设立条件和市场准入门槛，做好瓶装液化气储配

站、供应站的布局规划，实行统一建设管理。制定瓶装燃气配送服务管理办法，进一步完善配套制度，实现燃气经营企业对瓶装燃气的统一配送。

规范瓶装液化气企业经营行为，强化落实主体责任。督促瓶装液化气企业落实用户购气登记，推动对瓶装液化石油气用户进行实名制管理；督促瓶装液化气企业制定用户安全管理制度，开展入户安全检查，协助瓶装燃气用户及时整改安全隐患，对未及时整改或整改不到位的，不应供气；督促瓶装液化气企业加强对供应站（点）、送气车辆、送气人员的管理，统一车辆及人员标志标识，并建立送气人员"黑名单"公示制度；督促瓶装液化气企业加强对员工的安全教育培训，确保员工100%持证上岗，禁止违章作业。加强对运送钢瓶的卡车、面包车及封闭厢式货车的关注和临检布控，依托区域警务合作平台，协力查处跨地区非法经营、运输瓶装液化气行为。

7. 排查整治餐饮场所燃气使用安全隐患

督促餐饮用户落实燃气使用主体责任。依托属地乡镇（街道）上门摸排，建立管道燃气、瓶装气餐饮用户购气信息清单；督促餐饮用户与燃气企业或正规瓶装液化气企业签订供用气合同；督促餐饮用户使用符合国家标准的燃气器具以及连接管、调压阀等配件；督促餐饮用户每月对户内燃气设施设备使用情况进行一次全面自查，对自查发现的隐患问题及时整改；督促餐饮用户在餐饮场所显著位置张贴公示燃气安全使用信息公示牌，接受公众监督；定期检查餐饮用户隐患自查和整改情况。督促燃气企业落实供气主体责任；按照"谁供气、谁负责"的原则，督促燃气企业开展餐饮场所用气设施安全排查，发现隐患立即督促餐饮用户整改，指导餐饮用户安全用气。

依法查处餐饮场所违规使用瓶装液化气的行为。重点检查利用地下室、半地下室、车库、"住改商"用房等从事餐饮服务的场所，依法查纠气瓶存放、燃气设备设施、用气操作等的法规标准符合性情况，查处餐饮场所违规使用瓶装液化气的行为。

8. 加大燃气使用安全宣传

充分利用广播、电视、报纸、互联网、公共场所电子屏等宣传媒介，广泛开展用气安全宣传教育，提升居民用户、非居民用户（如机关、学校、医院以及养老机构等）安全使用燃气的意识。各乡镇、街道排查摸清瓶装液化气居民用户状况，特别是独居老人、病残等用户家中瓶装液化气使用状况，做好安全用气提醒。

9. 实施城镇燃气、瓶装液化气信息化安全监管

开展智慧燃气建设，开发使用城镇燃气安全监管信息系统，实现燃气企业管理全覆盖，建立燃气用户数据库。适应"来源可查、去向可追、责任可究"的

新型瓶装液化气安全监管需要，开发使用瓶装液化气气瓶、车辆、人员全过程可溯源监管信息系统，开展从气瓶充装—充装站出入库—供应站出入库—客户现场配送—定期入户安检的瓶装液化气全过程监管，确保每一只液化气气瓶配送环节全程可追溯；强化气瓶流转扫码登记制度，完善气瓶扫码流转追溯链条，实行对配送人员和用户"最后一公里"的严格管控。

组织燃气相关监管部门、燃气企业、瓶装液化气企业参加信息化系统应用培训，推动系统应用宣贯培训全覆盖。收集系统使用单位对使用情况的信息反馈，着重抓好各关键节点的信息录入、采集和更新。提高燃气安全信息化、智能化监管水平，充分发挥安全监管信息系统的监测、分析、研判作用，排查违法违规经营行为，消除供应侧和使用侧安全隐患，防范燃气安全风险，压降燃气安全事故。

巩固提升餐饮场所安装燃气预警系统典型经验。全面推进燃气安全保护装置安装工作，确保餐饮燃气用户全部安装到位，并推广至其他非居民燃气用户，所有报警信号全部接入燃气报警系统平台，实现 24 h 集中统一监控。鼓励居民燃气用户安装安全自闭阀，提升燃气设施安全水平。

3.5.8 城镇供水管网安全风险防控要求

城镇供水管网是指城镇供水单位供水区域范围内自出厂干管至用户进水管之间的公共供水管道及其附属设施和设备。城镇供水管网工程应采用先进施工技术、运行维护技术、信息技术等，提高供水管网运行、维护和管理的水平。

1. 管道敷设要求

管道的管材、管件、设备、内外防腐材料的选用及阴极保护措施的选择等，应满足有关标准的要求。阀门选用及其阀门井结构设计应便于操作和维护。消火栓、进排气阀和阀门井等设备及设施应有防止水质二次污染的措施，在严寒地区还应采取防冻措施。架空管道应设置进排气阀、伸缩节和固定支架，应有抗风和防止攀爬等安全措施，并应设置警示标识，严寒地区应有防冻措施。穿越水下的管道应有防冲刷和抗浮等安全措施，穿越通航河道时应设置水线警示标识。柔性接口的管道在弯管、三通和管端等容易位移处，应根据情况分别加设支墩或采取管道接口防脱措施。

输配水干管高程发生变化时，在管道的高点设置进排气阀，在水平管道上按规定距离设置进排气阀。在输配水干管两个控制阀间低点应设置排放管，其位置设置在临近河道或易排水处。自备水源的供水管网及非生活饮用水管网不与城镇供水管网连接。与城镇供水管网连接的、存在倒流污染可能的用户管道，设置防止倒流污染的装置。在聚乙烯（PE）等非金属管道上应设置金属标识带或探测导管。设置在市政综合管廊（沟）内的供水管道位置与其他管线的距离应满足最小维护检修要求，净距不应小于 0.5 m；并有监控、防火、排水、通风和照明等措施。供水管道宜与热力管道分舱设置。

2. 管网日常管理

供水单位对管网中不能满足输水要求和存在安全隐患的管段，有计划地进行修复和更新改造。编制更新改造和维修施工项目施工方案及实施计划。实施管网系统运行操作、建立操作台账，做好管网巡线和检漏、阀门启闭作业和维护、管道维护与抢修作业、运行管道的冲洗，处理各类管网异常情况。

针对爆管频率较高的管段，应缩短巡检周期、进行重点巡检、建立巡检台账，在日常的管网运行调度中适当降低该管段水压、制定爆管应急处理措施，加强暗漏检测、降低事故频率。

供水单位根据管网服务区域设置相应的维护站点，配置适当数量的管道维修人员，负责管线巡查、维护和检修工作。维护站点的分布应满足管道维修养护的需要，办公和休息设施应满足 24 h 值班的需要，工具、设备及维修材料应满足 24 h 维修、抢修的需要，有相应的维修、抢修信息管理终端，有管网维护的文字记录和数据资料。

供水管网的巡检采用周期性分区巡检的方式。巡检人员进行管网巡检时，可采用步行或骑自行车进行巡检。巡检周期应根据管道现状、重要程度及周边环境等确定。当爆管频率高或出现影响管道安全运行等情况时，可缩短巡检周期或实施 24 h 监测。巡检时，应检查管道沿线的明漏或地面塌陷情况，检查井盖、标志装置、阴极保护桩等管网附件的缺损情况，检查各类阀门、消火栓及设施井等的损坏和堆压的情况，检查明敷管、架空管的支座、吊环等的完好情况，检查管道周围环境变化情况和影响管网及其附属设施安全的活动，检查管道系统上的各种违章用水的情况。

当供水管道发生漏水时，应及时维修，宜在 24 h 之内修复。发生爆管事故，维修人员应在 4 h 内止水并开始抢修。供水单位应组织专业的维修队伍，实行 24 h 值班，并配备完善的快速抢修器材、机具，可配置备用维修队伍。管道维修应快速有效，维修施工过程应防止造成管网水质污染；必需临时断水时，现场应有专人看守；施工中断时间较长时，应对管道开放端采取封挡处理等措施，防止不洁水或异物进入管内。

因基础沉降、温度和外部荷载变化等原因造成的管道损坏，在进行维修的同时，还应采取措施，消除各种隐患。管道维修所用的材料不应影响管道整体质量和管网水质。管道维修应选择不停水和快速维修方法，有条件时应选择非开挖修复技术。

明敷的裸露管道发现防腐层破损，桥台支座出现剥落、裂缝、漏筋、倾斜等现象时，应及时修补；严寒地区在冬季来临之前，应检查与完善明敷管道或浅埋管道的防冻保护措施；汛期之前，应采取相应的防汛保护措施；标识牌和安全提示牌应定期进行清洁维护及油漆；阀门和伸缩节等附属设施发现漏水应及时维修。

水下穿越管道敷设在河床受冲刷的地区，每年应检查一次水下穿越管处河岸护坡、河底防冲刷底板的情况，必要时应采取加固措施；在通航河道设置的水下穿越管保护标识牌、标识桩和安全提示牌，应定期进行维护。对水下穿越管，应明确保护范围，并严禁船只在保护范围内抛锚。

对套管、箱涵和支墩应定期进行检查，发现问题及时维修。作业人员进入套管或箱涵前，应强制通风换气并应检测有害气体，确认无异常状况后方可入内作业。

供水单位应建立专门的阀门操作维护队伍。阀门的启闭应统一管理，重要主干管阀门的启闭应进行管网运行的动态分析；阀门的启闭操作应固定人员并接受专业培训；阀门操作应凭单作业，应记录阀门的位置、启闭日期、启闭转数、启闭状况和止水效果等；阀门启闭应在地面上作业，阀门方榫尺寸不统一时，应改装一致，阀门埋设过深的应设加长杆。凡不能在地面上启闭作业的阀门应进行改造。

作业人员下井维修或操作阀门前，必须对井内异常情况进行检验和消除；作业时，应有保护作业人员安全的措施。供水管网设施的井盖应保持完好，如发现损坏或缺失，应及时更换或添补。

供水单位应建立管网及附属设施的运行维护记录，对管网运行参数进行检测与分析，对爆管频率高、漏损严重、管网水质差等运行工况不良的管道应及时提出修复和更新改造计划。

3. 管网信息化建设

供水单位应制定管网信息资料收集制度，有专门机构管理管网信息资料，配备专业的信息维护人员，承担管网信息收集、整理和保存等管理工作；建立供水管网综合信息数据库，包括管网数据采集系统、运行调度系统、地理信息系统和管网数学模型。根据管网及附属设施的动态变化情况，及时更新管网信息。

供水单位应采集管网运行过程中的压力、水质、流量、漏损、阻力系数、阀门开启度及大用户等的用水变化规律数据。管网压力、水质、流量监测采用在线监测设备和实时数据传输技术，及时保存检测数据。

供水单位应建立管网地理信息系统，对供水管网及属性数据进行储存和管理。管网地理信息系统包括管网所在地区的地形地貌、地下管线、阀门、消火栓、检测设备和泵站等图形、坐标及属性数据。管网地理信息系统宜分层开发和管理。管网地理信息系统与管道辅助设计系统间所用图例应统一。

4. 管网安全

供水单位应对管网系统进行安全风险评估，并制定和完善相关安全与应急保障措施；应编制管网安全预警和突发事件应急预案，明确不同类别的管网安全和突发事件处置办法及处置流程和责任部门，并纳入供水单位的总体应急预案。根据管网安全和突发事件可能造成影响的程度应建立分级处置制度。当管网安全事故和突发事件发生时，在应急处置的同时，应及时上报主管部门。

对管网水质、水量和水压的动态变化应进行定期检查和实时掌握，对可能出现的供水管网安全运行隐患进行预警。根据本地区的重大活动、重大工程建设和应对自然灾害等的需要，应对重点地区管线的风险源进行调查和风险评估。应建立管网事故统计、分析和相关预案管理制度，依据管网事故的统计分析数据，提出安全预警方案。通过管网在线监测，及时发现管网运行的异常情况，对安全事故进行预警。应运用管网数学模型，对管网运行状况、水质污染源位置及影响区域进行模拟分析，优化预警方案。

当出现重大级别以上的管网安全突发事件时，供水单位应立即启动应急预案，并及时上报当地供水行政主管部门。管网水质突发事件发生时，应迅速采取关阀分隔、查明原因、排除污染和冲洗消毒等措施，对短时间不能恢复供水的，应启动临时供水方案。当发生爆管、破损等突发事件时，应迅速关阀止水，组织应急抢修；当影响正常供水时，应及时启动临时供水方案。当发生供水压力下降的突发事件时，接到报警后应迅速赶到现场，查找降压原因，了解降压范围及影响状况，及时处置，恢复供水。因进行管道维修、抢修实行计划停水后，如工程未能按时完工，应启动停水区域应急供水方案。各类管网突发事件发生后，应进行相关善后处置工作。重大突发事件还应对事件的发生原因和处置情况进行评估，并应提出评估和整改报告。

3.5.9 电力安全风险防控要求

严格统筹发展和安全，按照"四个安全"治理理念要求，深入辨识和查找电力安全风险、事故隐患和薄弱环节，推动电力安全生产形势持续稳定向好。

1. 加强电力建设工程施工安全管控

电力建设工程各参建单位要按照有关规定要求，认真开展施工现场安全管控，采取技术创新、员工技能培训等措施，着力提升施工安全水平，防范基建事故发生。要深刻认识工程质量是电力系统安全运行的重要基础，严格履行工程质量责任，不断加强工程质量管控，严肃查处工程质量弄虚作假行为。

2. 开展水电站和小散远企业排查整治

落实安全生产法律法规和全员安全生产责任制。严格贯彻执行安全生产法规和政策文件，健全落实全员安全生产责任制，强化企业主要负责人和班子成员履职尽责，建立企业安全生产委员会、安全生产管理机构，配备安全管理人员。

加强检修运维安全管理和技术监督。加强作业方案制定、评估、论证、审查和实施等环节的安全风险识别和管控，特别是留足安全裕度；严格执行作业现场监护规程制度、"两票三制"，严格落实作业安全措施，尤其是高处作业、动火作业、封闭空间等危险作业以及三人以上同时作业时的安全措施；加强外包队伍安全管理，将外包项目纳入本单位安全生产体系一管理，落实外包作业队伍安全教育和技术交底，查处"三违"行为和违法分包转包行为。加强水工金属结构等设备（含临时设备）采购质量控制、日常维护，强化技术监督体系运行、技术监督力量配备、技术监督标准执行；落实水电站反事故措施。

做好大坝安全注册备案，以及大坝安全监测系统运行管理、监测数据分析及报送工作。针对坝高 100 m 以上的大坝、库容 1×10^8 m^3 以上的大坝和病险坝，建设及运行大坝安全在线监控系统。开展大坝工程缺陷隐患治理，编制大坝安全检查规程及开展日常巡视检查、特殊情况巡视检查、专项检查、年度详查等检查工作。

编制防汛管理制度，建立健全防汛组织机构及人员、装备物资、抢险队伍，编制防汛相关预案，包括水库调度运用计划、水库防汛抢险应急预案；建设运行洪水预报系统，开展防汛重点部位、设备检查，重点检查闸门及启闭机性能、泄洪及放空建筑物安全状况、应急电源可靠性、重大关键设备防误操作措施等内容；开展综合分析，防范水淹厂房事故发生；开展汛前、汛中、汛后安全检查，对发现的问题进行闭环整改。

制定完善应急预案、现场处置方案，特别是水电站大坝运行安全应急预案；制定应急演练计划并及时实施，开展应急资源调查，配备车辆、材料、工具、通信设施等应急物资及装备，并做好档案管理、定期检测和维护工作；做好应急抢险队伍建设，做好生产安全事故事件统计报告、安全生产信息报送；重要时段实行值班值守和领导带班。

3. 积极推进危险化学品集中治理

不断完善责任体系，理清责任分配、履职标准。保障安全投入，加强危险化学品安全生产和劳动保护相关经费。加强人员能力建设，对关键岗位人员开展危险化学品安全教育和业务培训，提升管理人员安全意识、操作技能，满足危险化学品安全生产需要。建立危险化学品应急预案体系，开展应急演练，与当地相关单位建立协调联动机制等。

企业储存超过临界量的液氨、天然气、柴油、氢气、液氯等危险化学品，按照《危险化学品重大危险源辨识》（GB 18218）规定开展重大危险源辨识和安全评估，履行危险化学品重大危险源备案程序，建设完备的重大危险源安全设施，危险化学品储存区域装设监测报警、视频监控、防火防爆、防护隔离等安全设施。

加强危险化学品专用场所管理，危险化学品专用仓库或专用场地的堆放应划分区域分类存放，建立出入库核查登记制度，使危险化学品来源清晰、去处可查。确保危险化学品外部安全距离达标，老旧装置泄漏风险可控。建立健全使用危险化学品的安全管理制度和安全操作规程。

加强危险化学品运输工具进入电力企业管理范围后的安全管理，严格审查外委运输单位的资质许可或管理能力，及时制止危险化学品运输超装超载等违规行为。接卸危险化学品时检查产品安全技术说明书和安全标签，禁止在天气恶劣、环境复杂或周围有明火的情况下开展接卸作业。主动申报废弃危险化学品，废弃危险化学品堆放有序，禁止非法转移、倾倒、丢弃、处置废弃危险化学品。

4. 加强海上风电安全风险管控

海上风电企业要组织施工、运维、船舶运输等相关参建单位，严格落实安全生产主体责任，加强通航安全、施工安全、运维安全、涉网安全管理和应急处置协调联动，保障海上风电安全发展。

5. 加强电化学储能安全管理

电力企业要将电化学储能电站纳入企业安全生产工作体系，加强电化学储能电站规划设计安全管理，优化电站设备选型，严格竣工验收和并网接入管理，积极参与电化学储能电站安全监测信息平台建设，提升电站本质安全水平；加强电站设备运维管理，保障设备安全稳定运行，防范发生事故；增强电站应急消防处置能力，杜绝电站异常危及电力系统运行安全的情况发生。

6. 加强安全和应急管理

电力企业要研究分析安全生产机理规律，加强安全生产标准化建设，健全安全管理制度，强化风险管理和过程控制，大力推动安全生产工作标准化、规范化、科学化、系统化发展；结合生产、施工反事故措施中对班组作业的规定要求，从加强班组安全技术建设、强化班组安全管理、加强班组安全文化建设、强化班组安全责任落实等方面，积极推动班组安全建设，不断增强基层一线员工安全生产意识和技能；严格落实电力应急管理责任制，认真做好应急预案编制、修订、备案等工作，定期规范组织开展应急演练，推动开展应急能力评估，加强应急信息化建设，不断提高极端自然灾害和重大突发事件的应对处置能力。

7. 加强"三外"安全管理

电力企业要加强外包工程、外来队伍、外协人员的准入管理，严格执行安全生产"黑名单"制度，认真审查"三外"单位和人员的资质资格、技能水平、安全生产业绩等条件，坚决将资质不符、能力低下、事故多发的单位拒之门外或清退出场；加强项目业务招投标管理，在招投标指标体系中合理设定安全生产指标权重，确保中标单位具备相应安全生产能力，严肃查处转包、违法分包、资质挂靠等问题，从源头防范安全风险。将"三外"单位和人员纳入本企业安全生产管理体系，实行统一标准、统一管理、统一考核，真正将"三外"人员与本企业人员同等对待；加强对"三外"人员的教育培训和技术交底，提升"三外"单位和人员的安全生产理论、技能水平。

8. 加强电网安全管理

电网企业要合理安排运行方式，及时统筹全网电力电量平衡，结合负荷变化趋势做好蓄水存煤和检修安排；完善迎峰度夏等重点时段安全保供预案，留足系统安全裕度；优化系统控制策略，加强直流系统运行安全管理，管控交直流混联系统连锁故障风险，整治局部电网频率电压波动问题。强化重要输变电设施运行维护，严格按照国家有关通知要求，完善密集输电通道、枢纽变电站和交叉跨越点安全防护；加强检修作业防误操作管理，提升二次设备运行可靠性，开展关键厂站保护及开关拒动隐患排查治理，杜绝单一设备故障造成的大面积停电事件发生；针对自然灾害多发地区，编制多层级、跨专业的事故应急处置预案，制定输电线路防山火、防雷击、防风偏、防覆冰等措施。贯彻落实关键信息基础设施安全保护要求，强化电力监控系统体系结构安全、系统本体安全、全方位安全管理、安全应急、基础设施物理安全等方面的防护措施；按照要求完成专用安全装置升级加固，强化供应链安全管控，提升电力行业网络安全水平。

9. 有效解决机组非停和出力受阻问题

发电企业要加强机组设备的运行维护，及时消除缺陷故障，维持机组良好工况；要加强与电力调度机构的沟通协调，科学制定机组检修计划，合理安排检修工期，切实提高检修效率和质量；加强机组检修消缺过程安全管控，强化作业风险辨识，落实措施保障人身和设备安全；积极筹措安排资金，加大电煤、天然气等一次能源采购储备力度，确保机组稳定可靠出力。遵守电力调度纪律，严格按照调度指令要求启停机组和参与调峰调频，杜绝擅自解列机组现象发生。电网企业要加强涉网安全技术管理，强化非停和出力受阻考核；在保障系统备用容量的前提下，支持发电企业开展机组检修和技术改造，科学安排检修时间窗口；积极配合有关部门开展监管工作，协助核实调查虚假非停和出力受阻问题。

10. 认真开展安全教育培训

要结合制定的年度教育培训计划，督促指导本单位人员认真学习法律条文内容，掌握安全生产最新标准要求，明晰各自安全生产权责义务。严格按照相关规定，认真开展公司级、部门级、班组级安全教育工作，重点加强对基层企业的主要负责人、分管负责人、技术负责人，以及新进、转岗、复岗人员的安全教育，未经考核合格的不得上岗。重点岗位或特殊岗位，坚决执行持证上岗制度。跟踪掌握行业内外事故事件应急救援和调查处理情况，深入剖析直接原因和问题根源，加强事故案例警示教育，深刻吸取教训，强化经验反馈，实现以案示警、以案为戒、以案促改，防范类似事故事件在本企业再次发生。

3.5.10 农林渔业安全风险防控要求

1. 农业领域

树牢安全发展理念，强化红线意识和底线思维，坚持问题导向、目标导向和结果导向，深化源头治理、系统治理和综合治理，完善和落实重在"从根本上消除事故隐患"的责任体系、制度成果、管理办法、重点工程和工作机制，加快推进农业安全生产治理体系和治理能力现代化。

1) 落实企业安全生产主体责任

企业是生产经营活动的主体，是安全生产工作责任的直接承担主体，应依照法律、法规履行安全生产法定责任和义务。一是推动企业第一责任人责任落实。督促企业加强安全管理机构和人员配备，农药、兽药、畜禽屠宰、饲料等涉及危险化学品行业领域、达到一定规模的生产经营单位应配备安全总监、注册安全工程师；督促企业大力开展安全生产标准化规范建设。二是推动企业严格落实基础管理责任。督促企业制定落实安全生产主体责任若干规定和安全管理制度；督促企业坚持依法生产经营，认真执行安全生产"三同时"制度，加强职工安全防护、外包等业务、复工复产、各类危险源和危险作业等安全管理，确保始终处于安全可靠状态；督促企业提升智能制造水平，推进机械化、信息化、智能化建设，从源头提高企业安全生产水平。三是推动企业严格落实全员岗位责任。督促企业建立健全全员安全生产责任制，覆盖企业所有成员；加大安全投入，用足用好企业安全生产费用，按照国家安全培训规定要求开展教育培训，提高从业人员必要的安全知识水平；督促企业内部建立奖惩机制，激发全员参与安全生产的积极性与主动性。四是推动企业严格落实安全防控责任。建立安全风险管控制度，定期开展安全风险评估和危害辨识，针对高危工艺、设备、物品、场所和岗位等，加强动态分级管理，落实重大危险源防控措施，实现可防可控；督促企业建立完善隐患排查治理体系，规范分级分类排查治理标准，明确"查什么怎么查""做什么怎么做"；督促企业加强各类危险作业安全管理，制定专项安全管理制度，排除安全隐患，纠正违规行为。五是推动企业严格落实应急处置责任。督促企业加强应急救援能力建设，针对本单位可能发生的生产安全事故特点及危害，制定应急救援预案和成立应急救援队伍；强化举一反三整改落实，企业应主动配合有关部门对责任事故的调查处理，妥善做好事故善后工作，深刻吸取事故教训，全面落实事故调查报告提出的整改措施，并接受监督检查；建立事故信息共享机制，有效预防类似事故发生；严格事故报告和应急处置，积极采取有效措施，防止事故扩大。

2）建立安全风险监管责任体系

强化安全风险防控，落实监管责任。一是有效落实安全生产责任制。认真落实党委领导责任和部门监管责任，建立健全农业安全生产工作制度，扎实推进安全生产责任落地生根；建立生产经营单位主动报告安全生产风险制度；严格安全责任追究，强化安全生产约谈，完善事故调查处理、整改评估和企业生产经营全过程安全责任追溯制度。二是防范化解重大安全风险。建立安全风险评估制度，督促企业严格落实"三同时"制度；用好安全生产问题处置监管平台，配合推进危险化学品安全生产风险监测预警系统建设。三是推动安全监管干部队伍建设。配齐、配强安全监管工作人员，加强安全监管工作人员业务培训，提升安全监管履职能力。四是健全完善体制机制。严格执行安全生产有奖举报制度，及时处理安全生产有奖举报平台派送工单。

3）加强农业机械安全监管

建立健全农机领域安全监督管理，推动农机安全发展。一是完善农机安全生产责任体系。制定城市农机安全生产工作评价指标，出台农机作业服务组织落实安全生产主体责任重点事项清单；压实乡镇农机安全监督管理属地责任，推进村级农机安全协管员发挥实效；进一步推动相关职能部门按照农机安全监管职责清单要求，履行监管职责。二是深化隐患排查整治。加强农机安全源头管理，严格做好拖拉机和联合收割机牌证管理工作；强化农机送检下乡便民服务，大力普及农机安全生产知识，进一步规范农机驾驶操作人员安全使用行为；督促指导农机经营服务单位建立完善安全生产管理制度，并经常性开展安全隐患自查自纠。建立隐患清单和整改清单，对清单内容及时跟踪、动态管理、逐项销号，实现问题整改闭环管理。三是持续开展平安农机创建。全面落实"平安农机"建设文件精神，建立健全农机安全监管长效机制，广泛开展"平安农机示范乡镇""平安农机示范村""平安农机示范农机合作社"创建活动。四是全面加强农机安全执法。加强农机行政执法队伍建设，严厉打击逾期未检、无证驾驶、无牌行驶等违法违规行为，做到"应查尽查、应立尽立、应罚尽罚、应移尽移"；配合公安、交通运输等部门开展上道路行驶拖拉机道路交通安全治理，配合公安交警部门查处农机道路违法行为。

4）加强农药领域安全监管

农药是指农业上用于防治病虫害及调节植物生长的化学药剂。广泛用于农林牧业生产、环境和家庭卫生除害防疫、工业品防霉与防蛀等。农药品种很多，根据防治对象，可分为杀虫剂、杀菌剂、杀螨剂、杀线虫剂、杀鼠剂、除草剂、脱叶剂、植物生长调节剂等；根据加工剂型可分为可湿性粉剂、可溶性粉剂、乳剂、乳油、浓乳剂、乳膏、糊剂、胶体剂、熏烟剂、熏蒸剂、烟雾剂、油剂、颗粒剂、微粒剂等。农药有液体、固体和气体形态。根据害虫或病害的各类以及农药本身物理性质的不同，采用不同的用法，如制成粉末撒布，制成水溶液、悬浮液、乳浊液喷射，或制成蒸气或气体熏蒸等。

农药大多是有毒品，需使用人员加强安全防护，也需要社会加强农药生产、使用等过程的安全监管。一是督促农药生产企业落实主体责任。加强农药生产设施设备、质量控制、可追溯管理、职业卫生、废弃物回收与处置、持证上岗、安全风险隐患自查、应急演练、安全培训等制度落实情况。二是整治违规生产行为。农药生产企业特别是危险化学品生产企业和高毒农药生产企业应具备齐全、有效的农药登记证、生产许可证或批准书等证件，应取得安全生产、环境保护等相关手续。三是企业提升本质安全水平。完善原药生产自动化控制系统，确保在役"两重点一重大"装置自动化控制系统改造升级率100%。四是整顿经营秩序。坚决取缔无证经营，坚决打击普通经营门店非法销售限制使用农药，加大经营秩序和农药产品质量检查抽查力度。五是强化农药安全使用指导。加强宣传教育培训，抓好高温季节用药和敏感药剂用药技术指导，严防生产性中毒事故和农药药害事故发生。

5）加强畜牧兽医领域安全监管

畜牧业是关系国计民生的重要产业，是农业农村经济的支柱产业，是保障食物安全和居民生活的战略产业，是农业现代化的标志性产业。在强化畜牧兽医领域高质量发展的同时，应同步加强安全生产工作，坚决遏制畜牧兽医领域发生安全责任事故。一是防范养殖场（户）安全事故。指导养殖户落实防御措施，做好养殖场加固畜禽舍、仓库及其他硬件设施，确保人畜安全。指导养殖场完善消防设施，设立蓄粪池防火标志，严格蓄粪池等密闭空间的安全管理和日常用电管理。二是强化畜禽屠宰安全监管。监督指导辖区畜禽屠宰企业定期对消防、供电、制冷、锅炉、高压容器、高温设备、液氨存储、传动构件等设施设备进行检修保养，确保运行良好；加强液氨管理，坚决防止液氨泄漏引发的各类安全责任事故。三是加强饲料兽药投入品生产安全监管。监督饲料和兽药生产企业安全生产管理制度，认真开展安全生产培训教育和应急演练，严格落实危险化学品和化学试剂专人管理。严格控制饲料兽药生产企业粉尘浓度，坚决防止因明火作业引发的粉尘燃爆事故。加强危险作业环节员工持证上岗的监督检查，强化特种设备操作人员的考核培训，制定防范自然灾害的应对措施和高温季节防暑降温及职工安全防护措施，确保企业员工人身安全、防止机械事故的发生。四是加强病死动物无害化处理中心安全监管。督促处理中心建立安全管理制度，开展安全生产培训；无害化处理的生产车间、锅炉房、仓库等场所应及时消除安全隐患；特种设施设备和岗位人员应具备相应的有效资质，定期对设施设备进行检修，记录完善检修记录，配备齐全有效的人员安全防护措施和消防设施设备；消毒、生产、环保和产物安全等管理措施落实到位。五是认真开展非洲猪瘟等重大动物疫病防控工作。强化动物疫病监测和报告，及时分析和评估并进行预测预警，确保不发生区域性重大动物疫情。

6）加强农村能源领域安全监管

切实做好沼气工程、生物天然气工程、秸秆气化站等施工维护及工程运行安全，坚持持证上岗，严格按照有关操作规程，强化高温季节用气安全管理。加强秸秆堆场的消防安全，保持通风，防止明火及自燃。重点加强农村沼气设施设备和秸秆收贮企业安全检查。

7）加强农业经营主体安全监管

进一步强化农业经营主体安全生产主体责任，督促各类农业龙头企业、农资经营单位、农民专业合作社、家庭农场等定期开展安全生产隐患大排查大整治，全面防范农业生产安全事故。重点加强对液氨液氮等危险品的安全管理和使用，粉尘控制、高温高压设备使用，易燃易爆物品管理、化学危险品的管理和使用。

8）防范农业自然灾害影响

强化对大风、暴雪、暴雨、低温寡照、高温干旱、冰雹等极端灾害性天气和小麦赤霉病、水稻稻瘟病、草地贪夜蛾等重大病虫害的监测预报，及时发布预警信息，切实做好自然灾害防范应对工作。健全值班值守制度，强化农情信息调度，按照"灾前防、灾来抗、灾后救"的思路，开展全程指导。科学指导设施农业建设，加强温室大棚、危旧畜禽舍以及水电线路、通风降温、自动喂料等设施的排险加固，避免造成不必要的经济损失和人员伤亡。

9）加强农业工程建设项目安全监管

指导高标准农田、农田水利、农田整治等农业工程建设项目的安全管理工作，监督检查项目施工安全生产工作，落实项目建设单位、项目法人安全生产主体责任。

10）加强其他重点工作安全监管

重点加强对各类实验室、化验室以及办公室、仓库、出租房屋、车辆船艇等安全检查，对试验试剂，特别是有毒有害物品要明确专人保管、入柜上锁；对易燃易爆的危险化学品要加强定期检查与随时抽查；对废水、废气、废液、废渣等，严格按照规定处置，避免造成环境污染和人体伤害；对病料、菌毒种等严格按照规定保管，防止发生生物安全事件；对气瓶气罐、水电线路、消防设施、电梯等要逐项检查，及时消除安全隐患；对单位食堂和租赁的宾馆、饭店、超市、门市、仓库等，要加强安全检查，确保不出问题。

2. 林草系统

进一步理顺工作机制，健全事故预防体系，完善各项应急预案，推进林草系统安全生产管理水平和治理能力，增强干部职工安全生产意识，不断提高林草系统安全生产工作效率和整体水平。

1）逐级压实安全生产责任

贯彻落实党政领导干部安全生产责任制规定实施细则，及时研究解决安全生产中出现的重大问题，力戒应付了事、强凑会议、口头重视批示而行动迟缓等作风漂浮的问题发生。坚持"谁主管谁负责、谁审批谁负责、谁监管谁负责"的原则，落实安全生产监督管理责任，增强安全监管的担当意识，完善安全生产责任清单，加快推动林草行业领域形成横向到边、纵向到底的安全生产管理体系；严格落实生产经营单位组织机构、规章制度、物质保障、教育培训、安全管理、事故报告、应急救援等安全生产主体责任。

2）扎实开展隐患排查整治

推进安全生产隐患排查治理体系建设，不断建立健全常态化、专业化的安全隐患排查机制制度，切实做到层层排查、处处排查、时时排查，对排查出的问题隐患逐一复查，建立台账，明确措施，立即整改。按照"双重交办、双重督办"要求，对林草系统组织开展的各类隐患排查情况进行"回头看"，杜绝隐患排查不深入不全面、对风险隐患视而不见、安全整治走形式等问题。督促生产经营单位落实隐患排查整治的主体责任，鼓励社会公众举报身边安全隐患，及时核查处置举报事项。

3）加强森林草原火灾防控

强化责任担当，统筹抓好疫情防控和森林草原防火工作，确保不发生重大森林草原火灾。

一是按照《安全生产法》和《消防法》等法律法规，逐级落实消防安全生产工作责任制，严格落实属地管理责任、部门管理责任和林业生产经营单位主体责任。严格实行行政首长负责制，进一步落实党政领导责任、部门管理责任和经营单位主体责任。各负其责，主动地做好衔接配合，确保责任体系链条无缝对接，不断强化各级森林草原防火一体化建设。进一步推行和完善林长制工作机制，坚持"政府领导、部门协作、分级负责、属地管理"的原则，实现森林防火责任制与林长制的深度融合，全面压实镇（街）、村（组）、护林员包干体系。全面统筹和加强地区森林防火工作，镇（街）林业部门将本区域网格化管理情况汇编成册，实现对护林员垂直管理和指导；镇（街）、村组加强对护林员的监督和管理，将护林员的工作任务和管护区域落实到山头地块，实行"挂图作战"，严格考核问效，做到"山有人管、林有人护、责有人担"。

二是加强野外火源管控。切实把管住人为火源作为第一要务，进一步压实火源管控责任，着重治理好农事用火、祭祀用火、生产用火及重点区域用火，严厉打击各种违法野外用火活动。

三是推进隐患排查整治。针对当地火灾易发多发地方，分析研判火灾防控形势，及时摸排辖区内重点火患区域，切实加大对自然保护区、森林公园、风景名胜区、国有林场等关键区域排查整治力度，自查主体责任、火源管控等工作措施是否落实到位，对发现的问题和隐患，健全工作台账，跟踪督促整改。着力推进重点区域可燃物清理，努力降低火灾风险。

四是完善应急处置机制。制定完善森林草原火灾应急预案或办法，加强扑火人员技术培训和实地演练，提升处置森林草原火灾的应变能力。积极争取森林草原防火项目和财力支持，着力改善防火基础条件。

五是强化防火宣传教育。积极开展森林防火"进农村、进学校、进家庭、进景区、进社区"等宣传活动，广泛宣传《森林防火条例》及违法反面典型：①各级各部门利用广播、电视、报刊、微博、微信、短信等传媒手段加强森林草原防灭火和安全生产常识宣传教育，不断增强群众保护森林草原资源的积极性和主动性；②要在重点林区、各类自然保护地进山入口区域增加防火警示标语设置，强化警示提示作用；③加强"防火码"推广运用，国有林场、森林公园、各类自然保护区进出口设置"防火码"，扫码登记进入林区，严格落实进山人员管理；④发动护林员宣传，护林员开展日常巡查巡护，督促林区施工作业、生产经营、农事生产等活动按规定提出用火申请（或报备），做好火灾预防措施。

六是注重联防联控建设，各国营林场、森林公园等重点森林草原区要加强与周边防火单位的密切联系，协同联合开展防火宣传、管控行动，全面推进各项措施落实。

七是加强防火值班和预警工作。严格执行24 h防火值班值守和领导带班制度，加强信息报送和指挥联动，确保发现问题能及时高效处置；严格落实"有火必报、报扑同步、归口上报"的要求和2 h核查反馈信息报告制度，坚决杜绝瞒报、迟报、漏报问题发生，对责任落实不到位，信息报送迟缓的单位和个人要进行通报批评或追究责任。综合运用国家森林火灾卫星预警监测平台、林火视频监控、高山瞭望、地面巡护等监测手段，抓好动态预警监测，及时发现和处置火情；加强与气象部门协作，共享气象信息，提高森林火险预报精度，为森林火灾的预防和扑救提供及时、准确、科学的依据，及时发布气象和森林火险等级预警，督促并指导各地因险设防。

4）加强野生动物疫源疫病防控

全面禁止非法野生动物交易、革除滥食野生动物陋习，切实保障人民群众生命健康，配合公安、市场监管等执法部门严厉打击各类破坏野生动物资源的违法行为。做好突发陆生野生动物疫情应急预案宣传落实工作，抓紧完善突发陆生野生动物疫情应急预案配套制度体系。加强重点地区、重点时节、重点疫病监测预警，切实维护生态环境安全和公共卫生安全。

5）加强林草有害生物防治

认真落实林草行业有害生物防治工作责任制度和区域联防联控制度，加强林草有害生物监测预警，抓好重点区域、重点时期有害生物灾害风险隐患排查、源头监管，防止外来有害生物入侵。做好林业植物检疫登记管理、产地检疫、调运检疫和复检工作，掌握林业植物及其产品来源、类型、数量，提升林业有害生物灾害应急处置水平。落实松材线虫病、美国白蛾、草原蝗虫等重点病虫害防控措施，及时发现、处置和控制灾害蔓延，确保生态环境和林草资源安全。加强林业有害生物测报点、草原监测点建设，进一步提高林草病虫害监测预警能力。

6）加强林区道路交通安全防范

充分认识林区道路交通安全管理工作面临的严峻形势，开展林区道路交通安全宣传活动，加强巡查力度，强化责任落实，及时发现隐患，着力解决突出问题。及时掌握气象信息，在雨雪、强风、大雾、高温、冰冻、沙尘暴等恶劣天气来临前，充分利用微信、短信、广播、交通标识牌提醒驾驶员安全谨慎行车，同时在弯路、坡道、交叉路口、桥梁、隧道事故易发地段设置醒目警示标识，安装防护装置。健全完善单位车辆管理制度，加强司乘人员的安全教育，严禁超员超载超速、酒后驾驶、疲劳驾驶和无证无照驾驶等严重违法违规行为，确保文明安全行车。加强对林区道路、桥涵等设施的定期检查和修缮加固，消除道路交通安全隐患，保障车辆出行畅通无阻。

7）加强林区防汛工作

做好林区防汛工作，一要做好汛前检查排查。汛期来临前对林区办公用房、住房、厂房、场地、工棚、湿地、塘坝、森林旅游景点设施等进行除险加固、清淤疏通和警示提醒，落实防汛责任。二要在易发生山洪、泥石流、山体滑坡等危险地段进行重点巡查并设立明显警示标志，划定警戒区域，充分尽到提醒责任；要加强对管辖区域供电、供水、通信、交通等基础设施的防汛抢险措施进行检查，确保汛期职工群众日常生活不受影响。三要严管野外施工作业，在遭遇雷雨、大风等极端恶劣天气时，要停止一切外业工作，并采取有效措施及时劝阻游客在林区内游玩；非特殊情况，单位不得要求管护人员外出巡护。四要根据气象、应急等部门发布的灾害天气预警，提前做好避险和紧急疏散，落实应急救援队伍，准备充分的救险物资和抢救装备，确保反应迅速、指挥得力、处置及时、救援有效，最大限度减少人员伤亡和财产损失。

8）加强危险化学品管理

要切实加强危险化学品的管理，尤其对灭火弹、农药、消毒液、化学试剂和汽柴油等要建立台账，详细记载；对使用人员必须岗前培训，规范操作，严防事故发生。

3. 渔业领域

聚焦渔业安全重点领域、重点部位和关键环节，推进治本攻坚，强化打非治违，健全监管制度，建立健全安全生产长效机制，全力防范化解重大安全风险，全面提升渔业本质安全水平。

1）推进责任机制治本攻坚

持续深入排查和梳理影响渔业安全生产的突出问题、共性问题、深层次问题和根源性问题，持续动态更新隐患整改和制度措施"两个清单"，狠抓整改落实。聚焦防范商渔船碰撞治理、渔船非法载客隐患整治、渔业船员专项整治、渔业船舶安全管理等重点难点，聚力攻坚，进一步明确职责、压实责任、破解深层次问题。进一步强化落实船东船长主体责任和渔业企业主要负责人第一责任人责任，建立完善安全风险分级管控和隐患排查治理双重预防机制，建立健全全员安全生产责任制和安全生产规章制度。全面梳理现有规章制度，并对照工作实际，查缺补漏，健全渔业安全生产监管制度，重点整治安全检查查不出问题、各类违法违规行为"屡禁不止、屡罚不改"等问题。提炼经验做法，强化保障措施，严格落实监管制度，推动建立一套能够遏制突出隐患和相同类型重大隐患反复形成的硬性机制，不断夯实安全生产的工作基础。

2）全面落实渔船安全生产制度

强化工作措施，推动渔船进出渔港报告抽查核实、编队跟帮生产、值班瞭望、点验点名等安全生产制度有效落实，规范工作台账管理。将制度落实情况纳入日常监督检查工作内容，充分发挥安全生产制度的促进和保障作用，确保渔业安全生产监管各项工作落细落实。

3）全面深化渔港综合管理

坚持"县级统筹、属地负责、综合管理、全面覆盖"原则，设立以地方政府领导担任港长、有关部门（单位）为成员的渔港管理组织体系，明确渔港管理维护主体以及有关部门安全监管职责分工。开展渔船渔港综合管理改革，落实"港长"领导与协调责任，推进管港管人管渔船管安全工作，依托渔港推动执法力量驻港监管，推动建立渔港综合管理服务组织。

加快推进渔船扩建和升级改造项目实施，强化渔港基础设施建设。加快推进渔港港章修订，强化执法力量驻港监管，加大港内违法违规行为查处力度，推动实现依章管港、依港管船管安全。认真落实渔船船籍港管理规章制度，加强牌证审验、定人联船、动态编组和日常监管工作。加强与相邻地区渔业主管部门沟通联系，进一步建立健全渔船靠泊港和船籍港共管机制。制定异地停靠渔船检查制度，以长期停靠在相邻地区的本市籍渔船为重点，定期开展安全检查。

4）持续开展渔业安全隐患治理

聚焦拖网、刺网、潜捕三类高危渔船和碰撞、机械损伤、火灾、自沉、溺水、风灾六类事故高发情形，以防范渔船脱检脱管、船舶不适航、船员不适任、冒险航行作业为重点，开展渔业安全隐患治理，确保渔船安全出港、安全作业、安全返航。一是开展渔港安全隐患整治，重点清理渔港港池"僵尸船"、无主船，渔港码头违规安装吊机、龙门架，规范港池内交通用艇管理以及渔排入港避风停泊管理。建立渔港安全风险清单和渔港安全基础设施建设规划。二是开展渔船安全生产大排查大整治，重点检查渔船消防救生设备、号型号灯等安全设施规范配置情况，加大违规行为处罚力度，做到排查整改、执法查处、督查督办同步开展、贯通全程。加强渔船管理，整治渔船套牌、非法载客等行为。三是强化船员管理，开展渔船行前检查和海上作业期间抽查，整治渔船船员缺配或者不适任等问题。进一步加强职务船员培训工作，提高作业船员持证率。

5）深入开展"商渔共治"行动

加强与应急、海事、海警等部门的沟通联系，健全商渔船安全工作会商机制，推动商渔共治常态化、规范化、制度化。联合海事部门开展海上巡查执法行动，加大水域、海域巡查频次，严肃查处渔船违规在航道内锚泊碍航、不落实值班瞭望制度、关闭通信导航设备等违规行为。推动完成在册渔船船舶自动识别系统（AIS）安装工作，建立监控平台系统，配合海事部门加强航道内商渔船动态管控，提升商渔船防碰撞安全预警、干预和处置能力。联合开展教育和培训，通过举办安全生产知识培训班，开展安全警示教育活动，推动商渔船防碰撞安全教育常态化开展。

6）强化渔业安全发展和应急处置保障

开展渔业无线电管理专项治理，组织渔船九位码和北斗 ID 号摸底排查，加快推进渔业安全生产应急指挥系统升级，完善系统数据信息，建立健全渔业安全生产应急指挥中心数据共享交换机制，增强渔业安全生产保障能力。完善渔业风险保障体系，加快推进渔业互助保险系统体制改革，推动《安全生产责任保险实施办法》在渔业领域的全面实施。强化基础保障能力建设，科学规划渔港建设布局，稳步开展沿海渔港重新确认工作；加大渔港基础设施、渔政渔港执法管理设施建设和渔船安全、消防、救生等设施设备升级改造力度。提升渔业应急能力，严格落实应急值班值守制度，加强自然灾害预警预防，完善应急预案，开展应急搜救演练活动。

7）提升监管执法监督惩戒

加大执法检查力度，对渔船不按规定配备消防救生设备、号型号灯等，下达整改通知书，并处以行政罚款。对渔船冒险作业、职务船员配员不足、私自关闭通导设备、违规越界生产等易引发事故的严重违法行为，依据《安全生产法》《海上交通安全法》《渔业船员管理办法》《刑法》等严肃惩处违法主体和相关责任人，做到以案促改、以案促治。对严重违规违法及"屡查屡犯"的渔船，除了立案处罚之外，还要约谈船主、船长和所属船舶管理公司负责人，向其他渔船通报相关违规违法行为，并按要求将其纳入黑名单实施联合惩戒；对事故发生负有重大责任的，严肃依法追责并实施相应行业禁入。鼓励群众举报事故隐患和非法违法行为，进一步加大社会监督和舆论监督力度。

3.5.11 特种设备安全风险防控要求

强化特种设备安全监管，坚持安全第一、预防为主、综合治理的方针，推动治标与治本相结合，以防止和减少事故为目标，以促进特种设备生产、经营、使用单位落实安全主体责任为工作重点，增强特种设备安全底线思维和红线意识，牢固树立安全发展理念，坚持改革创新，健全工作体系，强化监督管理，完善特种设备监管失职追责的长效机制，努力提高城市特种设备安全监管水平。

1. 建立特种设备多元共治格局

促进特种设备生产、经营、使用单位落实安全主体责任和行业部门安全监管责任。一是落实特种设备安全主体责任。特种设备的生产（含设计、制造、安装、改造、修理）、经营和使用单位是生产经营活动的主体，依法承担特种设备安全的主体责任，必须自觉履行法定义务。特种设备的生产、经营和使用单位法定代表人为安全生产第一责任人，对本单位特种设备安全全面负责；负责配备特种设备安全管理人员、作业人员，确保人员持证上岗，落实安全责任。特种设备的生产、经营和使用单位应当建立健全岗位责任制，建立特种设备安全技术档案，加强维护保养和定期自行检查，开展隐患自查自纠，主动申请定期检验，加大安全投入，做到安全责任、管理、投入、培训和应急救援"五到位"。二是强化特种设备安全监管职责。市场监督管理部门是特种设备安全监督管理部门，负责对特种设备安全进行监督管理。加强特种设备安全宣传工作，完善本市特种设备监管网络建设，协调各镇（街）、各部门做好特种设备安全监管工作。组织开展特种设备安全监督检查和专项整治，定期报告本市特种设备安全状况，建立健全特种设备应急处置预案并组织实施，保障各项特种设备专项行动资金投入。三是落实特种设备行业监督管理责任。相关行业管理部门要按照"管行业必须管安全、管业务必须管安全、管生产经营必须管安全"的要求，切实承担特种设备监督管理责任。各行业部门要按照各自职责，协助做好特种设备安全监督管理工作。对发现的特种设备安全隐患应当及时抄告市场监督管理部门，并协助开展相关整治工作。

2. 建立特种设备安全管理联动机制

建立特种设备安全管理联动机制，首先应构建特种设备安全协调工作机制。建立由政府分管领导牵头的特种设备安全管理联席会议制度，协调处理特种设备矛盾纠纷和因安全事故、运行故障、修理改造更新资金不落实等问题可能引发的群体性纠纷，切实维护社会稳定。其次应建立重大安全隐患报送机制。市场监管部门对发现的存在区域性或者普遍性的重大安全隐患，要及时报请政府挂牌督办或提请政府依法关停相关企业。最后应完善特种设备行政执法与司法衔接机制。强化部门联动，切实加大"打非治违"力度。市场监督管理部门要联合住建部门加强住宅电梯、气瓶安全执法，联合公安、住建等部门加强场（厂）内专用机动车辆安全执法，联合应急管理部门加强涉危险化学品特种设备安全执法，配合发改、安监部门加强长输油气管道执法；要加强与公安、检察院、法院等的协调配合，建立健全特种设备违法线索通报、案件移送与协查机制。

3. 加强重点领域监管

强化特种设备重点领域安全监管，一是突出民生安全监管。严格电梯制造质量安全监管，加大对电梯维护保养单位的监管力度，并将相关结果抄告有关职能部门。加强电梯安全日常监管，组织开展电梯隐患日常排查治理，重点加强对公众聚集场所和故障频发电梯的隐患排查。积极推动电梯责任保险，建设城市电梯应急救援平台，推进大数据分析和运用，提高预警和处理能力。推进气瓶信息化管理，实现带有二维码气瓶信息标识的普遍使用。加大执法力度，严厉查处气瓶充装单位和检验站违法违规行为。二是强化事故易发设备监管。针对场（厂）内专用机动车辆、起重机械等设备事故易发的特点，进一步强化对工厂厂区、旅游景区、游乐场所的场（厂）内专用机动车辆，码头、港口等场所的起重机械的安全监管，督促使用单位建立健全特种设备使用安全管理制度，认真开展隐患自查自纠。积极开展专项整治，强化使用环节监管，遏制场（厂）内专用机动车辆、起重机械等设备事故易发多发的势头。

4. 排查治理特种设备事故隐患

特种设备隐患排查可采用资料确认和实物验证的方式，排查内容包括：特种设备安全法律、法规、规章、安全技术规范和标准的贯彻执行情况，安全生产责任制、安全管理规章制度、岗位操作规程的建立落实情况；应急预案制定、演练，应急救援物资、设备的配备、维护和使用方法的培训情况；特种设备运行状况和日常维护、保养、自行检查、检验、检测情况；从业人员接受安全教育培训、掌握安全知识和操作技能情况，作业人员培训考核和持证上岗情况；风险辨识分级管控制度建设和措施落实情况；其他影响特种设备安全的情况。

特种设备使用单位应开展隐患排查工作，编制特种设备隐患排查清单，做好隐患排查记录。对于排查发现的严重事故隐患，要立即向特种设备安全管理负责人和负责特种设备安全监督管理的行业部门报告。严重事故隐患排除前无法保证安全的，应当从危险区域撤出作业人员，并疏散可能危及的其他人员，设置警戒标志，暂时停产停业或者停止使用相关设施、设备；对暂时难以停产或停止使用后极易引发生产安全事故的相关设施、设备，应当加强维护保养和监测监控，制定应急处置预案，防止事故发生。必要时向当地人民政府提出申请，配合疏散可能危及的周边人员。

特种设备严重事故隐患可分为设备类隐患和管理类隐患。设备类严重事故隐患包括以下情形：在用的特种设备是未取得许可而进行设计、制造、安装、改造、重大修理的；在用的特种设备是未经检验或者检验不合格的（使用资料不符合安全技术规范导致检验不合格的电梯除外）；在用的特种设备是国家明令淘汰的；在用的特种设备是已经报废的；在用的特种设备存在必须停用修理的超标缺陷；特种设备存在严重事故隐患无改造、修理价值，或者达到安全技术规范规定的其他报废条件，未依法履行报废义务，并办理使用登记证书注销手续的；在用特种设备超过规定参数、使用范围使用的；特种设备或者其主要部件不符合安全技术规范，包括安全附件、安全保护装置等缺少、失效或失灵；将非承压锅炉、非压力容器作为承压锅炉、压力容器使用或热水锅炉改为蒸汽锅炉使用的；在用特种设备是已被召回的（含生产单位主动召回、政府相关部门强制召回）。管理类严重事故隐患包括以下情形：特种设备出现故障或者发生异常情况，未对其进行全面检查、消除事故隐患，继续使用的；使用被责令整改而未予整改的特种设备；特种设备发生事故不予报告而继续使用的；未经许可，擅自从事移动式压力容器或者气瓶充装活动的；对不符合安全技术规范要求的移动式压力容器和气瓶进行充装的；气瓶、移动式压力容器充装单位未按照规定实施充装前后检查的；电梯使用单位委托不具备资质的单位承担电梯维护保养工作的。

特种设备使用单位应及时将隐患名称、位置、不符合状况、隐患等级、治理期限及治理措施等信息向内部员工通报。

特种设备使用单位确定设备隐患后，应及时组织隐患治理。在实施隐患治理前，应当对隐患存在的原因进行分析，并制定可靠的治理措施。一般隐患治理，责任人应立即组织相关人员进行隐患治理，及时消除隐患。当确认是严重隐患时，使用单位应立即采取停止使用（作业）、更换、修复等措施；需要制定特种设备隐患治理方案的，使用单位应对隐患治理方案进行评估。隐患治理方案应包括治理的目标和任务、负责治理的机构和人员、采取的方法和措施、经费和物资的落实、治理的时限和要求、安全措施和应急预案等。使用单位应组织落实特种设备治理方案，消除特种设备隐患。

隐患治理完毕后，使用单位应根据隐患的级别组织相关人员对隐患治理情况进行验收，确认治理效果，实现闭环管理。严重事故隐患治理工作结束后，使用单位应组织本单位的技术人员和专家对严重事故隐患的治理情况进行评估，或者委托具备相应能力的技术咨询服务机构对严重事故隐患的治理情况进行评估。使用单位应建立隐患排查治理台账或数据库，主要内容应包括隐患排查治理结果汇总表、隐患排查治理记录表等。

5. 加强特种设备安全管理基础建设

加强特种设备安全基础管理，首先应提升特种设备从业人员素质。大力开展特种设备安全管理和作业人员安全培训，组织职业技能竞赛，增强从业人员技术能力，提升从业人员安全素质。严格执行考核大纲和信息公示制度，采用理论和实际操作相结合的方式确保考核质量。其次应完善基层特种安全监察队伍建设。加大基层安全监察人员培训力度，强化现场安全监督能力建设。完善特种设备安全协管员制度，原则上按照每 400 台设备不少于 1 人的要求配备充足的特种设备协管员，其中各行政村（社区）应至少指派 1 名特种设备网格员负责特种设备安全的基础管理工作。加大特种设备人员及安全工作专项经费投入，提高基础装备和能力水平。最后应强化科技支撑作用。建立以设计、制造、安装、使用和检验检测等领域人才组成的特种设备专家库，为全面做好特种设备安全监察工作提供智力支持和技术保障，配合行政管理部门开展特种设备招投标评审、技术鉴定、监督检查、事故调查等工作。推进特种设备先进技术的应用，不断提升特种设备安全运营能力和水平，协助相关部门积极淘汰高耗能特种设备。鼓励采用政府购买服务的方式，发挥特种设备协会、鉴定评审机构等组织在隐患治理、监督检查等方面的作用，建立"专家排查隐患"常态化机制。借力专家才智为特种设备相关单位"把诊问脉"。

3.5.12 危险废物处理安全风险防控要求

健全完善废弃危险化学品等危险废物安全风险管控责任体系、制度标准、工作机制。建立形成覆盖危险废物产生、收集、贮存、转移、运输、利用、处置等全过程的监管体系，确保危险废物处置企业规划布局规范合理有效遏制，偷存偷排偷放或违法违规处置危险废物的违法犯罪行为。

1. 开展危险废物排查

一是全面开展危险废物排查，督促相关单位建立规范化的危险废物清单台账，严格按照危险废物特性分类分区贮存，在收集、贮存、运输、处置危险废物的设施、场所设置危险废物识别标志；对属性不明的固体废物，按照《固体废物鉴别标准 通则》（GB 34330）进行鉴别，并根据鉴别结果，严格落实贮存安全防范措施。危险废物在运输环节，按照危险货物管理的有关法规标准执行。根据危险废物核查和动态监管的工作成果，探索建立"废平衡"监管体系。二是产生危险废物的单位，严格按照国家法律法规的规定，制定危险废物管理计划，并向所在地生态环境部门申报危险废物的种类、产生量、流向、危险特性、贮存设施、自行利用处置设施或委托外单位利用处置方式等有关资料和信息；危险废物贮存不得超过一年，严禁将危险废物混入非危险废物中贮存。三是重点对化工园区、化工和危险化学品单位及危险废物处置单位进行监督检查，对照企业申报材料，检查危险废物产生、贮存、转移、利用、处置情况，严厉打击违规堆存、随意倾倒、私自填埋危险废物等问题，确保危险废物的贮存、运输、处置安全。

2. 完善危险废物管理机制

建立健全危险废物管理机制：一是督促相关单位严格落实危险废物申报登记制度，严厉打击不如实申报危险废物行为或将危险废物隐瞒为原料、中间产品的行为；在依法严肃查处的同时，纳入信用管理，实施联合惩戒，切实落实企业主体责任。二是建立完善危险废物由产生到处置各环节转移联单制度，督促危险废物产生、运输、接收单位严格落实安全管理规定；利用信息化手段，控制危险废物流向，加强对危险废物的动态监管。搭建危废库存预警系统，从产废环节对危险废物全生命周期开展实时跟踪，对产废企业实行分类分级管理。三是建立部门联动、区域协作、重大案件会商督办制度，形成覆盖危险废物产生、收集、贮存、转移、运输、利用、处置等全过程的监管体系。贯彻执行国家《危险废物贮存污染控制标准》（GB 18597），强化化工企业危废贮存管理指导，推动企业落实相关法律法规和标准规范。

3. 加快危险废物处置能力建设

根据危险废物产生的类别、数量，合理规划布点处置企业或企业自行利用处置等多种方式，将危险废物集中处置设施纳入城市重大环境公共基础设施，加快城市危险废物处置能力建设，消除处置能力瓶颈，严防因处置不及时造成的安全风险。加快高危险等级危险废物综合处置技术装备研发应用。鼓励依托水泥、钢铁企业的现有工业窑炉协同处置危险废物和依托火电厂协同处置工业污泥。

总之，应深化废弃危险化学品等危险废物监管，形成覆盖危险废物产生、收集、贮存、转移、运输、利用、处置等全过程的监管体系。加快开展高危险等级危险废物综合处置技术装备研发应用。合理规划布点处置企业或鼓励企业自行利用处置，将危险废物集中处置设施纳入本地重大环境公共基础设施，提升地区危险废物处置能力建设。建立废弃危险化学品等危险废物和环境治理设施安全环保联动工作机制。落实生态环境和应急管理部门间项目源头审批联动、危险废物监管联动、环境治理设施监管联动、联合执法、联合会商五项机制。

4 城市隐患排查治理体系

隐患是导致事故的根源，隐患不除事故不断。隐患排查治理，就是指生产经营单位开展隐患辨识、评价、消除、整改、监控等活动和采取相应措施，使生产设备设施或场所的事故风险处于可接受水平的活动和过程。隐患排查治理的目标是确保各类风险管控措施持续有效，从源头上控制风险转化为隐患，有效防范遏制各类生产安全事故的发生。

事故隐患是指生产经营单位违反安全生产法律、法规、规章、标准、规程和管理制度的规定，或者因其他因素在生产经营活动中存在可能导致生产安全事故发生的人的不安全行为、物的危险状态、管理上的缺陷和环境的不安全状况。

4.1 隐患排查治理工作职责

事故隐患排查治理工作应当坚持人民至上、生命至上，坚持全面排查、科学治理、政府监督、社会参与的原则，实行属地监管与分级监管相结合、以属地监管为主的监督管理体制。

4.1.1 主体责任

生产经营单位承担事故隐患排查治理的主体责任。生产经营单位主要负责人是本单位事故隐患排查治理的第一责任人。

生产经营单位要树立隐患就是事故的观念，建立健全隐患排查治理制度、重大隐患治理情况向负有安全生产监督管理职责的部门和企业职工代表大会"双报告"制度。生产经营单位应当落实生产安全事故隐患排查治理制度，不能把事故隐患排查制度只写在纸上、贴在墙上、锁在抽屉里，要逐步建立并落实从主要负责人到从业人员的事故隐患排查责任制。

生产经营单位应当为隐患排查治理工作提供必要的资金和技术保障，定期组织安全生产管理人员、注册安全工程师、工程技术人员和其他相关人员开展事故隐患排查工作；对排查出的生产安全事故隐患，应当按照事故隐患的等级进行登记，建立事故隐患信息档案。对于一般事故隐患，由生产经营单位的车间、班组负责人或者有关人员立即组织整改排除；对于重大事故隐患，由生产经营单位主要负责人员或者有关负责人组织制定并实施隐患治理方案。重大事故隐患的治理方案应当包括治理的目标和任务、采取的方法和措施、经费和装备物资的落实、负责整改的机构和人员、治理的时限和要求、相应的安全措施和应急预案等内容，并做到整改责任人、整改措施、整改资金、整改时限和应急救援预案的"五落实"。

生产经营单位在事故隐患排查治理过程中，应当将排查治理情况如实记录，并通过职工大会或者职工代表大会、信息公示栏等方式向从业人员通报，确保从业人员的知情权。

4.1.2 监管职责

县级以上人民政府应当加强对事故隐患排查治理工作的领导，建立健全重大事故隐患排查治理协调处置机制，及时解决事故隐患排查治理工作中存在的重大问题。乡镇人民政府、街道办事处和开发区、工业园区、保税区、农业示范区、港区、风景区、自然保护区、旅游度假区等功能区管理机构，应当加强对本辖区事故隐患排查治理情况的监督检查，并协助上级人民政府有关部门或者按照授权依法履行事故隐患排查治理监督管理职责。

（1）县级以上人民政府负有安全生产监督管理职责的部门和乡镇人民政府、街道办事处以及功能区管理机构，应当加强协作配合和信息沟通，组织开展对生产经营单位事故隐患排查治理情况的监督检查，依法查处事故隐患排查治理违法行为，并将排查出的重大事故隐患及时报告省人民政府安全生产委员会办公室。县级以上人民政府行业主管部门应当完善相关产业政策和标准规范，指导督促本行业、领域生产经营单位开展事故隐患排查治理工作。

（2）负有安全生产监督管理职责的部门发现生产经营单位存在事故隐患时，应当依法采取责令立即排除。重大事故隐患排除前或者排除过程中无法保证安全的，应责令从危险区域内撤出作业人员，责令暂时停产停业或者停止使用相关设施、设备；生产经营单位拒不执行停产停业、停止施工、停止使用相关设施或者设备的决定，有发生生产安全事故的现实危险的，根据安全生产法律法规的规定，在保证安全的前提下，经本部门主要负责人批准，可以采取书面形式通知有关单位停止供电、停止供应民用爆炸物品等措施。对有根据认为不符合保障安全生产的国家标准或者行业标准的设施、设备、器材以及违法生产、储存、使用、经营、运输的危险物品依法予以查封或者扣押，对违法生产、储存、使用、经营危险物品的作业场所予以查封，并依法作出处理决定。生产经营单位依法履行行政决定、采取相应措施消除事故隐患后，负有安全生产监督管理职责的部门应当及时解除停止供电、停止供应民用爆炸物品等措施。

（3）乡镇人民政府、街道办事处以及功能区管理机构发现生产经营单位存在事故隐患的，应当责令立即排除；生产经营单位拒不排除或者不能立即排除的，应当及时报告负有安全生产监督管理职责的部门。接到报告后，负有安全生产监督管理职责的部门应当及时予以处理和答复。

（4）对于公共设施存在的重大事故隐患、生产经营单位破产后存在的重大事故隐患、无法明确责任单位的重大事故隐患，由设区的市、县（区）人民政府负责治理。当重大事故隐患危害程度高、整改难度大、整改时间长，需要全部或者局部停产停业治理方能排除，或因外部因素影响致使生产经营单位自身难以排除，以及可能造成重大社会影响，县级以上人民政府及其负有安全生产监督管理职责的部门应当挂牌督办。

（5）任何单位和个人对发现的事故隐患，有权向负有安全生产监督管理职责的部门报告或者举报。有关部门接到报告或者举报后，应当立即组织核实处理；无权处理的，及时移送有管辖权的部门。

（6）县级以上人民政府应急管理部门应当会同有关部门建立健全生产安全事故隐患排查治理信息系统，实现事故隐患排查治理和监督管理信息化。负有安全生产监督管理职责的部门应当依托事故隐患排查治理信息系统，对生产经营单位报送的事故隐患排查治理信息进行汇总、分析、研判，及时发布预警信息，为生产经营单位提供指导和服务。

4.2　隐患排查治理工作流程

隐患排查治理主要由生产经营单位负责，政府安全生产监督管理部门及有关部门进行指导和监管。事故隐患排查治理流程主要包括隐患的排查、分级、治理、效果评估等环节，通过持续改进，构成闭环管理过程。

4.2.1　生产经营单位隐患排查治理

生产经营单位针对各个风险点制定隐患排查治理制度、标准和清单，明确生产经营单位内部各部门、各岗位、各设备设施排查范围和要求，建立起全员参与、全岗位覆盖、全过程衔接的闭环管理隐患排查治理机制，实现生产经营单位隐患自查自改自报常态化。

1. 排查准备

生产经营单位应明确主要负责人、分管负责人、部门和岗位人员隐患排查治理工作要求、职责范围、防控责任，形成从主要负责人到一线员工的隐患排查治理工作网络；保证事故隐患排查治理所需的资金，建立资金使用专项制度；建立事故隐患的排查、治理、评估、核销全过程的信息档案管理制度；建立事故隐患排查治理激励约束制度，鼓励从业人员发现、报告和消除事故隐患；对承包、承租单位的事故隐患排查治理负有统一协调和监督管理的责任；制定因自然灾害可能引发事故灾难的应急预案。

2. 排查实施

生产经营单位组织隐患排查组，采取专项排查和日常排查两种方式对各部门及所属单位进行全面排查，及时、准确和全面记录排查情况和发现的问题，并随时与被检查单位人员做好沟通。对排查结果进行分析总结，确定隐患清单，分析隐患种类和地点分布。

3. 隐患分级

将危害和整改难度较小、发现后能够立即排除的隐患确定为一般隐患。一般隐患细化分级为班组级、车间级、分厂级直至厂（公司）级。将危害和整改难度较大，短时间难以治理或因外部因素影响致使生产经营单位自身难以排除的隐患确定为重大隐患。

4. 登记建档

按照事故隐患等级进行登记，建立事故隐患信息档案。

5. 报告及治理

一般事故隐患由生产经营单位（车间、分厂、区队等）负责人或有关人员及时组织整改。重大事故隐患向安全监督管理部门和有关部门报告，报告内容包括：隐患的现状及产生的原因、隐患的危害程度和整改的难易程度分析、隐患的治理方案。

制定重大事故隐患治理实施方案，包括治理目标和任务、采取的方法和措施、经费和物资的落实、负责治理的机构和人员、治理的时间和要求，安全措施和应急预案等主要内容。在治理过程中，采取相应的安全防范措施，防止事故发生。

6. 治理评估

组织本单位技术人员和专家对重大事故隐患的治理情况进行评估或者委托依法设立的为安全生产提供技术、管理服务的机构对重大事故隐患的治理情况进行评估。向安全生产监督管理部门书面汇报治理情况，并配合现场核查验收。

7. 持续改进

生产经营单位对隐患排查治理各项工作程序进行回顾分析，及时修订事故隐患排查治理制度，完善事故隐患查找、分级、治理、评估等工作内容，持续改进，形成一套科学有效的闭环体系。

4.2.2 政府有关部门监督管理

1. 分级分类监管

掌握生产经营单位基本信息和事故隐患排查治理的详细情况，制定不同生产经营单位事故隐患监督检查分类管理办法，对生产经营单位进行分级，明确不同等级生产经营单位的监管频次、监管内容和要求，逐步对生产经营单位实行差异化动态监管。

2. 隐患核查

建立重大事故隐患挂牌督办工作机制，定期监督检查事故隐患治理进展情况，及时协调解决遇到的问题；对事故隐患排除前或者排除过程中无法保证安全的，依法采取相应监控防范措施。对挂牌督办并采取全部或者局部停产停业治理的重大事故隐患，安全监管部门收到生产经营单位恢复生产的申请报告后，应当进行现场审查；审查合格的，对事故隐患进行核销，同意恢复生产经营。

3. 绩效考核

根据本级政府及监管部门安全生产监管职责，明确事故隐患排查治理工作的考核内容。建立事故隐患排查治理体系、建设工作绩效评估机制，对所监管生产经营单位的事故隐患排查治理工作（包括事故隐患信息是否符合标准、事故隐患是否及时整改等情况）进行绩效考核。

定期对本行政区域内事故隐患情况进行统计分析，并公布统计分析报告。定期将本行政区域重大事故隐患的排查治理情况和统计分析表逐级报至上级政府及相应行业监督管理部门。

4. 完善社会化服务机制

建立专家查事故隐患工作机制，鼓励中介机构和专家参与事故隐患排查治理工作，发挥社会化力量在事故隐患排查治理工作中的作用。

4.3　隐患分级

事故隐患按照危害程度和整改难度，分为一般事故隐患和重大事故隐患。重大事故隐患的判定，按照国务院有关部门制定的标准执行。

隐患分级的依据有：《煤矿重大生产安全事故隐患判定标准》《化工和危险化学品生产经营单位重大生产安全事故隐患判定标准（试行）》《烟花爆竹生产经营单位重大生产安全事故隐患判定标准（试行）》《金属非金属矿山重大事故隐患判定标准》《工贸行业重大生产安全事故隐患判定标准（2017版）》《水利工程生产安全重大事故隐患判定标准（试行）》《水上客运重大事故隐患判定指南（暂行）》《危险货物港口作业重大事故隐患判定指南》《重大火灾隐患判定办法》。

4.4　生产经营单位隐患排查治理

生产经营单位应当加强对工艺系统、基础设施、技术装备、作业环境、防控手段等方面的实时监控和日常排查。建立健全事故隐患排查治理制度，明确事故隐患排查治理的责任、内容、周期、监控、治理措施和资金保障等事项；对从业人员进行事故隐患排查治理技能教育和培训，如实告知从业人员作业场所和工作岗位存在的危险因素、防范措施以及事故应急措施；对照风险管控清单，对风险点和风险管控措施落实情况进行排查；依据有关标准对排查出的事故隐患进行判定，并采取相应的技术和管理措施及时予以消除；将事故隐患排查治理情况通过职工大会、职工代表大会或者信息公示栏等方式向从业人员报告、通报。

生产经营单位主要负责人应将事故隐患排查治理纳入全员安全生产责任制并加强考核，组织制定并落实事故隐患排查治理制度，保障事故隐患排查治理所需资金，组织开展事故隐患排查治理，及时消除事故隐患。

生产经营单位安全生产管理机构以及安全生产管理人员应组织或者参与拟订本单位事故隐患排查治理工作制度并督促执行；组织或者参与本单位事故隐患排查治理技能教育和培训，如实记录教育和培训情况；组织、督促、检查本单位事故隐患排查治理工作，对未按照规定排查治理事故隐患的有关职能部门、生产车间（区队）、生产班组以及有关责任人员，依照职权查处或者提出处理意见。

生产经营单位从业人员应知悉本岗位可能存在的事故隐患，在上岗作业前进行安全确认；正确佩戴和使用劳动防护用品；严格遵守岗位操作规程，杜绝违章作业；及时排查、消除并报告事故隐患；身体欠佳或者情绪异常时及时向班组长报告。

生产经营单位应当根据本单位生产经营特点，及时开展本单位事故隐患排查治理制度的制定和落实情况、安全生产教育和培训情况、特种作业人员持证上岗情况、有较大危险因素的场所和危险作业的安全管理情况、劳动防护用品的配备和佩戴使用情况、重大危险源管控情况，以及生产装置和安全设施、设备运行状况，日常维护、保养、检验、检测情况，应急救援预案制定、演练和应急救援物资配备情况等的定期排查工作。

当有关安全生产标准、规程发布或者修改，新建、改建、扩建工程项目试生产，复工复产、化工装置开停车，周边环境、作业条件、设备设施、工艺技术发生改变，发生事故或者险情等情况时，生产经营单位应进行专项排查。

生产经营单位从业人员发现事故隐患的，应当立即报告现场负责人或者本单位负责人，接到报告的人员应当及时予以处理；发现直接危及人身安全的紧急情况时，从业人员有权停止作业或者采取可能的应急措施后撤离作业场所。

生产经营单位对发现的事故隐患，应当及时采取技术、管理措施予以消除。对不能及时消除的重大事故隐患，生产经营单位应：根据需要停止使用相关设施、设备，局部或者全部停产停业；组织开展现状风险评估，并向从业人员公示重大事故隐患的危害程度、影响范围和应急措施；根据风险评估情况制定治理方案；组织落实治理方案，消除事故隐患；组织复查验收。

生产经营单位在事故隐患排查治理过程中，应当采取必要的安全防范措施，防止事故发生。事故隐患排除前或者排除过程中无法保证安全的，应当从危险区域内撤出作业人员，疏散可能危及的人员，设置安全警示标志。必要时，应当安排人员值守。

对于因自然灾害可能引发的事故隐患，生产经营单位应加强预防，并按照有关法律、法规、规章、标准的要求进行排查治理，采取可靠的预防措施。生产经营单位在接到有关自然灾害预报时，应当及时发出预警通知；发生自然灾害可能危及生产经营单位和人员安全的情况时，应当采取停止作业、撤离人员、加强监测等安全措施，并及时向所在地人民政府及其有关部门报告。

当事故隐患无法及时消除并涉及相邻地区、单位，或者可能危及公共安全，以及因其他单位的原因造成或者可能造成事故隐患等情况发生时，生产经营单位应当及时向所在地人民政府及负有安全生产监督管理职责的部门报告。必要时，生产经营单位应当立即通知相邻地区和有关单位，并在现场设置安全警示标志。

生产经营单位应当按照规定将重大事故隐患向县级以上安全生产委员会办公室报告，并可以直报省人民政府安全生产委员会办公室。重大事故隐患的治理方案、治理结果等情况应当及时向所在地负有安全生产监督管理职责的部门报告。

生产经营单位应当建立事故隐患排查治理台账，如实记录事故隐患排查人员、时间、具体部位或者场所、具体情形、报送情况和监控措施。重大事故隐患还应当建立专门的信息档案，保存事故隐患治理过程中形成的风险评估情况、治理方案、复查验收报告以及报送情况等各种记录和文件。

4.5　主要行业领域隐患排查重点

城市是人口、产业、财富高度聚集的地区，是现代经济社会活动最集中、最活跃的核心地域，是现代社会人们生活和生产的主要场所。在人们的生产生活中，城市作为一个复杂的系统，涉及危险化学品生产经营、城乡市政建设、交通运输、市政园林、农业农村、卫生健康、教育、体育等各行各业，每个行业领域都有各自的安全风险，也都可能存在形态各异的事故隐患。在此列举危险化学品、煤矿、金属非金属矿山、烟花爆竹、水上客运、危险货物港口作业、渔业船舶、房屋市政工程、水利工程、城市隧道桥梁等领域典型的需要重点关注的事故隐患，以便有针对性地开展排查和治理工作。

4.5.1　危险化学品领域隐患排查重点

依据有关法律法规、部门规章和国家标准，结合危险化学品领域事故隐患排查治理经验，将以下事项作为该领域的隐患排查重点。

一是危险化学品生产、经营单位主要负责人和安全生产管理人员是否依法经考核合格；特种作业人员是否持证上岗。

二是涉及"两重点一重大"的生产装置、储存设施外部安全防护距离是否符合国家标准要求；涉及重点监管的危险化工工艺的装置是否实现自动化控制，系统是否实现紧急停车功能，装备的自动化控制系统、紧急停车系统是否投入使用；构成一级、二级重大危险源的危险化学品罐区是否实现紧急切断功能；涉及毒性气体、液化气体、剧毒液体的一级、二级重大危险源的危险化学品罐区是否配备独立的安全仪表系统。

三是全压力式液化烃储罐是否按国家标准设置注水措施；液化烃、液氨、液氯等易燃易爆、有毒有害液化气体的充装是否使用万向管道充装系统；光气、氯气等剧毒气体及硫化氢气体管道是否穿越除厂区（包括化工园区、工业园区）外的公共区域；地区架空电力线路是否穿越生产区且不符合国家标准要求；在役化工装置是否经正规设计且进行安全设计诊断；是否使用淘汰落后安全技术工艺、设备目录列出的工艺、设备。

四是涉及可燃和有毒有害气体泄漏的场所是否按国家标准设置检测报警装置，爆炸危险场所是否按国家标准安装使用防爆电气设备；控制室或机柜间面向具有火灾、爆炸危险性装置一侧是否满足国家标准关于防火防爆的要求；化工生产装置是否按国家标准要求设置双重电源供电，自动化控制系统是否设置不间断电源；安全阀、爆破片等安全附件是否正常投用。

五是是否建立与岗位相匹配的全员安全生产责任制、是否制定实施生产安全事故隐患排查治理制度；是否制定操作规程和工艺控制指标；是否按照国家标准制定动火、进入受限空间等特殊作业管理制度，或者制度是否得到有效执行；新开发的危险化学品生产工艺是否经小试、中试、工业化试验后再进行工业化生产，国内首次使用的化工工艺是否经过省级人民政府有关部门组织的安全可靠性论证，新建装置是否制定试生产方案投料开车，精细化工企业是否按规范性文件要求开展反应安全风险评估；是否按国家标准分区分类储存危险化学品，是否存在超量、超品种储存危险化学品的情况，以及是否将相互禁配的物质混放混存。

4.5.2 煤矿隐患排查重点

依据有关法律法规、部门规章和国家标准，结合煤矿事故隐患排查治理经验，将以下事项作为该领域的隐患排查重点。

（1）是否超能力、超强度或者超定员组织生产。

超能力、超强度或者超定员组织生产包括：煤矿全年原煤产量超过核定（设计）生产能力幅度在 10% 以上，或者月原煤产量大于核定（设计）生产能力的 10%；煤矿或其上级公司超过煤矿核定（设计）生产能力下达生产计划或者经营指标；煤矿开拓、准备、回采煤量可采期小于国家规定的最短时间，未主动采取限产或者停产措施，仍然组织生产（衰老煤矿和地方人民政府计划停产关闭的煤矿除外）；煤矿井下同时生产的水平超过 2 个，或者一个采（盘）区内同时作业的采煤、煤（半煤岩）巷掘进工作面个数超过《煤矿安全规程》规定；瓦斯抽采不达标组织生产；煤矿未制定或者未严格执行井下劳动定员制度，或者采掘作业地点单班作业人数超过国家有关限员规定20%以上。

（2）是否瓦斯超限作业。

瓦斯超限作业包括：瓦斯检查存在漏检、假检情况且进行作业；井下瓦斯超限后继续作业或者未按照国家规定处置继续进行作业；井下排放积聚瓦斯未按照国家规定制定并实施安全技术措施进行作业。

（3）煤与瓦斯突出矿井，是否依照规定实施防突出措施。

煤与瓦斯突出矿井，未依照规定实施防突出措施，包括：未设立防突机构并配备相应专业人员；未建立地面永久瓦斯抽采系统或者系统不能正常运行；未按照国家规定进行区域或者工作面突出危险性预测（直接认定为突出危险区域或者突出危险工作面的除外）；未按照国家规定采取防治突出措施；未按照国家规定进行防突措施效果检验和验证，或者防突措施效果检验和验证不达标仍然组织生产建设，或者防突措施效果检验和验证数据造假；未按照国家规定采取安全防护措施；使用架线式电机车。

（4）高瓦斯矿井是否建立瓦斯抽采系统和监控系统，或者系统能否正常运行。

高瓦斯矿井未建立瓦斯抽采系统和监控系统，或者系统不能正常运行，包括：按照《煤矿安全规程》规定应当建立而未建立瓦斯抽采系统或者系统不正常使用；未按照国家规定安设、调校甲烷传感器，人为造成甲烷传感器失效，或者瓦斯超限后不能报警、断电或者断电范围不符合国家规定。

（5）通风系统是否完善、可靠。

通风系统不完善、不可靠，包括：矿井总风量不足或者采掘工作面等主要用风地点风量不足；没有备用主要通风机，或者两台主要通风机不具有同等能力；违反《煤矿安全规程》规定采用串联通风；未按照设计形成通风系统，或者生产水平和采（盘）区未实现分区通风；高瓦斯、煤与瓦斯突出矿井的任一采（盘）区，开采容易自燃煤层、低瓦斯矿井开采煤层群和分层开采采用联合布置的采（盘）区，未设置专用回风巷，或者突出煤层工作面没有独立的回风系统；进、回风井之间和主要进、回风巷之间联络巷中的风墙、风门不符合《煤矿安全规程》规定，造成风流短路；采区进、回风巷未贯穿整个采区，或者虽贯穿整个采区但一段进风、一段回风，或者采用倾斜长壁布置，大巷未超前至少2个区段构成通风系统即开掘其他巷道；煤巷、半煤岩巷和有瓦斯涌出的岩巷掘进未按照国家规定装备甲烷电、风电闭锁装置或者有关装置不能正常使用；高瓦斯、煤（岩）与瓦斯（二氧化碳）突出矿井的煤巷、半煤岩巷和有瓦斯涌出的岩巷掘进工作面采用局部通风时，不能实现双风机、双电源且自动切换；高瓦斯、煤（岩）与瓦斯（二氧化碳）突出建设矿井进入二期工程前，其他建设矿井进入三期工程前，没有形成地面主要通风机供风的全风压通风系统。

（6）是否有严重水患，未采取有效措施。

有严重水患，未采取有效措施，包括：未查明矿井水文地质条件和井田范围内采空区、废弃老窑积水等情况而组织生产建设；水文地质类型复杂、极复杂的矿井未设置专门的防治水机构、未配备专门的探放水作业队伍，或者未配齐专用探放水设备；在需要探放水的区域进行采掘作业未按照国家规定进行探放水；未按照国家规定留设或者擅自开采（破坏）各种防隔水煤（岩）柱；有突（透、溃）水征兆未撤出井下所有受水患威胁地点人员；受地表水倒灌威胁的矿井在强降雨天气或其来水上游发生洪水期间未实施停产撤人；建设矿井进入三期工程前，未按照设计建成永久排水系统，或者生产矿井延深到设计水平时，未建成防、排水系统而违规开拓掘进；矿井主要排水系统水泵排水能力、管路和水仓容量不符合《煤矿安全规程》规定；开采地表水体、老空水淹区域或者强含水层下急倾斜煤层，未按照国家规定消除水患威胁。

（7）是否超层越界开采。

超层越界开采包括：超出采矿许可证载明的开采煤层层位或者标高进行开采；超出采矿许可证载明的坐标控制范围进行开采；擅自开采（破坏）安全煤柱。

（8）有冲击地压危险，是否采取有效措施。

有冲击地压危险，未采取有效措施，包括：未按照国家规定进行煤层（岩层）冲击倾向性鉴定，或者开采有冲击倾向性煤层未进行冲击危险性评价，或者开采冲击地压煤层，未进行采区、采掘工作面冲击危险性评价；有冲击地压危险的矿井未设置专门的防冲机构、未配备专业人员或者编制专门设计；未进行冲击地压危险性预测，或者未进行防冲措施效果检验以及防冲措施效果检验不达标仍组织生产建设；开采冲击地压煤层时，违规开采孤岛煤柱，采掘工作面位置、间距不符合国家规定，或者开采顺序不合理、采掘速度不符合国家规定，违反国家规定布置巷道或者留设煤（岩）柱造成应力集中；未制定或者未严格执行冲击地压危险区域人员准入制度。

（9）自然发火严重，是否采取有效措施。

自然发火严重，未采取有效措施，包括：开采容易自燃和自燃煤层的矿井，未编制防灭火专项设计或者未采取综合防灭火措施；高瓦斯矿井采用放顶煤采煤法不能有效防治煤层自然发火；有自然发火征兆没有采取相应的安全防范措施继续生产建设；违反《煤矿安全规程》规定启封火区。

（10）是否使用明令禁止使用或者淘汰的设备、工艺。

使用明令禁止使用或者淘汰的设备、工艺包括：使用被列入国家禁止井工煤矿使用的设备及工艺目录的产品或者工艺；井下电气设备、电缆未取得煤矿矿用产品安全标志；井下电气设备选型与矿井瓦斯等级不符，或者采（盘）区内防爆型电气设备存在失爆，或者井下使用非防爆无轨胶轮车；未按照矿井瓦斯等级选用相应的煤矿许用炸药和雷管、未使用专用发爆器，或者裸露爆破；采煤工作面不能保证 2 个畅通的安全出口；高瓦斯矿井、煤与瓦斯突出矿井、开采容易自燃和自燃煤层（薄煤层除外）矿井，采煤工作面采用前进式采煤方法。

（11）煤矿是否设置双回路供电系统。

煤矿没有双回路供电系统包括：单回路供电；有双回路电源线路但取自一个区域变电所同一一母线段；进入二期工程的高瓦斯、煤与瓦斯突出、水文地质类型为复杂和极复杂的建设矿井，以及进入三期工程的其他建设矿井，未形成双回路供电。

（12）新建煤矿是否边建设边生产，煤矿改扩建期间，是否在改扩建的区域生产，是否在其他区域的生产超出安全设施设计规定的范围和规模。

新建煤矿边建设边生产，煤矿改扩建期间，在改扩建的区域生产，或者在其他区域的生产超出安全设施设计规定的范围和规模，包括：建设项目安全设施设计未经审查批准，或者审查批准后作出重大变更后未经再次审查批准擅自组织施工；新建煤矿在建设期间组织采煤的（经批准的联合试运转除外）；改扩建矿井在改扩建区域生产；改扩建矿井在非改扩建区域超出设计规定范围和规模生产。

（13）煤矿实行整体承包生产经营后，是否重新取得或者及时变更安全生产许可证从事生产，承包方是否再次转包，以及是否将井下采掘工作面和井巷维修作业进行劳务承包。

煤矿实行整体承包生产经营后，未重新取得或者及时变更安全生产许可证而从事生产，或者承包方再次转包，以及将井下采掘工作面和井巷维修作业进行劳务承包，包括：煤矿未采取整体承包形式进行发包，或者将煤矿整体发包给不具有法人资格或者未取得合法有效营业执照的单位或者个人；实行整体承包的煤矿，未签订安全生产管理协议，或者未按照国家规定约定双方安全生产管理职责而进行生产；实行整体承包的煤矿，未重新取得或者变更安全生产许可证进行生产；实行整体承包的煤矿，承包方再次将煤矿转包给其他单位或者个人；井工煤矿将井下采掘作业或者井巷维修作业（井筒及井下新水平延深的井底车场、主运输、主通风、主排水、主要机电硐室开拓工程除外）作为独立工程发包给其他企业或者个人，以及转包井下新水平延深开拓工程。

（14）煤矿改制期间，是否明确安全生产责任人和安全管理机构，在完成改制后，是否重新取得或者变更采矿许可证、安全生产许可证和营业执照。

煤矿改制期间，未明确安全生产责任人和安全管理机构，或者在完成改制后，未重新取得或者变更采矿许可证、安全生产许可证和营业执照，包括：改制期间，未明确安全生产责任人进行生产建设；改制期间，未健全安全生产管理机构和配备安全管理人员进行生产建设；完成改制后，未重新取得或者变更采矿许可证、安全生产许可证、营业执照而进行生产建设。

（15）是否存在其他重大事故隐患。

其他重大事故隐患，包括：未分别配备专职的矿长、总工程师和分管安全、生产、机电的副矿长，以及负责采煤、掘进、机电运输、通风、地测、防治水工作的专业技术人员；未按照国家规定足额提取或者未按照国家规定范围使用安全生产费用；未按照国家规定进行瓦斯等级鉴定，或者瓦斯等级鉴定弄虚作假；出现瓦斯动力现象，或者相邻矿井开采的同一煤层发生了突出事故，或者被鉴定、认定为突出煤层，以及煤层瓦斯压力达到或者超过 0.74 MPa 的非突出矿井，未立即按照突出煤层管理并在国家规定期限内进行突出危险性鉴定（直接认定为突出矿井的除外）；图纸作假、隐瞒采掘工作面，提供虚假信息、隐瞒下井人数，或者矿长、总工程师（技术负责人）履行安全生产岗位责任制及管理制度时伪造记录，弄虚作假；矿井未安装安全监控系统、人员位置监测系统或者系统不能正常运行，以及对系统数据进行修改、删除及屏蔽；提升（运送）人员的提升机未按照《煤矿安全规程》规定安装保护装置，或者保护装置失效，或者超员运行；带式输送机的输送带入井前未经过第三方阻燃和抗静电性能试验，或者试验不合格入井，或者输送带防打滑、跑偏、堆煤等保护装置或者温度、烟雾监测装置失效；掘进工作面后部巷道或者独头巷道维修（着火点、高温点处理）时，维修（处理）点以里继续掘进或者有人员进入，或者采掘工作面未按照国家规定安设压风、供水、通信线路及装置；露天煤矿边坡角大于设计最大值，或者边坡发生严重变形未及时采取措施进行治理；国家矿山安全监察机构认定的其他重大事故隐患。

4.5.3 金属非金属矿山隐患排查重点

依据有关法律法规、部门规章和国家标准，结合金属非金属矿山事故隐患排查治理经验，将以下事项作为该领域的隐患排查重点。

1. 金属非金属地下矿山隐患排查重点

（1）矿井直达地面的独立安全出口是否少于 2 个，或者与设计不一致；矿井是否只有两个独立直达地面的安全出口且安全出口的间距小于 30 米，或者矿体一翼走向长度超过 1000 米时未在此翼设置安全出口；当矿井的全部安全出口均为竖井时，竖井内是否设置梯子间，作为主要安全出口的罐笼提升井是否只有

1 套提升系统以及是否设置梯子间；主要生产中段（水平）、单个采区、盘区、矿块的安全出口是否少于 2 个，是否与通往地面的安全出口相通；安全出口是否出现堵塞或者其梯子、踏步等设施不能正常使用，导致安全出口不畅通。

（2）是否使用国家明令禁止使用的设备、材料和工艺。

（3）不同矿权主体的相邻矿山井巷是否相互贯通，同一矿权主体相邻独立生产系统的井巷是否擅自贯通。

（4）是否保存《金属非金属矿山安全规程》（GB 16423—2020）第 4.1.10 条规定的图纸，生产矿山每 3 个月、基建矿山每 1 个月是否更新上述图纸；岩体移动范围内的地面建构筑物、运输道路及沟谷河流是否与实际相符；开拓工程和采准工程的井巷以及井下采区是否与实际相符；相邻矿山采区位置关系是否与实际相符；采空区和废弃井巷的位置、处理方式、现状，以及地表塌陷区的位置是否与实际相符。

（5）对于露天转地下开采的矿山，是否按设计采取防排水措施；露天与地下联合开采时，回采顺序是否与设计相符；是否按设计采取留设安全顶柱、岩石垫层等防护措施。

（6）矿区及其附近的地表水或者大气降水危及井下安全时，是否按设计采取防治水措施。

（7）井下主要排水系统排水泵数量是否少于 3 台，工作水泵、备用水泵的额定排水能力是否低于设计要求；井巷是否按设计设置工作和备用排水管路，排水管路与水泵是否有效连接；井下最低中段的主水泵房通往中段巷道的出口是否装设防水门，另外一个出口是否高于水泵房地面 7 m 以上；是否利用采空区或者其他废弃巷道作为水仓。

（8）井口标高是否达到当地历史最高洪水位 1 m 以上，是否按设计采取相应防护措施。

（9）水文地质类型为中等或者复杂的矿井，是否配备防治水专业技术人员，是否设置防治水机构或者建立探放水队伍，是否配齐专用探放水设备，是否按设计进行探放水作业。

（10）水文地质类型复杂的矿山，关键巷道防水门设置是否与设计相符，主要排水系统的水仓与水泵房之间的隔墙以及配水阀是否按设计设置。

（11）在突水威胁区域或者可疑区域进行采掘作业，是否编制防治水技术方案，在施工前是否制定专门的施工安全技术措施；是否超前探放水，超前钻孔的数量、深度是否低于设计要求，超前钻孔方位是否符合设计要求。

（12）受地表水倒灌威胁的矿井在强降雨天气或者其来水上游发生洪水期间，是否实施停产撤人。

（13）有自然发火危险的矿山，是否安装井下环境监测系统，实现自动监测与报警；是否按设计或者国家标准、行业标准采取防灭火措施；发现自然发火预兆，是否采取有效处理措施。

（14）相邻矿山开采岩体移动范围存在交叉重叠等相互影响时，是否按设计留设保安矿（岩）柱或者采取其他措施。

（15）当岩体移动范围内存在居民村庄或者重要设备设施，主要开拓工程出入口易受地表滑坡、滚石、泥石流等地质灾害影响时，是否按设计采取有效安全措施。

（16）是否按设计留设矿（岩）柱，是否按设计回采矿柱，是否擅自开采、损毁矿（岩）柱。

（17）是否按设计要求的处理方式和时间对采空区进行处理。

（18）工程地质类型复杂、有严重地压活动的矿山，是否设置专门机构、配备专门人员负责地压防治工作；是否制定防治地压灾害的专门技术措施；发现大面积地压活动预兆，是否立即停止作业、撤出人员。

（19）巷道以及采场顶板是否按设计采取支护措施。

（20）矿井是否采用机械通风；采用机械通风的矿井在正常生产情况下，主通风机是否连续运转；主通风机发生故障或者停机检查时，是否立即向调度室和企业主要负责人报告，是否采取必要安全措施；主通风机是否按规定配备备用电动机，是否配备能迅速调换电动机的设备及工具；作业工作面风速、风量、风质是否符合国家标准或者行业标准要求；未设置通风系统在线监测系统的矿井，是否按国家标准规定每年对通风系统进行 1 次检测；主通风设施是否能在 10 min 之内实现矿井反风，反风试验周期是否超过 1 年。

（21）是否配齐以及随身携带具有矿用产品安全标志的便携式气体检测报警仪和自救器，从业人员能否正确使用自救器。

（22）担负提升人员的提升系统，提升机、防坠器、钢丝绳、连接装置、提升容器是否按国家规定进行定期检测检验，提升设备的安全保护装置是否有效；竖井井口和井下各中段马头门设置的安全门、摇台与提升机是否实现联锁；竖井提升系统过卷段是否按国家规定设置过卷缓冲装置、楔形罐道、过卷挡梁以及是否能正常使用，提升人员的罐笼提升系统是否按国家规定在井架或者井塔的过卷段内设置罐笼防坠装置；斜井串车提升系统是否按国家规定设置常闭式防跑车装置、阻车器、挡车栏，连接链、连接插销是否符合国家规定；斜井提升信号系统与提升机之间是否实现闭锁。

（23）井下无轨运人车辆是否取得金属非金属矿山矿用产品安全标志；载人数量是否超过25人或者超过核载人数；制动系统是否采用干式制动器，是否同时配备行车制动系统、驻车制动系统和应急制动系统；是否按国家规定对车辆进行检测检验。

（24）一级负荷是否采用双重电源供电，双重电源中的任一电源能否满足全部一级负荷需要。

（25）向井下采场供电的 6～35 kV 系统的中性点是否采用直接接地。

（26）工程地质或者水文地质类型复杂的矿山，井巷工程施工是否进行施工组织设计，是否按施工组织设计落实安全措施。

（27）新建、改扩建矿山建设项目，安全设施设计是否经过批准；批准后出现的重大变更，是否经再次批准后组织施工；是否在竣工验收前组织生产（经批准的联合试运转除外）。

（28）矿山企业是否违反国家有关工程项目发包规定，将工程项目发包给不具有法定资质和条件的单位，或者承包单位数量超过国家规定的数量；承包单位项目部的负责人、安全生产管理人员、专业技术人员、特种作业人员是否符合国家规定的数量、条件，是否属于承包单位正式职工。

（29）井下以及井口动火作业是否按国家规定落实审批制度、安全措施。

（30）矿山年产量是否超过矿山设计年生产能力幅度在 20% 及以上，月产量是否大于矿山设计月生产能力的 20% 及以上。

（31）矿井是否建立安全监测监控系统、人员定位系统、通信联络系统，已经建立的系统是否符合国家有关规定，运行异常的系统是否得到及时修复，系统是否被关闭、破坏，相关数据、信息是否被篡改、隐瞒、销毁。

（32）是否配备具有矿山相关专业的专职矿长、总工程师以及分管安全、生产、机电的副矿长，是否配备具有采矿、地质、测量、机电等专业的技术人员。

2. 金属非金属露天矿山隐患排查重点

（1）地下开采转露天开采前，是否探明采空区和溶洞，是否按设计处理对露天开采安全有威胁的采空区和溶洞。

（2）是否使用国家明令禁止使用的设备、材料或者工艺。

（3）是否采用自上而下的开采顺序分台阶或者分层开采。

（4）工作帮坡角是否大于设计工作帮坡角，最终边坡台阶高度是否超过设计高度。

（5）是否开采或者破坏设计要求保留的矿（岩）柱或者挂帮矿体。

（6）是否按有关国家标准或者行业标准对采场边坡、排土场边坡进行稳定性分析。

（7）高度 200 m 及以上的采场边坡是否进行在线监测；高度 200 m 及以上的排土场边坡是否建立边坡稳定监测系统；是否关闭、破坏监测系统以及隐瞒、篡改、销毁相关数据、信息。

（8）边坡是否出现横向及纵向放射状裂缝；坡体前缘坡脚处是否出现上隆（凸起）现象，后缘的裂缝是否急剧扩展；位移观测资料显示的水平位移量、垂直位移量是否出现加速变化的趋势。

（9）运输道路坡度是否大于设计坡度 10% 以上。

（10）凹陷露天矿山是否按设计建设防洪、排洪设施。

（11）在平均坡度大于 1∶5 的地基上顺坡排土，是否按设计采取安全措施；排土场总堆置高度 2 倍范围以内是否有人员密集场所，是否按设计采取安全措施；山坡排土场周围是否按设计修筑截、排水设施。

（12）露天采场是否按设计设置安全平台和清扫平台。

（13）是否擅自对在用排土场进行回采作业。

3. 尾矿库隐患排查重点

（1）库区或者尾矿坝上是否存在未按设计进行开采、挖掘、爆破等危及尾矿库安全的活动。

（2）坝体是否出现严重的管涌、流土变形等现象；坝体是否出现贯穿性裂缝、坍塌、滑动迹象；坝体是否出现大面积纵向裂缝，以及出现较大范围渗透水高位出逸或者大面积沼泽化。

（3）坝体的平均外坡比或者堆积子坝的外坡比是否陡于设计坡比。

（4）坝体高度是否超过设计总坝高，尾矿库是否超过设计库容贮存尾矿。

（5）尾矿堆积坝上升速率是否大于设计堆积上升速率。

（6）采用尾矿堆坝的尾矿库，是否按《尾矿库安全规程》（GB 39496—2020）第 6.1.9 条规定对尾矿坝做全面的安全性复核。

（7）浸润线埋深是否小于控制浸润线埋深。

（8）汛前是否按国家有关规定对尾矿库进行调洪演算，湿式尾矿库防洪高度和干滩长度是否小于设计值，干式尾矿库防洪高度和防洪宽度是否小于设计值。

（9）排水井、排水斜槽、排水管、排水隧洞、拱板、盖板等排洪建构筑物混凝土厚度、强度以及型式是否满足设计要求；排洪设施是否部分堵塞或者坍塌、排水井是否倾斜，排水能力是否降低，能否达到设计要求；排洪构筑物终止使用时，封堵措施是否满足设计要求。

（10）是否有设计以外的尾矿、废料、废水进库。

（11）多种矿石性质不同的尾砂混合排放时，是否按设计进行排放。

（12）冬季是否按设计要求的冰下放矿方式进行放矿作业。

（13）是否按设计设置安全监测系统；运行异常的安全监测系统是否得到及

时修复；安全监测系统是否被关闭、破坏，相关数据、信息是否被篡改、隐瞒、销毁。

（14）对于干式尾矿库，入库尾矿的含水率是否大于设计值，能否进行正常碾压，是否设置可靠的防范措施；堆存推进方向是否与设计一致；分层厚度、台阶高度是否大于设计值；是否按设计要求进行碾压。

（15）经验算，坝体抗滑稳定最小安全系数是否小于国家标准规定值的 0.98 倍。

（16）三等及以上尾矿库及"头顶库"是否按设计设置通往坝顶、排洪系统附近的应急道路，应急道路是否满足应急抢险时通行和运送应急物资的需求。

（17）尾矿库是否经过批准后回采；回采方式、顺序、单层开采高度、台阶坡面角是否符合设计要求；是否同时进行回采和排放。

（18）用以贮存独立选矿厂进行矿石选别后排出尾矿的场所，是否按尾矿库实施安全管理。

（19）是否按国家规定配备专职安全生产管理人员、专业技术人员和特种作业人员。

4.5.4 烟花爆竹隐患排查重点

依据有关法律法规、部门规章和国家标准，结合烟花爆竹事故隐患排查治理经验，将以下事项作为该领域的隐患排查重点：

（1）主要负责人、安全生产管理人员是否依法经考核合格；特种作业人员是否持证上岗，作业人员是否存在带药检维修设备设施的情况；职工是否自行携带工器具、机器设备进厂进行涉药作业。

（2）工（库）房实际作业人员数量是否超过核定人数；工（库）房实际滞留、存储药量是否超过核定药量；工（库）房内、外部安全距离是否符合要求，防护屏障是否缺失或者不符合要求。

（3）防静电、防火、防雷设备设施是否缺失或者失效；是否擅自改变工（库）房用途或者违规私搭乱建；工厂围墙是否缺失或者分区设置是否符合国家标准。

（4）是否将氧化剂、还原剂同库储存、违规预混或者在同一工房内粉碎、称量；在用涉药机械设备是否经安全性论证或者擅自更改、改变用途；中转库、药物总库和成品总库的存储能力与设计产能是否匹配。

（5）是否建立与岗位相匹配的全员安全生产责任制，是否制定实施生产安全事故隐患排查治理制度；是否出租、出借、转让、买卖、冒用或者伪造许可证；生产经营的产品种类、危险等级是否超出许可范围，是否生产使用违禁药物；是否分包转包生产线、工房、库房组织生产经营；是否存在一证多厂或者多股东各自独立组织生产经营的情况；是否在许可证过期、整顿改造、恶劣天气等停产停业期间组织生产经营。

（6）是否在烟花爆竹仓库存放其他爆炸物等危险物品，是否生产经营违禁超标产品；零售点与居民居住场所是否设置在同一建筑物内，是否在零售场所使用明火。

4.5.5 水上客运隐患排查重点

水上客运生产经营单位违反安全生产法律、法规、规章、标准、规程和安全生产管理制度的规定，或者因其他因素在生产经营活动中存在可能导致事故发生的物的危险状态、人的不安全行为和管理上的缺陷，造成水上客运事故隐患。水上客运生产经营单位包括客船及其所有人、经营人、管理人，客运码头（含客运站）经营人。依据有关法律法规、部门规章和国家标准，结合水上客运事故隐患排查治理经验，现明确载客超过 12 人的船舶隐患排查重点。

1. 客船安全技术状况、重要设备是否存在严重缺陷

客船安全技术状况、重要设备存在严重缺陷，包括：客船擅自改建；客船改装后，船舶适航性、救生和防火要求，不满足技术法规要求；客船船体破损、航行设备损坏影响船舶安全航行，未及时修复；客船应急操舵装置、应急发电机等应急设施设备出现故障；客船未按规定配备足额消防救生设备设施或存在严重缺陷。

2. 客船配员或船员履职能力是否严重不足

客船配员或船员履职能力严重不足，包括：船长或者高级船员的配备未满足最低安全配员要求，参加航行、停泊值班的船员违反规定饮酒或服用国家管制的麻醉药品或者精神药品。

3. 客运码头重要设备及应急设备是否存在严重缺陷或故障

客运码头重要设备及应急设备存在严重缺陷或故障，包括：未按规定配备足额消防救生设备设施或配备的设备设施存在严重缺陷；未按规定设置旅客、车辆上下船设施，安全设施，应急救援设备，或者设置的设备设施不能正常使用。

4. 水上客运生产经营单位是否违法经营、作业

水上客运生产经营单位违法经营、作业，包括：客船未持有有效的法定证书；客船未遵守恶劣天气限制、夜航规定航行；客船载运旅客人数超出乘客定额人数，或未按规定载运或载运的车辆不符合相关规定，或未按规定执行"车客分离"要求；客运码头未按规定履行安检查危职责，违规放行人员和车辆；未按规定执行水路旅客运输实名制管理规定；超出经营许可范围和许可有效期经营。

5. 水上客运生产经营单位安全管理是否存在严重问题

水上客运生产经营单位安全管理存在严重问题，包括：未按规定建立安全管理制度或安全管理体系；未切实执行安全管理制度或安全管理体系没有得到有效运行；安全管理相关人员不符合规定的任职要求或履职能力严重不足；未按规定制定应急预案或者未定期组织演练，且逾期不改正。

6. 是否存在其他重大事故隐患

其他重大事故隐患，包括：客船人员应急疏散通道严重堵塞；客船压载严重不当；客船积载、系固及绑扎严重不当；客船登离装置存在重大安全缺陷未及时纠正；客运码头未按相关标准配备安全检测设备或者设备无法正常使用；客运码头及其停车场与污染源、危险区域的距离不符合规定。

4.5.6 危险货物港口作业隐患排查重点

依据有关法律法规、部门规章和国家标准，结合危险货物港口作业事故隐患排查治理经验，将以下事项作为该领域的隐患排查重点。

1. 是否存在超范围、超能力、超期限作业情况，或者危险货物存放是否符合安全要求

存在超范围、超能力、超期限作业情况，或者危险货物存放不符合安全要求，包括：超出《港口经营许可证》《港口危险货物作业附证》许可范围和有效期从事危险货物作业；仓储设施（堆场、仓库、储罐）超设计能力、超容量储存危险货物，或者储罐未按规定检验、检测评估；储罐超温、超压、超液位储存，管道超温、超压、超流速输送，危险货物港口作业重要设备设施超负荷运行；危险货物港口作业相关设备设施超期限服役且无法出具检测或检验合格证明、无法满足安全生产要求；装载《危险货物品名表》（GB 12268）和《国际海运危险货物规则》规定的1.1项、1.2项爆炸品和硝酸铵类物质的危险货物集装箱未按照规定实行直装直取作业；装载《危险货物品名表》（GB 12268）和《国际海运危险货物规则》规定的1类爆炸品（除1.1项、1.2项以外）、2类气体和7类放射性物质的危险货物集装箱超时、超量等违规存放；危险货物未根据理化特性和灭火方式分区、分类和分库储存隔离，或者储存隔离间距不符合规定，或者存在禁忌物违规混存情况。

2. 危险货物作业工艺设备设施是否满足危险货物的危险有害特性的安全防范要求，是否能够正常运行

危险货物作业工艺设备设施不满足危险货物的危险有害特性的安全防范要求，或者不能正常运行，包括：装卸甲、乙类火灾危险性货物的码头，未按《海港总体设计规范》（JTS 165）等规定设置快速脱缆钩、靠泊辅助系统、缆绳张力监测系统和作业环境监测系统，或者不能正常运行；液体散货码头装卸设备与管道未按装卸及检修要求设置排空系统，或者不能正常运行的；吹扫介质的选

用不满足安全要求；对可能产生超压的工艺管道系统未按规定设置压力检测和安全泄放装置，或者不能正常运行；储罐未根据储存危险货物的危险有害特性要求，采取氮气密封保护系统、添加抗氧化剂或阻聚剂、保温储存等特殊安全措施；储罐（罐区）、管道的选型、布置及防火堤（隔堤）的设置不符合规定。

3. 危险货物作业场所的安全设施、应急设备的配备能否满足要求，能否正常运行、使用

危险货物作业场所的安全设施、应急设备的配备不能满足要求，或者不能正常运行、使用，包括：危险货物作业场所未按规定设置相应的防火、防爆、防雷、防静电、防泄漏等安全设施、措施，或者不能正常运行；危险货物作业大型机械未按规定设置防阵风和防台风装置，或者不能正常运行；危险货物作业场所未按规定设置通信、报警装置，或者不能正常运行；重大危险源未按规定配备温度、压力、液位、流量、组分等信息的不间断采集和监测系统，储存剧毒物质的场所、设施，未按规定设置视频监控系统，或者不能正常运行；工艺设备及管道未根据输送物料的火灾危险性及作业条件，设置相应的仪表、自动联锁保护系统或者紧急切断措施，或者不能正常运行；未按规定配备必要的应急救援器材、设备；应急救援器材、设备不能满足可能发生的火灾、爆炸、泄漏、中毒事故的应急处置的类型、功能、数量要求，或者不能正常使用。

4. 危险货物作业场所或装卸储运设备设施的安全距离（间距）是否符合规定

危险货物作业场所或装卸储运设备设施的安全距离（间距）不符合规定，包括：危险货物作业场所与其外部周边地区人员密集场所、重要公共设施、重要交通基础设施等的安全距离（间距）不符合规定；危险货物港口经营人内部装卸储运设备设施以及建构筑物之间的安全距离（间距）不符合规定。

5. 安全管理是否存在重大缺陷

安全管理存在重大缺陷，包括：未按规定设置安全生产管理机构、配备专职安全生产管理人员；未建立安全生产责任制、安全教育培训制度、安全操作规程、安全事故隐患排查治理、重大危险源管理、火灾（爆炸、泄漏、中毒）等重大事故应急预案等安全管理制度，或者落实不到位且情节严重；未按规定对安全生产条件定期进行安全评价；从业人员未按规定取得相关从业资格证书并持证上岗；违反安全规范或操作规程在作业区域进行动火、受限空间作业、盲板抽堵、高处作业、吊装、临时用电、动土、断路作业等危险作业。

4.5.7 渔业船舶隐患排查重点

依据有关法律法规、部门规章和国家标准，结合危险货物港口作业事故隐患排查治理经验，现明确核定载员 10 人及以上的渔业船舶隐患排查重点。其主要

包括：是否擅自改变渔业船舶结构、主尺度、作业类型；救生消防设施设备、号灯是否处于良好可用状态；职务船员是否满足最低配员标准；是否存在擅自关闭、破坏、屏蔽、拆卸北斗船位监测系统、远洋渔船监测系统（VMS）或船舶自动识别系统（AIS）等安全通导和船位监测终端设备，或者篡改、隐瞒、销毁其相关数据、信息等情况；是否超过核定航区或者抗风等级、超载航行、作业；渔业船舶检验证书或国籍证书失效后是否仍然出海航行、作业；在船人员是否符合核定载员要求或载客活动是否经过得到批准；防抗台风等自然灾害期间，是否服从管理部门及防汛抗旱指挥部的停航、撤离或转移等决定和命令，是否及时撤离危险海域。

4.5.8 房屋市政工程隐患排查重点

依据有关法律法规、部门规章和国家标准，结合房屋市政工程事故隐患排查治理经验，将以下事项作为该领域的隐患排查重点。

1. 施工安全管理

建筑施工企业是否存在未取得安全生产许可证擅自从事建筑施工活动的情况；施工单位的主要负责人、项目负责人、专职安全生产管理人员从事相关工作是否取得安全生产考核合格证书；建筑施工特种作业人员上岗作业是否取得特种作业人员操作资格证书；危险性较大的分部分项工程是否编制并审核专项施工方案，是否按规定组织专家对"超过一定规模的危险性较大的分部分项工程范围"的专项施工方案进行论证。

2. 基坑工程

对因基坑工程施工可能造成损害的毗邻重要建筑物、构筑物和地下管线等，是否采取专项防护措施；是否存在基坑土方超挖情况且未采取有效措施；深基坑施工是否进行第三方监测；作业中，是否存在支护结构或周边建筑物变形值超过设计变形控制值、基坑侧壁出现大量漏水流土、基坑底部出现管涌、桩间土流失孔洞深度超过桩径等基坑坍塌风险预兆，当出现时是否及时进行了处理。

3. 模板工程

模板工程的地基基础承载力和变形是否满足设计要求；模板支架承受的施工荷载是否符合设计值；模板支架拆除及滑模、爬模爬升时，混凝土强度是否达到设计或规范要求。

4. 脚手架工程

脚手架工程的地基基础承载力和变形是否满足设计要求；是否设置连墙件或连墙件整层缺失；附着式升降脚手架是否验收合格后投入使用；附着式升降脚手架的防倾覆、防坠落或同步升降控制装置是否符合设计要求、失效、被人为拆除破坏；附着式升降脚手架使用过程中架体悬臂高度是否符合要求。

5. 起重机械及吊装工程

塔式起重机、施工升降机、物料提升机等起重机械设备是否验收合格后投入使用，是否未按规定办理使用登记；塔式起重机独立起升高度、附着间距和最高附着以上的最大悬高及垂直度是否符合规范要求；施工升降机附着间距和最高附着以上的最大悬高及垂直度是否符合规范要求；起重机械安装、拆卸、顶升加节以及附着前是否对结构件、顶升机构和附着装置以及高强度螺栓、销轴、定位板等连接件及安全装置进行检查；建筑起重机械的安全装置是否齐全、失效或者被违规拆除、破坏；施工升降机防坠安全器是否在定期检验有效期内，标准节连接螺栓是否缺失或失效；建筑起重机械的地基基础承载力和变形是否满足设计要求。

6. 高处作业

钢结构、网架安装用支撑结构地基基础承载力和变形是否满足设计要求，钢结构、网架安装用支撑结构是否按设计要求设置防倾覆装置；单榀钢桁架（屋架）安装时是否采取防失稳措施；悬挑式操作平台的搁置点、拉结点、支撑点是否设置在稳定的主体结构上，且是否做了可靠连接。

7. 施工临时用电

特殊作业环境（隧道、人防工程，高温、有导电灰尘、比较潮湿等作业环境）照明是否按规定使用安全电压。

8. 有限空间作业

有限空间作业是否履行"作业审批制度"，是否对施工人员进行专项安全教育培训，是否执行"先通风、再检测、后作业"的工作原则；有限空间作业现场是否有专人负责监护工作。

9. 拆除工程作业

拆除施工作业顺序是否符合规范和施工方案要求。

10. 暗挖工程作业

作业面带水施工是否采取相关措施，或地下水控制措施失效且继续施工；施工时是否出现涌水、涌沙、局部坍塌，支护结构扭曲变形或出现裂缝，且有不断增大趋势，若出现是否及时采取措施。

11. 其他排查重点

是否使用危害程度较大、可能导致群死群伤或造成重大经济损失的施工工艺、设备和材料；是否存在其他严重违反房屋市政工程安全生产法律法规、部门规章及强制性标准，且存在危害程度较大、可能导致群死群伤或造成重大经济损失的现实危险。

4.5.9 水利工程隐患排查重点

　　依据有关法律法规、部门规章和国家标准，结合水利工程事故隐患排查治理经验，将以下事项作为该领域的隐患排查重点。

　　1. 建设施工

　　1）基础管理

　　施工企业有无安全生产许可证或安全生产许可证是否按规定延期承揽工程；是否按规定设置安全生产管理机构、配备专职安全生产管理人员；是否按规定编制或按程序审批达到一定规模的危险性较大的单项工程或新工艺、新工法的专项施工方案；是否按专项施工方案施工。

　　安全管理制度、安全操作规程和应急预案是否健全；是否按规定组织开展安全检查和隐患排查治理；安全教育和培训是否到位，相关岗位人员是否持证上岗；是否按规定进行安全技术交底；隐患排查治理情况是否按规定向从业人员通报；超过一定规模的危险性较大的单项工程是否组织专家论证，论证后是否通过审查；应当验收的危险性较大的单项工程专项施工方案是否组织验收，验收是否符合程序。

　　2）营地及施工设施建设

　　施工驻地是否设置在滑坡、泥石流、潮水、洪水、雪崩等危险区域；易燃易爆物品仓库或其他危险品仓库的布置以及与相邻建筑物的距离是否符合规定，消防设施配置是否满足规定；办公区、生活区和生产作业区是否分开设置、安全距离是否满足规定。

　　3）围堰工程

　　是否专门设计，是否按照设计或方案施工，是否验收合格后投入运行；土石围堰堰顶及护坡有无排水和防汛措施或钢围堰有无防撞措施；是否按规定驻泊施工船舶；堰内抽排水速度是否符合方案规定；是否开展监测监控，工况发生变化时是否及时采取措施。

　　4）施工用电

　　是否有专项方案，或施工用电系统是否验收合格后投入使用；是否按规定实行三相五线制或三级配电或两级保护；电气设施、线路和外电是否按规范要求采取防护措施；地下暗挖工程、有限作业空间、潮湿等场所作业是否使用安全电压；高瓦斯或瓦斯突出的隧洞工程场所作业是否使用防爆电器；是否按规定设置接地系统或避雷系统。

　　配电线路电线绝缘是否破损、带电金属导体是否外露；专用接零保护装置是否符合规范要求，接地电阻是否达到要求；漏电保护器的漏电动作时间或漏电动作电流是否符合规范要求；配电箱有无防雨措施；配电箱门、锁是否有异常；配电箱有无工作零线和保护零线接线端子板；交流电焊机是否设置二次侧防触电保护装置；是否存在一闸多用情况。

5）深基坑（槽）

深基坑是否按要求（规定）监测；边坡开挖或支护是否符合设计及规范要求；开挖是否遵循"分层、分段、对称、平衡、限时、随挖随支"原则；作业范围内地下管线是否探明、是否采取开挖保护措施；是否存在建筑物结构强度未达到设计及规范要求，却进行回填土方或不对称回填土方施工的情况；基坑（槽）周边 1 m 范围内是否随意堆物、停放设备；基坑（槽）顶有无排水设施；变形观测资料是否齐全。

6）降水

降水期间对影响范围建筑物是否进行安全监测；降水井（管）是否设置反滤层，或反滤层是否损坏。

7）高边坡

是否按规定进行边坡稳定检测；坡顶坡面是否进行清理，是否有截排水设施、防护措施；交叉作业有无防护措施。

8）起重吊装与运输

起重机械上是否安装有非原制造厂制造的标准节和附着装置，是否有设计安装方案并进行检测；是否按规范或方案安装拆除起重设备；在用的起重设备是否检验或检验是否合格；同一作业区多台起重设备运行有无防碰撞方案或是否按方案实施；起重机械安全、保险装置是否缺失；吊笼钢结构井架强度、刚度和稳定性是否满足安全要求；起重臂、钢丝绳、重物等与架空输电线路间允许最小距离是否符合规范规定；是否使用达到报废标准的钢丝绳，或钢丝绳的安全系数是否符合规范规定；船舶运输时是否非法携带雷管、炸药、汽油、香蕉水等易燃易爆危险品；是否在装运易燃易爆危险品的专用船上，吸烟或使用明火；

起重机械基础承载力是否符合说明书要求；井架及物料提升机是否违规载人；电动卷扬机卷筒上钢丝绳余留圈数是否符合要求，有无防脱绳保护装置；钢构件或重大设备起吊时，是否存在使用摩擦式或皮带式卷扬机的情况。

9）脚手架

脚手架是否进行专门设计，有无专项方案；脚手架是否经过验收，并在验收合格后投入使用；吊篮是否经过检测、验收，有无独立安全绳。

10）地下工程

施工方法是否符合设计或方案要求；是否按要求进行超前地质预报、监控量测；是否按规定对作业面进行有毒有害气体监测；瓦斯浓度是否达到限值；是否按规定设置通风设施；开挖前是否对掌子面及其临近的拱顶、拱腰围岩进行排险处理，或相向开挖的两端在相距 30 m 以内时装炮作业前，是否通知另一端停止工作并退到安全地点；相向开挖作业两端相距 15 m 时，是否存在一端未停止掘进、单向贯通的情况；斜（竖）井相向开挖距贯通尚有 5 m 长地段，是否采取自上端向下打通的方式；是否按要求支护，或支护体材质（拱架、各类锚杆、钢筋混凝土）等是否符合要求；隧洞内是否存放、加工、销毁民用爆炸物品；隧洞进出口及交叉洞是否按规定进行加固；隧洞进出口有无防护棚。

雨季、融雪季节边、仰坡施工排险、防护措施是否充足；边、仰坡开挖是否施做排水系统；岩堆、松散岩体或滑坡地段的边坡开挖、排险、防护措施是否足够；雨季、融雪季节，浅埋或地表径流地段是否开展地表监测；是否按规定进行盲炮处理，是否在残留炮孔内（套孔）进行钻孔作业；是否按规定进行爆破公示，爆破信号是否明确。

11）模板工程

支架基础承载力是否符合方案设计要求；是否按规范或方案要求安装或拆除沉箱、胸墙、闸墙等处的模板［包括翻模、爬（滑）模、移动模架等］；支架立杆是否采用搭接，水平杆是否连续，是否按规定设置剪刀撑，扣件紧固力是否符合要求；采用挂篮法施工是否平衡浇筑，挂篮拼装后是否预压，锚固是否规范，混凝土强度是否达到要求，恶劣天气是否移动挂篮；各类模板是否经过验收合格。

12）拆除工程

有无专项拆除设计施工方案，是否对施工作业人员进行安全技术交底；拆除施工前，是否切断或迁移水电、气、热等管线；是否根据现场情况进行安全隔离，设置安全警示标志，并设专人监护；围堰拆除是否进行专门设计论证、编制专项方案、应急预案；爆破拆除是否进行专门设计、编制专项施工方案，是否按专项方案作业，是否对保留的结构部分采取可靠的保护措施。

13）危险物品

易燃、可燃液体的贮罐区、堆场与建筑物的防火间距是否符合规范的规定；油库、爆破器材库等易燃易爆危险品库房是否专门设计，是否经过验收并在验收合格后投入使用；有毒有害物品贮存仓库与车间、办公室、居民住房等安全防护距离是否少于 100 m；是否根据化学危险物品的种类、性能，设置相应的通风、防火、防爆、防毒、监测、报警、降温、防潮、避雷、防静电、隔离操作等安全设施；汽油储量 20 t 或柴油储量 50 t 及以上的油库、炸药储量 1 t 及以上的炸药库是否按规定管理。

14）消防安全

施工现场动火作业是否按规定办理动火审批手续，周围是否有易燃易爆物品，是否采取安全防护和隔离措施；加工区、生活区、办公区等防火或临时用电是否按规范实施；是否独立设置易燃易爆危险品仓库；重点消防部位是否按规定设置消防设施和配备消防器材。

15）特种设备

使用的特种设备达到设计使用年限，是否按照安全技术规范的要求通过检验或者安全评估；特种设备安装拆除有无专项方案，是否按规范或方案安装拆除；特种设备是否经检测合格后使用，是否按规定验收；特种设备安全、保险装置是否缺少或失灵、失效；起重钢丝绳的规格、型号是否符合说明书要求，有无钢丝绳防脱槽装置，使用达到报废标准的钢丝绳或钢丝绳的安全系数是否符合规范规定。

16）水上（下）作业

通航水域施工是否办理施工许可证，有无专项施工方案、应急预案，救生设施配备是否足够；运输船舶有无配载图，是否超航区运输；工程船舶改造、船舶与陆用设备组合作业是否按规定验算船舶稳定性和结构强度等；水下爆破是否经批准作业；潜水作业是否制定专人负责通信和配气，是否明确线绳员。

17）有限空间作业

是否做到"先通风、后检测、再作业"，作业期间是否通风良好、检测合格；是否在贮存易燃易爆的液体、气体、车辆容器等的库区内从事焊接作业；人工挖孔桩衬砌砼搭接高度、厚度和强度是否符合设计要求。

18）建筑物安全防护

建筑（构）物洞口、临边、交叉作业有无防护，防护体刚度、强度是否符合要求；垂直运输接料平台是否设置安全门、防护栏杆；进料口有无防护棚。

19）液氨制冷

制冷车间有无通（排）风措施，排风量是否符合要求，排（吸）管处是否设止逆阀；安全出口的布置是否符合要求；有无应急预案；制冷车间有无泄漏报警装置；制冷系统是否验收合格后投入运行；压力容器本体及附件是否按规定检测或制冷系统的贮液器氨贮存量是否符合规定。

20）其他方面

有度汛要求的工程，工程进度是否满足度汛要求；人员集中区域（场所、设施）的活动有无应急措施；是否采用国家明令淘汰的危及生产安全的工艺、设备。

2. 运行管理

1）基础管理

水库管理机构和管理制度是否健全，管理人员职责是否明晰；大坝安全监测、防汛交通与通信等管理设施是否完善；水库调度规程与水库大坝安全管理应急预案是否制定并报批；是否按审批的调度规程合理调度运用，是否按规范开展巡视检查和安全监测，是否及时掌握大坝安全性态；大坝养护修理是否及时，是否处于不安全、不完整的工作状态；安全教育和培训是否到位，相关岗位人员是否持证上岗。

大坝是否按规定进行安全鉴定；大坝抗震安全性综合评价级别是否符合要求；大坝泄洪洞、溢流面是否出现大面积汽蚀现象；坝体混凝土是否出现严重碳化、老化、表面大面积出现裂缝等现象；白蚁灾害地区的土坝是否开展白蚁防治工作；闸门液压式启闭机缸体或活塞杆有无裂纹或有无明显变形；闸门螺杆式启闭机螺杆有无明显变形、弯曲；卷扬式启闭机滑轮组与钢丝绳是否存在锈蚀严重或启闭机运行震动、噪音异常，电流、电压变化异常等情况；有无备用电源，备用电源是否失效；是否按规定设置观测设施，观测设施是否满足观测要求；是否存在通信设施故障、缺失导致信息无法沟通；工程管理范围内的安全防护设施是否完善或是否满足规范要求。

2）水库大坝工程

大坝安全鉴定分类是否符合要求；大坝坝身是否出现裂缝，造成渗水、漏水严重或出水浑浊；大坝是否出现渗流异常且坝体出现流土、漏洞或管涌；闸门是否出现主要承重件裂缝、门体止水装置老化、损坏渗漏超出规范要求；闸门在启闭过程中是否出现异常振动或卡阻，卷扬式启闭机钢丝绳达到报废标准要求是否报废；泄水建筑物是否堵塞、无法泄洪，行洪设施是否符合相关规定和要求；近坝库岸或者工程边坡是否有失稳征兆；坝下建筑物与坝体连接部是否有失稳征兆；是否存在有关法律法规禁止危及工程安全的行为。

3）水电站工程

是否存在无立项、无设计、无验收、无管理的"四无"水电站；是否存在主要发供电设备异常运行已达到规程标准的紧急停运条件而未停止运行的情况；是否存在厂房渗水至设备、电器装置的情况。

水电站管理机构和管理制度是否健全，管理人员职责是否明晰；水电站安全监测、防汛交通与通信等管理设施是否完善；水电站调度规程与应急预案是否制定并报批；是否按审批的调度规程合理调度运用，是否按规范开展安全监测，是否及时掌握水电站安全状态；水电站养护修理是否及时，是否处于不安全、不完整的工作状态；安全教育和培训是否到位，相关岗位人员是否持证上岗。

消防设施布置是否符合规范要求；机组的油、气、水等系统是否出现异常，无法正常运行，或可能引起火灾、爆炸事故；机组是否存在电流、电压、振动、噪声异常的情况；发电过程是否存在气蚀破坏、泥沙磨损、振动和顶盖漏水量大等问题，以及是否出现绝缘损害、短路、轴承过热和烧坏事故等情况；水轮发电机机组绕组温升是否超过限定值。

4）泵站工程

泵站安全类别综合评定是否符合要求；水泵机组是否超出扬程范围内运行；泵站进水前池水位是否低于最低运行水位运行。

工程管护范围是否明确、可控，技术人员是否明确定岗定编或满足管理要求，管理经费是否充足；规章制度是否健全，泵站是否按审批的控制运用计划合理运用；是否存在工程设施破损或维护不及时，以及管理设施、安全监测等不满足运行要求的情况；安全教育和培训是否到位，相关岗位人员是否持证上岗。

潜水泵机组轴承与电机定子绕组的温度是否超出限定值，机组油腔内的含水率是否超出正常范围；泵站是否按规定进行安全鉴定或安全类别综合评定是否符合要求；泵站主水泵评级、泵站主电动机评级是否符合要求；消防设施布置是否符合规范要求；建筑物护底的反滤排水是否畅通。

5）水闸工程

水闸安全类别被评定是否符合要求；水闸过水能力是否满足设计要求；闸室底板、上下游连接段止水系统是否破坏；水闸防洪标准是否满足规范要求。

工程管护范围是否明确、可控，技术人员是否明确定岗定编或满足管理要求，管理经费是否充足；规章制度是否健全，水闸是否按审批的控制运用计划合理运用；是否存在工程设施破损或维护不及时，以及管理设施、安全监测等不满足运行要求的情况；安全教育和培训是否到位，相关岗位人员是否持证上岗。

防洪标准安全分级是否符合要求；水闸是否按规定进行安全评价，安全类别是否符合要求；渗流安全分级、结构安全分级、工程质量检测结果评级、抗震安全性综合评级是否符合要求；水闸是否存在交通桥结构钢筋外露锈蚀严重且混凝土碳化严重等情况。

6）堤防工程

堤防安全综合评价是否符合要求；堤顶高程是否满足防洪标准要求；堤防渗流坡降和覆盖层盖重是否满足标准的要求，工程是否出现严重渗流异常现象；堤防及防护结构稳定性是否满足规范要求，是否发现存在危及堤防稳定的现象；是否存在有关法律法规禁止、危及工程安全的行为。

规章制度是否健全，档案管理工作是否满足有关标准要求；是否落实管养经费，是否按要求进行养护修理，堤防工程是否完整，管理设施设备是否完备，运行状态是否正常；管理范围是否明确，是否按要求进行安全检查，是否及时发现并有效处置安全隐患；安全教育和培训是否到位，相关岗位人员是否持证上岗；堤防是否按规定进行安全评价，安全综合评价类别是否符合要求；堤防防渗安全性复核结果、堤防或防护结构安全性复核结果、交叉建筑物（构筑物）连接段安全评价评定级别是否符合要求；是否存在堤防观测设施缺失严重的情况。

7）灌区工程

渡槽及跨渠建筑物地基沉降量是否超过设计要求；渡槽是否存在结构主体裂缝多、碳化破损严重、止水失效、漏水严重等情况；隧洞洞脸边坡是否稳定；隧洞围岩或支护结构是否严重变形；渠下涵是否存在阻水现象严重、泄流严重不畅等情况；灌排渠系交叉建筑物（构筑物）连接段安全评价为 C 级时，是否采取相应措施；高填方或傍山渠坡是否出现管涌等渗透破坏现象，以及塌陷、边坡失稳等现象。

规章制度是否健全，档案管理工作是否满足有关标准要求；是否落实管养经费，是否按要求进行养护修理，灌区工程是否完整，管理设施设备是否完备，运行状态是否正常；管理范围是否明确，是否按要求进行安全检查，是否及时发现并有效处置安全隐患；安全教育和培训是否到位，相关岗位人员是否持证上岗。

是否存在渡槽槽身、支架、渐变段发生变形的情况，安全系数能否达到规范要求值；是否存在倒虹吸管身、支撑结构、渐变段变形较大的情况，安全系数能否达到规范要求值；是否存在暗涵涵身衬砌结构变形较大、渠下涵涵洞分缝处有明显不均匀沉陷、跨渠桥桥墩与桥台沉陷量大等情况；建（构）筑物是否存在止水漏水严重、处数多的情况；填方及傍山渠道是否存在塌方、渗水问题。

8）引调水工程

钢管是否锈蚀严重；管道是否出现沉降量较大的情况；节制闸、退水闸是否失效；规章制度是否健全，档案管理工作是否满足有关标准要求；是否落实管养经费，是否按要求进行养护修理，引调水工程是否完整，管理设施设备是否完备，运行状态是否正常；管理范围是否明确，是否按要求进行安全检查，是否及时发现并有效处置安全隐患；安全教育和培训是否到位，相关岗位人员是否持证上岗。

9）淤地坝工程

有无溢洪道、放水设施；坝体有无宽度大于 5 mm 的纵横向裂缝，有无冲缺，且深度大于 50 cm；坝坡是否出现大面积滑坡、塌陷；坝体是否发生管涌或下游坝坡出现流泥、出浑水、出清水但有沙粒流动；泄、放水设施（溢洪道、卧管、竖井、涵洞、涵管等）是否出现局部损毁或出现坍塌、断裂、基部掏刷悬空。

管理主体责任是否健全，管理人员职责是否明晰；安全管理制度和应急预案是否健全，安全教育和培训是否到位；淤地坝安全监测、防汛交通与通信等管理设施是否完善；是否按规范开展安全监测，能否及时掌握大坝安全状态；淤地坝养护修理是否及时，是否处于不安全、不完整的工作状态。

坝体表面是否出现较多裂缝、冲沟；坝坡有无坡面排水沟，排水沟是否部分损毁、断裂；溢洪道是否按设计要求砌护，砌体表面是否局部出现裂缝、局部破损；溢洪道内是否有人为搭建物，过流断面是否堵塞；放水卧管或竖井是否出现局部损坏，进水口是否堵塞；放水涵洞或涵管附近土体有无潮湿或渗水现象；近坝岸坡或工程边坡有无滑坡体，是否进行监测。

4.5.10　城市隧道桥梁隐患排查重点

1. 隧道

城市隧道包括洞身、洞门、路面和两端路堑、防护设施、排水设施、洞口过渡设施以及通风、照明、标志、标线、监控、消防、防冻、消音等设施。开展隧道隐患排查，应重点检查以下事项：

（1）隧道内外是否有塌落物，隧道口边仰坡是否有危石、积雪、积水和挂冰；各种标志、标线及反光部位是否清洁、缺损；隧道衬砌是否变形、下沉、外倾、开裂、渗漏以及腐蚀剥落；隧道内路面是否拱起、沉陷、错位、开裂。

（2）无衬砌隧道围岩是否发生破碎、产生危石或渗漏，危石是否得到清除或加固；隧道内的孔洞、溶洞或裂缝是否封闭，有水的孔洞是否预埋泄水孔、接引水管或将水从边沟排出。

（3）隧道外山坡岩石是否风化严重或有溶洞；当出现裂缝时，是否进行封闭、整修地表、稳固山坡；当地表岩石松散破碎时，是否清除或固结；可能坍塌的隧道洞口是否进行整修或局部加固。

（4）有坡度的隧道其上洞口外的水是否流入洞内，隧道山坡上的地表水是否渗入洞身，隧道内的防水层、排水设施是否完好、畅通且有效，隧道内渗水时是否及时堵漏，洞内发生涌水时是否立即处置，洞口内外排水系统是否定期疏通。

（5）隧道通风是否良好，是否每日监测洞内一氧化碳气体浓度，是否监测隧道内烟尘含量；当采用竖井或边窗通风时，井、窗是否通风通畅；各式通风机、管道、机电、动力设备是否完好、安全且有效，是否定期检修维护；隧道内的照明设施是否完好、有效，照明器具是否具有防振、防水、防尘功能，损坏的电器是否得到及时更换，是否定期检修维护照明设施。

（6）隧道内是否安装烟尘浓度测定仪、一氧化碳浓度测定仪、交通量测定装置、监视电视以及照明、通风、配电设备等自动控制设备；自动控制设备的运行是否正常、有效；当隧道内一氧化碳浓度、烟尘浓度超过规定值时，是否及时启动风机；隧道内是否设置紧急电话、报警装置、排烟设备、消防给水管网及消防器材库等，这些设施是否完好有效；隧道内是否存放有汽油、煤油、稀料等易燃物品；通道内是否进行明火作业或取暖；紧急停车带、行车（人）横洞、避车洞及错车道是否堆放杂物。

（7）高寒冰冻区的隧道、洞口构造物是否采取防冻保温措施，隧道内路面是否有冻结。

2. 桥梁

桥梁是城市的重要交通设施，开展桥梁隐患排查，应重点检查以下事项。

1）桥梁区域作业

是否存在可能影响桥梁安全的河道疏浚、河道挖掘作业；是否存在建筑打桩、修建地下结构物、盾构顶进、管线顶进、（架）埋设管线、爆破、基坑开挖、降水工程等作业；是否存在大面积堆积物或减少载荷量超过 20 kN/m² 的作业，或者是否存在其他可能损害城市桥梁的作业；当确实存在可能影响桥梁安全的施工作业时，是否制定城市桥梁安全保护设计方案或相应的施工方案，是否签订桥梁安全保护协议；是否由具有相应资质的专业检测单位进行桥梁结构检测，并根据检测结果采取相应的加固措施。

2）超重车辆过桥

是否采取预防超重车辆通过桥梁的措施；当超重车辆必须通过桥梁时，是否临时禁止其他车辆过桥；超重车辆是否沿桥梁中心行驶，是否将车速控制在 5 km/h 以内；超重车辆是否在桥上制动、变速或停留；当超重车辆通过桥梁时，是否观测记录桥梁位移、变形、裂缝扩张，或进一步采取应力、应变观测等。

3）桥下空间利用

是否要求桥下空间使用单位建立健全消防安全管理制度、环境卫生管理制度；当桥下搭建构筑物时，与桥梁底面、桥墩、桥台的距离是否大于 1.5 m，是否将桥墩、桥台封闭在内，是否采取措施保护桥梁设施；桥下空间使用是否影响城市桥梁日常养护、维修及检测作业。

4）排水设施

桥面泄水孔是否完好、畅通、有效；桥面泄水管和排水槽是否完好、畅通，外观整洁美观；雨季前是否全面检查和疏通桥面泄水设施，是否对出现堵塞、残缺破损的桥面泄水设施进行疏通或维修更换；跨河桥梁泄水管下端是否至少露出 10 cm，立交桥泄水管出口是否高出地面 30~50 cm 或直接接入雨水系统；冬季立交桥的悬挂冰凌是否及时消除。

5）人行道

人行道块件、盲道和缘石是否完好、平整；当有松动或缺损失，是否及时维修或更换；人行道表面是否平整，有无障碍物、积水，块件是否松动、残缺。

6）栏杆

栏杆是否完整、牢固、美观、有效，当有松动、变形、缺损、锈蚀时，是否及时维修或更换；混凝土栏杆、石质栏杆和金属栏杆损坏时，是否按原结构和相同材质进行恢复，石质立柱与底座连接是否牢固可靠；当非金属防护栏杆褪色严重或有表面脱落时，是否清除或维修；进行涂装的金属栏杆，是否定期除锈、刷漆；弯道部分、分流和合流口处的栏杆，是否设置警示标志；当栏杆有严重变形、断裂和残损时，是否按原结构进行恢复，栏杆安装是否整齐牢固；伸缩装置处的栏杆或护栏维修后，是否满足桥梁随温度变化的位移，金属栏杆是否将套筒焊死；临时防护措施是否牢固和醒目，使用时间是否过长。

7）防撞护栏

防撞墩（墙）和防撞栏杆是否缺损、变形、锈蚀；当出现混凝土裂缝时，是否及时进行处理；金属护栏是否定期除锈、刷漆；在高路堤、桥头、临河路堤、陡坡等桥区，是否设置防护栏，且防护栏是否完整、醒目和有效；在快速路出口匝道的导流岛处，是否设置具有消能作用的防撞设施。

8）挡土墙、护坡

挡土墙是否坚固、耐用、完好，是否定期检查其完好性；当挡土墙倾斜、下沉或发生膨胀、位移时，是否进行维修加固；护坡是否完好，当发生下沉、残缺时是否及时维修。

9）声屏障、灯光装饰

声屏障是否干净、有效、完整和牢固，是否定期冲洗，损坏、缺失部分是否及时修补；桥梁安装景观灯饰，是否设置短路保护和过负荷保护装置，开灯期间是否有专人值班，关灯后是否拉闸断电；景观灯饰是否完整、美观，缺损时是否及时恢复；安装灯饰是否影响桥梁结构的完整和耐久性，是否影响桥梁养护维修。

10）桥头搭板

桥头搭板是否完好，当桥头搭板下沉、破损、断裂及板底脱空时，是否及时修复；当桥头不均匀沉降时，是否及时接顺。

11）标志牌

桥梁是否设置桥名牌、限载牌和限高牌；桥名牌、限载牌和限高牌等标志设施是否完好、清晰；桥名牌、限载牌和限高牌等标志设施松动或倾斜时，是否得到及时修复或更换。

12）其他设施

桥梁的防护网、隔离带、遮光板、限高门架、绿化、夜间航空障碍灯、航道灯、照明设施、防雷装置、自动扶梯、垂直电梯等设施是否完整、牢固、美观、有效。

遮光板及各类指示标志是否完整、有效，是否误挂和缺项，遮光板变形后是否得到立即恢复。

快速路两侧是否设置防护网，上跨快速路及铁路的天桥、有人行步道的立交桥两侧是否设防护网，防护网是否完整、美观、有效，是否定期检查维护。

限高门架是否稳固，是否定期进行检查维护；当发生松动或被车冲撞时，是否立即维修；反光警示标志是否及时清洗，当油漆褪色、掉漆时是否及时翻新。

避雷装置是否完好；避雷针接地线附近是否堆放物品和修建其他无关设施；是否挖掘地线的覆土，是否采取防冲刷措施；避雷针和引下线及地线，每年鸣雷前是否检测；当防雷性能降低时，是否及时修理。

索塔的爬梯和工作电梯，是否定期检查保养；爬梯是否进行除锈涂漆养护。

桥区内绿化是否腐蚀桥梁结构和影响桥梁安全，是否影响桥梁养护、检查和行车安全；桥区内绿化支架、花盆、外饰面板和绿化排水系统是否完好、牢固、整洁，以及定期检查；支架是否锈蚀、变形、脱落，花盆是否锈蚀、开裂、失稳、坠落，外饰面板是否松动、脱落、破损；绿化排水系统是否完整、排水顺畅，是否存在漏水现象。

自动扶梯、垂直电梯是否由专业人员维修、保养，是否定期进行安全检查，安全检查不合格的扶梯、电梯是否仍在使用；自动扶梯停运期间是否作为人行梯道使用。

5 城市应急管理体系

安全生产事关人民群众生命财产安全和经济社会发展的大局，是经济社会协调健康发展的标志，是党和政府对人民利益高度负责的要求。党中央、国务院历来高度重视安全生产工作，党的十八大以来，以习近平同志为核心的党中央对安全生产工作作出了一系列重大决策部署，将其纳入"四个全面"战略布局统筹推进，将应急能力纳入国家治理体系和治理能力现代化建设的重要内容，积极推动了我国生产安全工作的进展。经过各方面的共同努力，近年来我国安全生产总体形势持续好转。

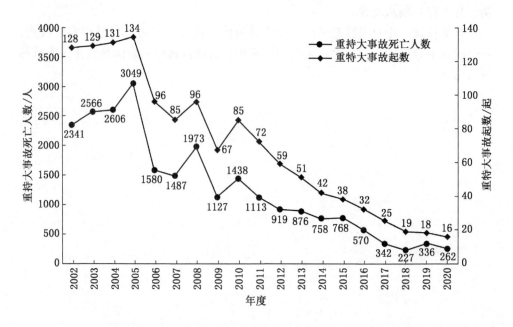

图 5-1 2002—2020 年我国重特大事故起数和死亡人数

从图 5-1 可以看出，2002—2020 年间，重特大事故起数和死亡人数总体呈下降趋势。但安全生产总体仍处于爬坡过坎期，危险化学品、煤矿、非煤矿山、消防、交通运输、建筑施工等传统高危行业风险目前还没有得到全面有效控制，污染防治、城市建设、新能源等领域新情况新风险又不断涌现，重特大事故时有发生。因此，加强应急管理，促进安全生产形势进一步稳定好转，既是当前一项紧迫的工作，也是一项需要长期努力的艰巨任务。

5.1 应急管理的内涵

2018年3月，第十三届全国人民代表大会第一次会议批准的国务院机构改革方案决定设立中华人民共和国应急管理部，这标志着我国的应急管理事业迈入新的历史发展阶段。在此背景下，城市应急管理需提升站位，从更高的角度看待事故灾难的预防与处置。

从应急主体上看，应急管理需要做到政府、企业、社会组织、公民个人全员参与；从应急活动上看，应急管理需要做到预防、准备、响应、恢复全流程控制。城市应急管理应当面向全球化、工业化、信息化，充分考虑城市化快速发展导致的安全风险复杂性与不确定性，明确自身角色定位和主要任务。

5.1.1 应急主体的多元化格局

党的十九届四中全会指出，必须加强和创新社会治理，完善党委领导、政府负责、民主协商、社会协同、公众参与、法治保障、科技支撑的社会治理体系，建设人人有责、人人尽责、人人享有的社会治理共同体，确保人民安居乐业、社会安定有序，建设更高水平的平安中国。

应急管理是各级政府的基本职责，也是生产经营单位的职责，是公共服务的组成部分，强调"政府主导、社会参与"。国务院应急管理部门对全国应急管理工作实施综合监督管理，县级以上地方各级人民政府应急管理部门和其他行业主管部门在各自的职责范围内，做好有关行业、领域的应急管理工作。生产经营单位是本单位事故应急工作的责任主体，应当加强事故应急工作，建立、健全事故应急工作责任制。生产经营单位的主要负责人是本单位事故应急工作第一责任人，对本单位的事故应急工作全面负责，履行法律、法规规定的工作职责。《安全生产法》中明确，鼓励生产经营单位和其他社会力量建立应急救援队伍；《安全生产事故应急条例》规定了在重点行业、领域单独建立或者依托有条件的生产经营单位、社会组织共同建立应急救援队伍。

5.1.2 应急过程的全流程活动

安全工作首先应坚持预防为主，要加强风险分级管控和隐患排查治理工作。各地区、各有关部门和各类生产经营单位需落实主体责任，通过全方位、全过程、深入细致地组织辨识排查事故风险，开展风险点分级评定，推行风险公示和管控；精准排查消除隐患，建立隐患排查治理制度、标准和清单；研究可能导致生产安全事故发生的信息，并及时进行预警。

其次，要加强应急救援能力建设。各级人民政府及其有关部门、生产经营单位应当做好应急预案管理和应急预案演练，以提升应急预案的针对性和可操作性；加强应急救援队伍建设，不断完善应急救援队伍结构，提升应急救援专业能力；加强应急物资装备储备保障工作，提高应急救援装备水平；加强建立生产安全事故应急救援信息系统等工作，全面提升应急准备能力和水平。

再次，要加强现场应急救援工作。发生事故的单位要立即启动应急预案，组织现场抢救，控制险情，减少损失。事故现场救援必须坚持属地为主的原则，在政府的统一领导下建立严密的事故应急救援现场组织指挥机构和有效工作机制，加强部门间的协调配合，快速组织各类应急救援队伍和其他救援力量，调集救援物资与装备，科学制定抢救方案，精心有力地开展应急救援工作，做到及时施救、有序施救、科学施救、安全施救、有效施救。各级安全生产监督管理部门及其应急援指挥机构要会同有关部门搞好联合作战，充分发挥好作用，给政府当好参谋助手。

最后，要做好善后处置和评估工作。通过评估，及时总结经验，吸取教训，改进工作以提高应急管理和应急救援工作水平。

5.2　城市应急管理的主要任务

5.2.1　健全领导指挥机制

按照政府主导、条块结合、部门联动、分类管理、分级处置的原则，健全应急指挥调度机制，明确各类突发事件响应处置程序，完善考核评价和复盘工作规范。优化完善极端天气应对工作机制和突发事件分级响应机制，加强市区两级、军地互助的协调联动。加大资金和人员投入，不断优化市、区各专项应急指挥部，完善区级指挥调度机制。

利用信息化手段整合各方资源，将市、县（区）、街（镇）三级应急指挥和不同部门的应急指挥功能与任务整合到统一的应急指挥平台，实现应急信息沟通、应急调度、应急决策等应急指挥关键环节的实时共享互通，建立模块化、标准化的应急指挥体系，增强各级指挥中心应急指挥功能，不断提高指挥调度能力，为各级领导决策提供有力保障。

加强各级应急指挥人员应急救援意识素养、政策水平、理论和实战能力培养，提高应对急难险重任务的能力。加强应急救援专家库建设和应急科技决策支撑，通过可视化应急指挥调度系统，推动多部门协同作战，提升科学决策指挥、处置能力。

5.2.2　完善应急预案管理体系

以增强应急预案的实用性、可操作性为核心，及时修订各级总体应急预案、专项应急预案和部门应急预案，构建覆盖全区域、全灾种、全行业、全层级、全过程的应急预案体系，完善部门、县（区）、街（镇）、企业预案及配套支撑文件编制。开展巨灾情景构建与巨灾应急预案编制。建立预案衔接审核工作机制，强化政府及其部门各级应急预案、政府应急预案与企业应急预案、相邻地区应急预案之间的有效衔接。完善应急预案定期评估和动态修订机制，实现应急预案的动态优化和规范管理。

应急预案按照制定主体分为政府及其部门应急预案、生产经营单位应急预案两大类。政府及其部门应急预案由各级人民政府及其有关部门制定，包括安全生产类专项应急预案、部门应急预案及其相关工作手册和行动方案等预案支撑性文件。生产经营单位应急预案分为综合应急预案、专项应急预案和现场处置方案。应急预案的编制应当遵循以人为本、依法依规、符合实际、注重实效的原则，以应急处置为核心，明确应急职责、规范应急程序、细化保障措施。各级安全生产监督管理部门及其他负有安全生产监督管理职责的部门要在政府的统一领导下，根据国家生产安全事故有关应急预案，分门别类制修订本地区、本部门、本行业和领域的各类安全生产应急预案。各生产经营单位要按照《生产经营单位生产安全事故应急预案编制导则》（GB/T 29639），制定应急预案，建立健全包括集团公司（总公司）、子公司或分公司、基层单位以及关键工作岗位在内的应急预案体系，并与政府及有关部门的应急预案相互衔接。

加强应急预案的管理。一是应急预案编制单位应当建立应急预案定期评估制度，对应急预案内容的针对性和实用性进行分析，并对应急预案是否需要修订作出结论。二是各级人民政府有关部门应当按照相关法规制度规定，组织有关专家对本部门组织编制的应急预案进行评审。三是经评审或论证程序报批后，按要求进行公布、备案。地方政府有关部门制定的有关生产安全事故应急预案要报上一级人民政府有关部门和安全生产监督管理部门备案；生产经营单位的应急预案，要报所在地县级以上人民政府安全生产监督管理部门和有关主管部门备案，并告知相关单位；中央管理企业的应急预案，应按属地管理的原则，报所在地的省（区、市）和市（地）人民政府安全生产监督管理部门和有关主管部门备案；中央管理企业总部的应急预案报应急管理部和有关主管部门备案。

强化各级各类应急预案数字化、可视化、智能化应用，紧贴实战化场景，建立事故灾难、自然灾害预案编制、管理、演练数字化集成平台，实施城市专业应急预案数字化改造，构建应急预案信息数据库。制订并落实年度应急演练计划，鼓励开展形式多样、节约高效的应急演练，推进应急演练向实战化、常态化转变；重点加强"双盲"演练，实现应急预案的动态管理。

县级以上地方人民政府以及县级以上人民政府负有安全生产监督管理职责的

部门，乡、镇人民政府以及街道办事处等地方人民政府派出机关，应当至少每2年组织1次生产安全事故应急救援预案演练。

生产经营单位要积极组织应急预案的演练。易燃易爆物品、危险化学品等危险物品的生产、经营、储存、运输单位，矿山、金属冶炼、城市轨道交通运营、建筑施工单位，以及宾馆、商场、娱乐场所、旅游景区等人员密集场所经营单位，应当至少每半年组织1次生产安全事故应急救援预案演练，并将演练情况报送所在地县级以上地方人民政府负有安全生产监督管理职责的部门。

县级以上地方人民政府负有安全生产监督管理职责的部门应当对本行政区域内重点生产经营单位的应急预案演练进行抽查；发现演练不符合要求的，应当责令限期改正。针对应急预案练得少、演练的标准和规范缺失、预案演练内容不完整、关键环节体现不够、演练流于形式等问题，加大应急预案演练力度，切实发挥预案的应有作用。

5.2.3 加强应急救援队伍建设

城市应分层次建立综合性消防救援队伍（含消防站）、专业应急救援队伍、社会应急救援力量以及企业专兼职应急救援队伍。

建立完善市、县（区）各级综合性消防救援队伍，健全综合性消防救援队伍统计清单，执勤人数应符合标准要求，消防车、防护装备、消防通信设施、抢险救援器材和灭火器材等的配备应符合标准要求。由于综合性应急救援队伍除承担消防工作以外，同时承担综合性应急救援任务，还应配备执行综合性应急救援任务相适应的应急救援物资装备。

市、县（区）各级行业主管部门应根据各自行业特点，组建专业应急救援队伍。一般情况下，专业应急救援队伍主要包括防汛抗旱队伍、森林草原消防队伍、气象灾害及地质灾害应急队伍、矿山及危险化学品应急救援队伍、医疗卫生应急队伍、重大动物疫情应急队伍，以及电力、供水、排水、燃气、供热、交通、市容环境等公用事业保障应急队伍。专业应急救援队伍主要由相关单位的专业技术人员、民兵预备役人员以及社会相关人员组成，并应配备适宜的应急物资装备。

市、县（区）各级人民政府应鼓励发展社会应急救援力量，各级行业主管部门应统计本行业相关的社会应急救援力量，掌握社会应急救援力量的应急处置能力和物资装备水平，将社会应急力量参与防灾减灾和应急救援工作纳入政府购买服务范围。

市、县（区）、乡镇人民政府、街道办事处以及地方人民政府派出机关应统计本行政区域内各类企业的专兼职应急救援队伍，了解企业应急救援队伍的应急处置能力和物资装备水平，将其作为基层防灾减灾和应急救援协作力量。

市、县（区）、乡镇人民政府、街道办事处以及地方人民政府派出机关以及各级行业主管部门应适时组织开展应急培训，确保应急人员能够辨识事故风险，组织实施应急抢险，正确维护和使用应急物资装备，掌握应急处置中的安全防护知识；应针对重点事故场景以及应急预案开展应急演练，强化综合性消防救援队伍、专业应急队伍、社会应急救援力量、企业专兼职应急救援队伍之间的应急协同演练，提高突发重特大事故灾害应急处置能力。

5.2.4 提升应急物资保障能力

健全统一的应急物资保障体系，把应急物资保障作为国家应急管理体系建设的重要内容，按照集中管理、统一调拨、平时服务、灾时应急、采储结合、节约高效的原则，尽快健全相关工作机制。优化重要应急物资产能保障和区域布局，做到关键时刻调得出、用得上。对短期可能出现的物资供应短缺，建立集中生产调度机制，统一组织原材料供应、安排定点生产、规范质量标准，确保应急物资保障有序有力。健全国家储备体系，科学调整储备的品类、规模、结构，提升储备效能。建立国家统一的应急物资采购供应体系，对应急救援物资实行集中管理、统一调拨、统一配送，推动应急物资供应保障网更加高效安全可控。

健全市、县（区）、乡镇（街道）三级应急物资储备体系，明确各级应急物资储备品类、规模配置原则和应急物资储备规模指标。鼓励生产经营单位和家庭储备基本的应急自救物资和生活必需品。实行政府和社会、实物和产能相结合的应急物资储备模式，建立合理的补偿机制，充分发挥市场机制和社会力量在应急物资保障方面的积极作用。完善应急物资储备管理制度，提升应急物资管理现代化水平。

5.2.5 提高应急运输与通信保障能力

综合利用城市应急通道、公交快速通道、社区消防救援通道等，探索建立应急绿色通道工作机制，全面构建城市地面应急道路网络。健全运力调用调配工作机制，提高应急物资和救援力量快速调运能力。加强应急物流体系建设，完善铁路、公路、航空应急运力储备与调运机制。依托物流枢纽、基地和园区，建立平时服务、战时应急的物流设施体系。健全应急通信保障体系，建立天空地一体应急通信保障网络，提升公众通信网络防灾抗毁能力和应急服务能力，强化极端条件和恶劣工况下现场应急通信保障。

5.2.6 科学组织事故应急救援

一旦发生事故灾难，基层单位（或事故发生单位）应当立即启动应急救援预案，在确保安全的情况下，采取相应的应急救援措施，迅速控制危险源，组织抢救遇险人员，组织现场人员撤离，同时采取必要措施防止事故危害扩大等，并且要按照国家有关规定报告事故情况。

有关地方人民政府及其部门接到生产安全事故报告后，应启动相应的行业领域应急救援预案，成立应急救援现场指挥部，指定现场指挥部总指挥，组织制定并实施生产安全事故现场应急救援方案，协调、指挥有关单位和个人参加现场应急救援，采取相应的应急救援措施：组织抢救遇险人员，救治受伤人员，研判事故发展趋势以及可能造成的危害；通知可能受到事故影响的单位和人员，隔离事故现场，划定警戒区域，疏散受到威胁的人员，实施交通管制；采取必要措施，防止事故危害扩大和次生、衍生灾害发生，避免或者减少事故对环境造成的危害；依法发布调用和征用应急资源的决定；依法向应急救援队伍下达救援命令；维护事故现场秩序，组织安抚遇险人员和遇险遇难人员亲属；依法发布有关事故情况和应急救援工作的信息；法律、法规规定的其他应急救援措施。参加应急救援的单位和个人应当服从现场指挥部的统一指挥。

当有关地方人民政府不能有效控制事故灾难时，应当及时向上级人民政府报告请求支援。上级人民政府当及时采取措施，统一指挥应急救援工作。应急救援过程中，发现可能直接危及应急救援人员生命安全的紧急情况时，现场指挥部或者统一指挥应急救援的人民政府应当立即采取相应措施消除隐患，降低或者化解风险，必要时可以暂时撤离应急救援人员，待条件成熟后，继续实施应急救援工作。

5.3 应急组织体系

突发事件应对遵循分级负责、属地为主、分类应对、协调联动的原则。县（区）行政区域内发生的一般突发事件，由县（区）政府负责应对。发生较大突发事件、涉及跨县（区）行政区域的一般突发事件，由市政府负责应对，统一指挥应急处置工作，并按规定向省政府报告。跨市行政区域的或超出市应对能力的较大突发事件，必要时由市政府提请省政府指导、协调、应对。发生特别重大、重大突发事件，市政府立即启动相应专项应急预案，同时按规定上报省政府，在省政府的统一指导协调下，开展突发事件应对工作。

市级应急响应一般由高到低分为一级、二级、三级、四级。一级响应由市长担任突发事件应急指挥机构总指挥，二级响应由分管副市长担任突发事件应急指挥机构总指挥，三级响应由分管秘书长担任突发事件应急指挥机构总指挥，四级响应由突发事件相应专项应急预案牵头部门主要负责人担任突发事件应急指挥机构总指挥。应急响应启动后，可视突发事件事态发展情况及时调整响应级别。

1. 领导机构

城市政府是负责城市范围内突发事件应急管理工作的行政领导机关。市政府成立市应急管理委员会，作为本市突发事件应急处置工作的领导指挥机构。市应急委主要职责是：负责研究制定城市应急管理工作发展规划和政策措施，统一领导、指挥协调特别重大、重大和较大突发事件防范应对工作，指导一般突发事件应对工作。

2. 办事机构

市应急委下设办公室作为市应急委的日常办事机构。市应急管理局是市政府应急管理的工作部门，承担市应急委办公室的日常工作，由市应急管理局局长兼任市应急委办主任。市应急委办的主要职责是：履行应急值守、信息汇总和综合协调职责；指导城市应急管理应急平台和应急预案体系建设，统筹应急能力建设；联系市应急委各成员单位，对其履行职责情况进行指导、督促和检查；承担突发事件总体应急预案、相关类别突发事件专项预案的起草与实施；承办市应急委领导交办的其他事项。

3. 专项应急指挥机构

依据市级突发事件专项应急预案，市政府成立各类突发事件专项应急指挥机构，负责指挥协调相关类别突发事件的应对工作。

4. 工作机构

市政府有关部门和单位按照相关法律、行政法规和职责分工负责本部门（行业、领域）突发事件应急管理工作；承担相关类别突发事件专项和部门应急预案的起草和实施；在市政府的统一指挥下，协助完成各类突发事件应对工作。

5. 县（区）、镇（街道）机构

在地方党委领导下，县（区）政府是本行政区域内突发事件应急管理工作的行政领导机关，负责本行政区域各类突发事件的应对工作。

镇政府（街道办事处）应当协助上级政府及有关部门，做好突发事件应对工作。

6. 现场指挥部

突发事件发生后，负责组织处置突发事件的政府设立由本级政府、相关部门负责人组成的现场指挥部，组织、指挥、协调突发事件现场处置工作。

现场指挥部可根据需要设立综合协调组、灾害监测组、抢险救援组、交通管制组、医疗卫生组、舆情管理组、物资保障组、信息发布组、基础设施保障组、通信保障组、善后处置组、调查评估组、专家组等。

切实加强党对应急指挥工作的领导，现场指挥部按照党内法规的有关规定，视情成立临时党组织，开展思想政治工作，发挥战斗堡垒作用。

7. 专家库

市、县（区）政府及其有关部门、各专项应急指挥机构应建立专家库，制定专家咨询制度，研究突发事件应对等重大问题，提出全局性、前瞻性政策措施建议。根据突发事件应对需要组成专家组，开展突发事件应急处置和救援、调查评估等决策咨询服务工作。专家库成员视本市实际情况更新补充。

5.4 应急预案体系

5.4.1 应急预案构成

城市突发事件应急预案体系按照制定主体，划分为政府及其部门应急预案、基层组织和单位制定的各类突发事件应急预案，以及为应急预案提供支撑的工作手册和事件行动方案。

1. 应急预案

市、县（区）政府及其部门应急预案包括总体应急预案、专项应急预案、部门应急预案等。其中：总体应急预案是本级政府组织应对突发事件的总体制度安排；专项应急预案是本级政府为应对涉及面广、情况复杂的某一类型突发事件，预先制定的涉及多个部门和单位职责的工作方案；部门应急预案是有关部门根据总体应急预案、专项应急预案和部门职责为应对本部门（行业、领域）某一类型突发事件，或者针对应急资源保障等工作而预先制定的部门工作方案。

一般情况下，城市需编制的应急预案主要有突发事件总体应急预案，以及大面积停电事件、电力供应、道路交通事故、恐怖袭击事件、群体性事件、辐射事故、集中式饮用水源污染事件、突发环境事件、重污染天气、建筑工程事故、道路桥梁突发事件、燃气突发事件、供水突发事件、公共污水系统突发事件、船舶污染事故、普通国省干线公路事故、水上搜救、防汛防旱、防御台风、突发重大动物疫情、旅游突发事件、突发公共卫生事件、处置森林火灾、地震、工矿企业事故、突发地质灾害、危险化学品事故、雨雪冰冻灾害、自然灾害救助、食品安全事故、特种设备事故、救灾物资应急保供、火灾事故、气象灾害、民用航空器飞行事故、城市轨道交通运营突发事件等应急预案。

乡镇政府（街道办事处）等应当参照上述规定制定相应应急预案。市、县（区）政府有关部门根据实际，组织编制重要基础设施保护、重大活动保障和跨区域应急预案。机关、生产经营单位、社会团体和村（居）民委员会等针对面临的风险预先制定相应工作方案。

2. 支撑性文件

1）应急工作手册

预案涉及的有关部门和单位对自身承担职责任务进一步分解细化，明确工作安排，制定应急工作手册，是本部门和单位应对突发事件的工作指引。市、县（区）政府及其部门应急预案涉及的有关部门和单位应当编制相应工作手册，把每一项职责任务细化、具体化，明确工作内容和流程，并落实到具体责任单位、具体责任人。基层组织和单位根据自身实际情况，单独编制工作手册，或将有关内容融入应急预案合并编制。

2）事件行动方案

事件行动方案是参与突发事件应对的救援队伍、专家队伍等按照应急预案、工作手册或上级指挥机构要求，为执行具体任务并结合实际情况而制定的工作安排。事件行动方案应当明确队伍编成、力量预置、指挥协同、行动预想、战勤保障、通信联络等具体内容，以及采取的具体对策措施和实施步骤。

5.4.2 应急预案编制

1. 编制要求

应急预案的编制应符合相关法律、法规、规章和政策等规定，应与相关应急预案有效衔接，应与突发事件风险相适应；应做到分工合理、责任明确、程序规范、措施具体、内容完整、信息准确、文字简明、通俗易懂。

2. 主要内容

应急预案包括：编制目的、编制依据、工作原则和适用范围等总则方面的内容；明确领导机构、工作部门、工作机构、现场指挥机构、专家组等组织指挥机构及职责；提出应急准备措施、预警分级指标及标准、预警发布或解除的程序和预警响应措施等预防与预警机制；提出应急预案启动条件、信息报告、先期处置、分级响应、指挥与协调、信息发布、应急终止等应急处置要求；提出善后处置、社会救助、调查与评估、恢复重建等恢复与重建要求；提出应急队伍保障、财力保障、物资保障、医疗卫生保障、交通运输保障、治安维护、人员防护、通信保障、现场救援和工程抢险装备保障、应急避难场所保障、科技支撑、气象服务保障、环境监测保障等保障条件；提出应急知识宣教培训内容、采取多种形式开展宣传普及、依法依规制定应急预案演练规划、建立健全应急预案演练制度和定期组织应急预案演练等培训与演练要求，并以附件的形式明确组织体系结构图、应急处置流程图、相关单位和人员通信录、应急资源情况一览表等。

基层和生产经营单位应急预案、重大活动应急预案应结合实际需要，重点明确先期处置、信息报告、社会动员、人员疏散路线及善后处置等工作内容。

应急预案编制单位应按照有关保密规定，确定应急预案密级。

3. 编制流程

编制单位应对应急预案编制和发布的过程进行策划，确定编制机构和人员职责、应急预案体系构成、编制过程控制和时间进度安排，形成编制方案。

编制单位应根据突发事件性质、特点和可能造成的社会危害，组织相关部门、单位和人员，成立应急预案编制小组。

编制单位应强化预防和应急准备工作，开展风险和应急能力评估，分析应急预案适用范围内突发事件风险或隐患的发展趋势、应急资源和应急能力等情况。

编制小组应根据风险和应急能力评估结果，在完善应急保障措施等内容的基础上起草应急预案草案。

在起草应急预案的过程中，应广泛征求地方人民政府、相关部门和社会公众的意见，并邀请相关领域专家从合法性、完整性、针对性、实用性、科学性、操作性和衔接性等方面对应急预案进行评审，提出专家评审意见。

市、县（区）总体应急预案由本级人民政府应急管理工作部门征求有关方面意见，经本级人民政府法制部门审查后，报本级人民政府常务会议审议。专项应急预案由编制部门征求有关方面意见，送本级人民政府应急管理工作部门审核后，报本级人民政府批准。部门应急预案经征求其他相关部门和有关方面意见后，由编制部门审议。

生产经营单位和重大活动应急预案分别由本单位主要负责人和重大活动主办单位、公共场所经营或管理单位主要负责人批准。非煤矿山、交通运输、建筑施工、危险化学品、烟花爆竹、民用爆破、冶金、放射性物品和病原微生物等高危行业的生产、经营、储运、使用单位制定的应急预案，编制单位应组织专家进行评审，并报相关主管部门审核。应急预案送审或者报批时应提交编制说明，包括编制背景、编制原则、编制过程及主要内容、征求意见及采纳处理情况、对分歧意见的处理结果、理由及依据和专家评审意见等。

应急预案审批通过后，印发到有关部门和单位，并依法向社会公布。涉及国家秘密和商业秘密的应急预案，按照保密要求公布简本。法律、法规或者其他有关规定不公布的除外。

应急预案应自发布之日起 30 日内报送备案。市、县（区）人民政府编制的总体应急预案、镇人民政府编制的应急预案，报上一级人民政府备案；市、县（区）人民政府组织编制的专项应急预案，报上一级人民政府主管部门备案；市、县（区）人民政府有关部门编制的部门应急预案，报本级人民政府和上一级人民政府主管部门备案；街道办事处和村（居）民委员会编制的应急预案，报所在地人民政府或者相关行政机关备案；生产经营单位编制的应急预案，报行业主管部门备案；重大活动主办单位编制的应急预案，报活动审批部门备案。

编制单位应按照有关法律、法规和规章的规定，根据实际需要，结合情势变化，适时修订、完善应急预案。应急预案每 3 年应至少修订 1 次。应急预案修订后，编制单位应书面通知有关部门预案变更情况，有关部门应及时对相关应急预案予以更新。

5.5　应急物资及装备

应急物资储备工作，坚持统一领导、分类管理、分级负责、采储结合、节约高效的原则。市、区（县）级人民政府统一领导应急物资及装备的采购、储备、调用、补给工作。各级发展改革部门负责制定应急物资储备和调拨管理办法，牵头做好应急物资及装备的储备工作，建立健全应急物资信息系统，根据需要向相应的人民政府提出应急物资采购需求。应急管理、商务、住建、卫生、水务水利、城管、市场监管、生态环境等部门做好专业应急物资及装备的储备工作。各乡镇（街道）办事处分析辖区重点风险源，预判突发事件预防与处置工作应承担的应急救援任务，根据实际需要，适当储备部分通用性救灾物资。应急物资及装备储备宜采取实物储备与协议储备相结合的方式。

根据《应急物资分类及编码》（GB/T 38565）、《国家应急平台体系信息资源分类与编码规范》、《城市突发事件总体应急预案》、《城市救灾物资应急保供预案》及突发事件应对处置工作的紧急程度和应急物资所具备的应急管理业务功能及用途，将应急储备物资分为大类、中类、小类和细类4个层次，细类隶属于小类。《应急物资分类及编码》中涉及基本生活保障类物资（Ⅰ类）、应急装备及配套物资（Ⅱ类）、工程材料与机械加工设备（Ⅲ类）三大类。

1. 基本生活保障类物资

基本生活保障类物资指突发事件发生后，确保受灾群众得以维持生命的物资，包括生存必需品类物资和生活必需品类物资。市级物资储备至少满足1个县（区）应急抢险救援和受灾群众安置需要；县（区）级应急物资储备至少满足2个乡镇（街道）应急抢险救援和受灾群众安置需要。

（1）生存必需品类物资主要包括：粮食、饮料（其中饮用水主要指纯净水或矿物质水）、救灾帐篷、服装类（衣被）等。其中，粮食储备可供10天；饮料（其中饮用水主要指纯净水或矿物质水）储备量可供7天；救灾帐篷、服装类（衣被）等物资的储备量要满足应急需要，储备期限为长期。

（2）生活必需品类主要包括：肉类、蔬菜、水果、坚果、禽蛋、食用油、食用盐、食糖、加工食品等。此类物资主要以政府有关应急物资储备单位储备为主（储备量可供7天），县（区）级应急储备量为辅（应急储备库储备量可供3天）。

2. 应急装备及配套物资

应急装备及配套物资指突发事件发生后，确保救护人员能开展施救工作，保障自身安全，同时，受灾群众在疫情或灾害中能及时就医的装备和物资。包括个人防护装备、搜救设备、医疗及防疫设备和常用应急药品、应急运输与专用作业交通工具、工程机械设备、生产必需的能源动力设备及物资、应急照明设备及用品、洗消器材及设备、灭火及爆炸物处置设备、拦污封堵装备、泵类及通风排烟设备、安防及反恐防爆类设备、分析检测类设备、监测预警仪器和器材、通信设备、非动力手工工具及后勤支援设备等。

（1）个人防护装备主要包括：呼吸防护装备、躯体防护装备、头部防护装备、眼面部防护装备、耳部防护装备、手部防护装备、足部防护装备、坠落防护装备等。此类物资主要以政府有关部门、单位和相关企业储备为主，储备期限为长期。

（2）搜救设备主要包括：生命探测设备、破拆工具、降落与登高设备、救捞设备等。此类物资主要以政府有关部门、单位和相关企业储备为主，储备期限为长期。

（3）医疗及防疫设备和常用应急药品主要包括：医疗携行急救设备、手术器械、诊断设备、消毒供应设备、检验设备、防疫卫生设备及药品、医用耗材、医疗模块化设备、常用应急药品等。此类物资主要以政府有关部门、单位和相关企业储备为主，各医疗机构满足满负荷30天应急物资储备量需求。

（4）应急运输与专用作业交通工具主要包括：应急机动车辆（客运车辆、货运车辆等）、应急船舶设备（客运船舶、工程船舶等）、应急航空设备（无人机等）、非机动车辆、应急同行辅助设备等。此类物资主要以政府有关部门、单位和相关企业储备为主，储备期限为长期。

（5）工程机械设备主要包括：破冰除雪设备（雨雪天气）、挖掘推铲类设备（推土机、挖掘机等）、起重机械、桩工堵口设备、喷灌设备、疏堵清淤类设备等。此类物资主要以政府有关部门、单位和相关企业储备为主，储备期限为长期。

（6）生产必需的能源动力设备及物资。能源动力设备主要包括电力发电机、应急发电设备、发动机、电动机、液压/气压动力设备等；能源物资包括电力、通信、煤炭、成品油、燃气、燃料等。其中，能源物资储备以有关企业储备为主，以能应对较大级别突发事件所需储备量为限；煤炭、成品油、燃气储备量可供 10～20 天。

（7）应急照明设备及用品主要包括：佩戴式照明设备、手持式照明设备（手电筒/应急灯等）、移动式照明设备、车载/船载式照明设备、非电照明用品（照明弹、荧光棒等）。此类物资主要以政府有关部门、单位和相关企业储备为主，储备期限为长期。

（8）洗消器材及设备主要包括：个人洗消器材及设备、环境/设施类洗消器材及设备、洗消剂/粉等。此类物资主要以政府有关部门、单位和相关企业储备为主，储备期限为长期。

（9）灭火及爆炸物处置设备主要包括：灭火装备（灭火器、消防枪等）和爆炸物处置设备（导线切割器/排爆工具设备）。此类物资主要以政府有关部门、单位和相关企业储备为主，储备期限为长期。

（10）拦污封堵装备主要包括：堵漏类器材、拦污收集器材、危化泄漏处理器材等。此类物资主要以政府有关部门、单位和相关企业储备为主，储备期限为长期。

（11）泵类及通风排烟设备主要包括：排水泵、排烟泵、风机等设备物资。此类物资主要以政府有关部门、单位和相关企业储备为主，储备期限为长期。

（12）安防及反恐防爆类设备主要包括：X 射线、γ 射线等安全检查设备，视频信号探测与图像复核装置、报警设备等安防系统与监控设备。此类物资主要以政府有关部门、单位和相关企业储备为主，储备期限为长期。

（13）分析检测类设备主要包括：DNA 检测试剂盒等生物检测设备，生物、化学、物理类取样设备等。此类物资主要以政府有关部门、单位和相关企业储备为主，储备期限为长期。

（14）监测预警仪器和器材主要包括：气象观测仪器、水文仪器、地震设备、海洋仪器、岩土工程仪器、光谱遥感仪器、大地测量仪器、噪声监测仪器及相关环境监测仪器等。此类物资主要以政府有关部门、单位和相关企业储备为主，储备期限为长期。

（15）通信设备主要包括：雷达导航设备等。此类物资主要以政府有关部门、单位和相关企业储备为主，储备期限为长期。

（16）非动力手工工具及后勤支援设备等主要包括：锯、锉、锤子、钳子等通用手工工具及净水、仓储等后勤设备。此类物资主要以政府有关部门、单位和相关企业储备为主，储备期限为长期。

3. 工程材料与机械加工设备

主要是救灾过程及灾后重建工作所需要的水泥等工程材料、切削等机械加工设备。此类物资根据实际灾害类型及重建工作需要，主要以政府有关部门、单位和相关企业储备为主，储备期限为长期。

5.6　应急救援队伍

5.6.1　应急救援队伍建设

各级政府结合地区实际，有效整合各类综合性应急救援队伍的职能，压实主体责任，规范调动程序。消防救援队伍除承担消防工作以外，同时承担以下综合性应急救援任务：地震、建筑施工、道路交通等领域各类生产安全事故应急救援任务；恐怖袭击、群众遇险的抢险应急救援任务；协助有关专业队伍开展水旱灾害、气象灾害、地质灾害、森林草原火灾、生物灾害、矿山事故、危险化学品事故、水上事故、环境污染、核与辐射事故和突发公共卫生事件等突发事件的抢险救援工作。其他应急救援队伍根据应急救援指挥部命令，承担相应的抢险救援任务。充分发挥驻军、民兵、预备役部队和武警部队的突击队作用，将驻军、民兵、预备役部队和武警部队纳入城市应急力量体系建设，建立军地协调机制，实现军地应急平台互联互通，统筹运用军地应急力量在队伍编制、教育训练、领导管理、组织指挥、综合保障等方面的联动机制，全面提升军地应急力量在各类自然灾害和突发事件中的应急救援和应对处置能力。

各级政府应根据本行政区域内面临的事故灾难类型，加强基层防汛抗旱、森林防火、气象灾害、地质灾害、矿难、危险化学品事故、公用事业保障、卫生事件、重大动物疫情等专业应急救援队伍建设，提高应急处突能力。

（1）加强基层防汛抗旱队伍建设，建立以专业救援力量为骨干、社会救援力量为补充的防汛抗旱应急联勤队伍。灾害常发地区和重点流域的县、乡两级政府，要按照预防为主、防抗结合的要求，把队伍建设的重点放在基层，把装备建设的着眼点放在水旱灾害救援上。地质灾害和河道险工险段的村委会（社区居委会），要组织村民（居民）和属地相关单位人员参加防汛抗旱救援，有针对性地开展河堤巡查、人员疏散、险情研判、信息通报等应急演练和知识培训，增强基层防汛抗旱队伍自防自救能力。

（2）深入推进森林专业、半专业消防队伍建设，推进防救一体化进程。各级政府以及村委会、国有林（农）场、自然保护区和风景区管理机构等，要安排人员在森林防火期间充实到森林消防队伍中去。自然资源部门要尽快完善森林消防队伍建设规划和扑火装备配备，确保专业消防队伍履行专业职责，防止发生人员伤亡。树立"练为战"指导思想，定期组织开展防扑火技能培训和实战演练，不断提升森林消防队伍扑救和处置重、特大火灾能力。要建立专业救援、综合救援、军警救援、社会救援联动机制，满足防扑火工作和综合应急保障需要。

（3）加强气象灾害、地质灾害应急队伍建设。广泛吸收气象专家和有经验的专业人员加入气象灾害应急救援队伍，重点接收和发布气象预警信息，对灾害性天气实况和预报进行收集、分析、研判，为应急救援指挥部决策提供科学依据；做好台风、强降雨、大风、沙尘暴、冰雹、雷电、高温、冰雪等极端天气的会商研判、综合评估、灾害等级划定和科普知识宣传工作，参与本地区气象灾害防御方案的制定以及应急处置和调查评估等工作。地质灾害应急队伍的主要任务是参与各类地质灾害的群防群控，开展科普知识宣传、隐患和灾情等信息报告，组织遇险人员转移，参与地质灾害抢险救灾和应急处置等工作；指导可能发生地质灾害的村（社区）、企业、学校等基层组织和单位开展应急演练工作，做到地质灾害有预报、日常防范有方案、应急救援有措施。

（4）加强矿山、危险化学品应急救援队伍建设。要依托现有煤矿和非煤矿山、危险化学品救援队伍，不断加快企业内部应急队伍建设步伐，做到小事故应急不出厂、大事故救援不出县、重大事故联合处置。不具备单独建立专业应急救援队伍条件的小型企业，除建立兼职应急救援队伍外，还应当与邻近建有专业救援队伍的企业签订救援协议，或者联合建立专业应急救援队伍。应急救援队伍要经常深入企业开展风险隐患排查，做到防患于未然。加强应急救援队伍资质的认定管理，矿山、危险化学品单位属地政府要组织建立应急救援队伍调运机制，组织队伍参加社会化应急救援。应急救援队伍建设及演练工作经费在安全生产专项资金中列支。

（5）推进公用事业保障应急队伍建设。电力、通信、供水、排水、燃气、供热、交通、市容环境等主管部门和基础设施运营单位，要组织本地区、本单位懂技术和有救援经验的人员，分别组建公用事业保障应急队伍，承担相关领域突发事件应急抢险救援任务。要充分发挥设计、施工和运行维护人员在应急抢险中的作用，配备应急抢险的必要机具、运输车辆和救灾物资，加强人员培训，提高安全防护、应急抢修和交通运输保障能力。

（6）强化卫生应急队伍建设。卫生健康部门要根据突发事件类型和特点，依托现有医疗卫生机构，合理完善卫生应急队伍，在政府的支持下，配备必要的医疗救治和现场处置设备，承担传染病、食物中毒和急性职业中毒、群体性不明原因疾病等突发公共卫生事件应急处置和其他突发事件受伤人员医疗救治及卫生学处理，以及相应的培训、演练任务。上级医疗卫生机构要与村（社区）医疗卫生机构建立长期对口协作关系，把援助基层应急队伍作为对口支援重要内容。

（7）加强重大动物疫情应急队伍建设。县（区）要建立完善的由农业农村、卫生健康、公安、市场监督管理、自然资源、动物防疫和野生动物保护工作人员及有关专家等组成的动物疫情应急队伍，具体承担家禽和野生动物疫情的监测、控制和扑灭任务。要保持队伍的相对稳定，定期开展技术培训和应急演练，同时加强应急监测和应急处置所需的设施设备建设及疫苗、药品、试剂和防护用品等物资的储备，提高队伍应急能力。

县（区）、乡镇（街道）要积极动员政府机关、事业单位中的青年干部和职工参与应急队伍的建设，协调调动本地区企业应急队伍参加应急救援，组建应急救援队伍；县（区）、乡镇（街道）要充分发挥机关干部、基层警务人员、医务人员等有相关救援专业知识和经验人员的作用，组建应急救援综合保障队伍；村（社区）要整合留守的青壮劳动力，组建应急救援队伍。各地组建的应急救援队伍在应急救援指挥部的统一指挥下，负责组织群众自救互救，开展人员转移安置，维护社会秩序，配合专业应急救援队伍做好各项保障，协助有关方面做好善后处置、物资发放等工作。发挥村（社区）和企业的信息收集作用，指导其发现突发事件苗头及时报告，并协助相关部门做好预警信息传递、灾情信息收集上报和灾情评估等工作，参与有关单位组织的隐患排查整改。县（区）、乡镇（街道）要加强应急救援队伍的建设和管理，严明组织纪律，经常性地开展应急培训和演练，提高队伍的综合素质和应急救援保障能力。

5.6.2 应急演练

1. 演练目的

开展应急演练是为了发现应急预案中存在的问题，提高应急预案的针对性、实用性和可操作性；完善应急管理标准制度，改进应急处置技术，补充应急装备和物资，提高应急能力；完善应急管理部门、相关单位和人员的工作职责，提高协调配合能力；普及应急管理知识，提高参演和观摩人员风险防范意识和自救互救能力；熟悉应急预案，提高应急人员在紧急情况下妥善处置事故的能力。

2. 应急演练分类

应急演练按照演练内容分为综合演练和单项演练，按照演练形式分为实战演练和桌面演练，按目的与作用分为检验性演练、示范性演练和研究性演练，不同类型的演练可相互组合。

3. 应急演练基本流程

应急演练实施基本流程包括计划、准备、实施、评估总结四个方面。

1）计划

在组织开展应急演练的计划阶段，应全面分析和评估应急预案，应急职责，应急处置工作流程和指挥调度程序，应急技能和应急装备、物资的实际情况，提出需通过应急演练解决的内容，有针对性地确定应急演练目标，提出应急演练的初步内容和主要科目。确定应急演练的事故情景类型、等级、发生地域，演练方式，参演单位，应急演练各阶段主要任务，应急演练实施的拟定日期。根据需求分析及任务安排，组织人员编制演练计划文本。

2）准备

在组织开展应急演练的准备阶段，综合演练通常要成立演练领导小组，负责演练活动筹备和实施过程中的组织领导工作，审定演练工作方案、演练工作经费、演练评估总结以及其他需要决定的重要事项。演练领导小组下设策划与导调组、宣传组、保障组、评估组。根据演练规模大小，其组织机构可进行调整。策划与导调组通常负责编制演练工作方案、演练脚本、演练安全保障方案，负责演练活动筹备、事故场景布置、演练进程控制和参演人员调度以及与相关单位、工作组的联络和协调等工作；宣传组通常负责编制演练宣传方案，整理演练信息、组织新闻媒体和开展新闻发布等工作；保障组通常负责演练的物资装备、场地、经费、安全保卫及后勤保障等工作；评估组通常负责对演练准备、组织与实施进行全过程、全方位的跟踪评估，演练结束后，及时向演练单位或演练领导小组及其他相关专业组提出评估意见、建议，并撰写演练评估报告。

　　为了有效组织开展应急演练工作，一般情况下需要编制应急演练工作方案、演练脚本、评估方案、保障方案、观摩手册以及宣传方案等。演练工作方案通常包括目的及要求、事故情景、参与人员及范围、时间与地点、主要任务及职责、筹备工作内容、主要工作步骤、技术支撑及保障条件、评估与总结等内容。演练一般按照应急预案进行。按照应急预案进行时，根据工作方案中设定的事故情景和应急预案中规定的程序开展演练工作。演练单位根据需要确定是否编制脚本，如编制脚本，一般采用表格形式，主要包括模拟事故情景、处置行动与执行人员、指令与对白、步骤及时间安排、视频背景与字幕、演练解说词等内容。演练评估方案通常应对演练目的和目标、情景描述、应急行动与应对措施等做简要介绍，明确各种准备、组织与实施、演练效果等环节应达到的评判标准，明确评估步骤及任务分工，采用系列表格开展评估工作。演练保障方案应包括应急演练可能发生的意外情况、应急处置措施及责任部门、应急演练意外情况中止条件与程序等内容。根据演练规模和观摩需要，可编制演练观摩手册。演练观摩手册通常包括应急演练时间、地点、情景描述、主要环节及演练内容、安全注意事项。若存在宣传需要，可编制演练宣传方案，明确宣传目标、宣传方式、传播途径、主要任务及分工、技术支持。

　　在准备阶段，还要根据演练工作需要，做好演练的组织与实施所需要的相关保障工作。按照演练方案和有关要求，确定演练总指挥、策划导调人员、宣传人员、保障人员、评估人员、参演人员，必要时设置替补人员。明确演练工作经费及承担单位。明确各参演单位需准备的演练物资和器材。根据演练方式和内容，选择合适的演练场地；演练场地应满足演练活动需要，应尽量避免影响企业和公众正常生产、生活。采取必要的安全防护措施，确保参演、观摩人员以及生产运行系统安全。采用多种公用或专用通信系统，保证演练通信通畅。

　　3）实施

　　在组织开展应急演练的实施阶段，应确认演练所需的工具、设备、设施、技术资料以及参演人员到位。对应急演练安全设备、设施进行检查确认，确保安全保障方案可行，所有设备、设施完好，电力、通信系统正常。应急演练正式开始前，应对参演人员进行情况说明，使其了解应急演练规则、场景及主要内容、岗位职责和注意事项。应急演练总指挥宣布开始应急演练，参演单位及人员按照设定的事故情景，参与应急响应行动，直至完成全部演练工作。演练总指挥可根据演练现场情况，决定是否继续或中止演练活动。

在桌面演练过程中，演练执行人员按照应急预案或应急演练方案发出信息指令后，参演单位和人员依据接收到的信息，以回答问题或模拟推演的形式，完成应急处置活动。执行人员通过多媒体文件、沙盘、消息单等多种形式向参演单位和人员展示应急演练场景，展现生产安全事故发生发展情况；在每个演练场景中，由执行人员在场景展现完毕后根据应急演练方案提出一个或多个问题，或者在场景展现过程中自动呈现应急处置任务，供应急演练参与人员根据各自角色和职责分工展开讨论；根据执行人员提出的问题或所展现的应急决策处置任务及场景信息，参演单位和人员分组开展思考讨论，形成处置决策意见；在组内讨论结束后，各组代表按要求提交或口头阐述本组的分析决策结果，或者通过模拟操作与动作展示应急处置活动。各组决策结果表达结束后，导调人员可对演练情况进行简要讲解。

组织开展实战演练时，应按照应急演练工作方案，开始应急演练，有序推进各个场景，开展现场点评，完成各项应急演练活动，妥善处理各类突发情况，宣布结束与意外终止应急演练。演练策划与导调组对应急演练实施全过程的指挥控制。演练策划与导调组按照应急演练工作方案（脚本）向参演单位和人员发出信息指令（信息指令可由人工传递，也可以用对讲机、电话、手机、传真机、网络方式传送，或者通过特定声音、标志与视频呈现），传递相关信息，控制演练进程；演练策划与导调组按照应急演练工作方案规定程序，熟练发布控制信息，调度参演单位和人员完成各项应急演练任务。应急演练过程中，执行人员应随时掌握应急演练进展情况，并向领导小组组长报告应急演练中出现的各种问题；各参演单位和人员，根据导调信息和指令，依据应急演练工作方案规定流程，按照发生真实事件时的应急处置程序，采取相应的应急处置行动；参演人员按照应急演练方案要求，做出信息反馈；演练评估组跟踪参演单位和人员的响应情况，进行成绩评定并作好记录。

演练实施过程中，安排专门人员采用文字、照片和音像手段记录演练过程。

在应急演练实施过程中，出现特殊或意外情况，短时间内不能妥善处理或解决时，应急演练总指挥按照事先规定的程序和指令中断应急演练。

4）评估

评估人员负责对应急演练准备、组织与实施等进行全过程、全方位地跟踪评估。应急演练结束后，及时向演练单位或演练领导小组及其他相关专业工作组提出评估意见、建议，并撰写应急演练评估报告。

应急演练评估主要是通过对演练活动或参演人员的表现进行的观察、提问、听对方陈述、检查、比对、验证、实测而获取客观证据，比较演练实际效果与目标之间的差异，总结演练中好的做法，查找存在的问题。

根据应急演练评估方案安排，评估人员（应有明显标识）提前就位，做好演练评估准备工作。应急演练开始后，演练评估人员通过观察、记录和收集演练信息和相关数据、资料，观察演练实施及进展、参演人员表现等情况，及时记录演练过程中出现的问题。在不影响演练进程的情况下，评估人员可进行现场提问并做好记录。根据应急演练现场观察和记录，依据制定的评估表，逐项对应急演练内容进行评估，及时记录评估结果。

应急演练结束后，可选派有关代表（演练组织人员、参演人员、评估人员或相关方人员）对演练中发现的问题及取得的成效进行现场点评。演练单位应组织各参演小组或参演人员进行自评，总结演练中的优点和不足，介绍演练收获及体会。演练评估人员应参加参演人员自评会并做好记录。参演人员自评结束后，演练评估组负责人应组织召开专题评估工作会议，综合评估意见。评估人员应根据演练情况和演练评估记录发表建议并交换意见，分析相关信息资料，明确存在问题并提出整改要求和措施等。

应急演练现场评估工作结束后，评估组针对收集的各种信息资料，依据评估标准和相关文件资料对演练活动全过程进行科学分析和客观评级，并撰写应急演练评估报告。评估报告应向所有参演人员公示。

应急演练评估报告内容通常包括应急演练基本情况（如应急演练的组织及承办单位、演练形式、演练模拟的事故名称、发生的时间和地点、事故过程的情景描述、主要应急行动等），应急演练评估过程（应急演练评估工作的组织实施过程和主要工作安排），应急演练情况分析（如依据应急演练评估表格的评估结果，从应急演练的准备及组织实施情况、参演人员表现等方面具体分析好的做法和存在的问题以及演练目标的实现、演练成本效益分析等），改进的意见和建议（对应急演练评估中发现的问题提出整改的意见和建议）。

5.7　应急避难场所

城市应急避难场所建设应符合国家有关的法律法规，体现"以人为本"的建设理念以及"因地制宜、平灾结合、合理规划、综合利用、充分有效、易于通达、就近避难、保障安全、长期备用、便于管理"的原则。应急避难场所建设应满足城市重大灾害的就近避难要求，应与城市经济建设相协调，应符合各类防灾规划的要求，与城市规划相衔接，与公园、绿地、广场、室内场馆和人防工程等建设相结合。

城市应急避难场所按功能分为中心避难场所、固定避难场所、紧急避难场所三个类别，可分为场地型、建筑型或两者相结合的型式。

1. 一般要求

避难场所应与应急保障基础设施以及应急医疗卫生救护、物资储备分发等应急服务设施布局相协调。避难场所的避难容量、应急设施及应急保障设备和物资的规模应满足遭受设定防御标准相应灾害影响时的疏散避难和应急救援需求。避难场所设计应结合周边的各类防灾和公共安全设施及市政基础设施的具体情况，有效整合场地空间和建筑工程，形成有效、安全的防灾空间格局；固定避难场所应满足以居住地为主就近疏散避难的需要，紧急避难场所应满足就地疏散避难的需要；用于应急救灾和疏散困难地区的避难场所，应制定专门的疏散避难方案和实施保障措施。

中心避难场所和中期及长期固定避难场所配置的城市级应急功能服务范围，宜按建设用地规模不大于 30 km^2、服务总人口不大于 30 万人控制，并不应超过建设用地规模 50 km^2、服务总人口 50 万人。中心避难场所的城市级应急功能用地规模按总服务人口 50 万人不宜小于 20 hm^2，总服务人口 30 万人不宜小于 15 hm^2。

避难场所的所有权人或受托管理使用单位应开展日常维护，确保避难场所设施设备完备且完好，处于随时可用状态。应建立健全场所维护管理制度，制定针对不同灾难种类的场所使用应急预案，明确指挥机构和各避难场所的应急管理机构组成，划定责任区范围，编制应急使用手册，建立数据库和电子地图，标识应急设施位置，并向社会公示。应定期对避难场所进行检查，按要求维护各种设施设备，按本规范规定定期进行专项功能校验，制定并完善应急启用与转换预案。应建立周边社区联系机制，联系应急志愿者队伍，定期对社区人员和志愿者进行宣传、培训、演练，保障其熟悉防灾、避难、救灾程序，以及应急设备、设施的操作使用，参与避难场所启用时的服务管理工作。应对公众进行宣传，让责任区民众清楚所在地区避难场所位置和前往路径；可组织检验性的全功能应急演练。

避难场所启用前应进行应急评估，应评估其功能及设施的适用性，确定应紧急恢复的内容、要求、时序以及需紧急引入的配套设施、设备与物资，完善启用方案。应急评估应包括工程完好性评估、功能有效性评估、危害性评估和突发事件评估等内容。

避难场所启用前应停止避难场所内一切与防灾避难无关的活动，消除可能存在的安全隐患，实现应急功能转换。临近江海河湖的避难场所应满足防洪排涝要求，当不满足要求时，不能启用避难场所。启用避难场所时应根据应急评估结果，对功能正常的设施和设备进行应急转换。对可能影响避难场所功能发挥的交通道路应实行交通管制。除救护车、工程抢险车、给养车等与应急避难相关的机动车辆，应限制或禁止其他社会车辆通行，并做好外围交通的组织和疏导。应检查场所内进出口通道数量及有效宽度，确保通道畅通。当进出口通道数量不足、有效宽度不满足使用要求时，应立即打通，增加有效宽度。对不满足疏散出入口要求的安全隔离设施，应予拆除。

2. 设防要求

在遭受设定防御标准灾害影响下，防灾避难场所应满足应急和避难生活需求；避难建筑和Ⅰ~Ⅲ级应急保障基础设施的主体结构不应发生影响避难功能的中等破坏；其他结构构件和非结构构件不应发生严重破坏，其应急功能基本正常或可快速恢复，不影响使用或通过紧急处置即可继续使用；应急辅助设施不应发生严重破坏或应能及时恢复；需临时设置的应急设施和设备，应能及时安装和启用。

在遭受高于设定防御标准的灾害影响下，避难场地应能用于人员避难，在周边地区遭受严重灾害和次生灾害影响时应能保证基本安全及保障避难人员基本生存；避难建筑和Ⅰ~Ⅲ级应急保障基础设施，不至倒塌或发生危及避难人员生命安全的严重破坏。

在临灾时期和灾时启用的防灾避难场所，应保证避难建筑和应急保障基础设施及辅助设施不发生危及重要避难功能的破坏，满足灾害发生过程中的避难要求。防灾避难场所内与应急功能无关的建筑工程设施和设备，不得影响避难场所应急功能使用，不得危及避难人员生命安全。

避难场所，设定防御标准所对应的地震影响不应低于本地区抗震设防烈度相应的罕遇地震影响，且不应低于7度地震影响。防风避难场所的设定防御标准所对应的风灾影响不应低于100年一遇的基本风压对应的风灾影响，防风避难场所设计应满足临灾时期和灾时避难使用的安全防护要求，龙卷风安全防护时间不应低于3 h，台风安全防护时间不应低于24 h。位于防洪保护区的防洪避难场所的设定防御标准应高于当地防洪标准所确定的淹没水位，且避洪场地的应急避难区的地面标高应按该地区历史最大洪水水位确定，且安全超高不应低于0.5 m。

对于非防洪和非防风避难场所，应根据其范围内的河、湖水体的最高水位以及水工建筑物、构筑物的进水口、排水口和溢水口及闸门标高等，确定上下游排水能力和措施，保证避难功能区不被水淹。

避难场所建筑屋面排水设计重现期不应低于5年，室外场地不应低于3年；中心避难场所及其周边区域的排水设计重现期不应低于5年；固定避难场所及其周边区域的排水设计重现期不应低于3年；防台风避难场所排水设计应保证在100年一遇的台风暴雨条件下，场所内避难建筑首层地面不被淹没。

3. 场地选择

避难场所应优先选择场地地形较平坦、地势较高、有利于排水、空气流通、具备一定基础设施的公共建筑与公共设施，其周边应道路畅通、交通便利。中心避难场所宜选择在与城镇外部有可靠交通连接、易于伤员转运和物资运送、并与周边避难场所有疏散道路联系的地段；固定避难场所宜选择在交通便利、有效避难面积充足、能与责任区内居住区建立安全避难联系、便于人员进入和疏散的地段；紧急避难场所可选择居住小区内的花园、广场、空地和街头绿地等。固定避难场所和中心避难场所可利用相邻或相近的且抗灾设防标准高、抗灾能力好的各类公共设施，按充分发挥平灾结合效益的原则整合而成。

防风避难场所应选择避难建筑。防洪避难场所可根据淹没水深度、人口密度等条件，通过经济技术比较选用避洪房屋、安全堤防、安全庄台和避水台等。

避难场所用地应避开可能发生滑坡、崩塌、地陷、地裂、泥石流及发震断裂带上可能发生地表位错的部位等危险地段，并应避开行洪区、指定的分洪口、洪水期间进洪或退洪主流区及山洪威胁区。避难场地应避开高压线走廊区域，应处于周围建（构）筑物倒塌影响范围以外，并应保持安全距离。避难场所用地应避开易燃、易爆、有毒危险物品存放点、严重污染源以及其他易发生次生灾害的区域，距次生灾害危险源的距离应满足国家现行有关标准对重大危险源和防火的要求；有火灾或爆炸危险源时，应设防火安全带。避难场所内的应急功能区与周围易燃建筑等一般火灾危险源之间应设置不小于 30 m 的防火安全带，距易燃易爆工厂、仓库、供气厂、储气站等重大火灾或爆炸危险源的距离不应小于 1000 m；避难场所内的重要应急功能区不宜设置在稳定年限较短的地下采空区，当无法避开时，应对采空区的稳定性进行评估，并制定利用方案。周边或内部林木分布较多的避难场所，宜通过防火树林带等防火隔离措施防止次生火灾的蔓延。

4. 紧急避难场所

紧急避难场所宜根据责任区内所属居住区情况，结合应急医疗卫生救护和应急物资分发需要设置场所管理点。场所管理点宜根据避难容量，按不小于每万人 50 m^2 用地面积预留配置。

紧急避难场所宜设置应急休息区，且宜根据避难人数适当分隔为避难单元。应急休息区的避难单元避难人数不宜大于 2000 人，避难单元间宜利用常态设施或设置缓冲区进行分隔。缓冲区的宽度应根据其分隔聚集避难人数确定，且人数小于等于 2000 人时，不宜小于 3 m；人数大于 2000 人且小于等于 8000 人时，不宜小于 6 m；人数大于 8000 人且小于等于 20000 人时，不宜小于 12 m。

紧急避难场所宜设置应急厕所、应急交通标志、应急照明设备、应急广播等设施和设备；宜设置应急垃圾收集点；应设置区域位置指示和警告标志，并宜设置场所设施标识。

5. 固定避难场所

固定避难场所应结合应急通信、公共服务、应急医疗卫生救护、应急供水等设施统筹设置应急指挥和应急管理设施、配置管理用房。设置城市级应急功能的固定避难场所宜按长期固定避难场所要求，独立设置相应的应急指挥区。城市级应急功能区应根据应急管理要求配置应急停车区、应急直升机使用区以及应急通信、供电等设施。中期和长期固定避难场所宜设置场所综合管理区，短期固定避难场所可不单独设置场所管理区，但应将场所管理用房设置在一个相对独立的应急避难单元内；中期和长期固定避难场所可根据应急管理要求，选择设置应急救灾演练、应急功能演示或培训设施。

固定避难场所应设置避难宿住区，且应根据避难人数分隔为相对独立的避难单元，分级配置相关应急保障基础设施和辅助设施。中期、长期固定避难场所内的避难单元间宜利用常态设施或缓冲区进行分隔，并应满足防火要求；避难场所的人员主出入口以及避难人数大于等于3.5万人的避难宿住区之间应设置宽度不小于28 m的缓冲区。

固定避难场所应设置区域位置指示、警告标志和场所功能演示标识；超过3个避难单元的避难场所宜设置场所引导性标识、场所设施标识。

固定避难场所的责任区级应急物资储备分发和应急医疗卫生救护设施应设置在场所内相对独立地段或场所周边。当利用周边设施时，其与避难场所的通行距离不应大于500 m。

长期固定避难场所宜设置应急垃圾储运区，中期、短期固定避难场所可选择设置应急垃圾收集点或应急垃圾储运区。

固定避难场所内独立设置的应急医疗卫生救护区，应单独设置医疗垃圾应急储运设施。避难单元的应急医疗所应配备医疗垃圾存储装置，并应进行专门处置。

6. 中心避难场所

中心避难场所应独立设置城市级应急功能区，宜独立设置应急指挥区。应急指挥区应配置应急停车区、应急直升机使用区及其配套的应急通信、供电等设施。中心避难场所宜设置应急救灾演练、应急功能演示或培训设施。

承担避难宿住功能的中心避难场所宜按长期固定避难场所的要求，单独设置避难宿住区和相应场所管理设施，并应与城市级应急功能区相对分隔。

中心避难场所应设置城市级应急物资储备区、应急医疗卫生救护区及其配套设施。中心避难场所的应急医疗卫生救护区应单独设置医疗垃圾应急储运设施。

7. 应急功能区划分

城市级应急指挥、应急医疗卫生救护和应急物资储备分发功能应单独划分应急功能区，应根据需要确定专业救灾队伍和志愿者场地、救灾设备和车辆停放区、直升机使用区等，并应与避难场所的其他应急避难功能区相对分隔。

中心避难场所和长期固定避难场所的避难功能区宜以避难宿住区划分为主，结合责任区级应急功能选择设置场所综合管理区、应急医疗卫生救护区、应急物资储备区和公共服务区等。中期、短期固定避难场所的避难功能区宜以避难宿住区划分为主，配置应急管理、医疗卫生救护和物资储备分发设施；当避难场所规模较大时，可统筹设置应急管理、医疗卫生救护和物资储备分发功能及配套设施，以及场所综合管理区和公共服务区。

设置应急蓄水或临时水处理设施时，宜单独划分应急供水区，并应保证应急水源的安全；固定避难场所宜设置应急物资储备库。宜划定避难人员休息区及其他公共服务区。

用于避难人员集散的休息区和缓冲区宜在避难单元之间、临近主通道和出入口分散布置，满足所有人员集散要求，且总面积按避难场所内所有人员计算不宜小于人均净占地面积 0.2 m²。

8. 应急交通

避难场所内的主要通道应具有引导疏散的作用，并应易于识别方向。通向避难人员大量集中地区的通道应有环形路或回车场地。

中心避难场所和长期固定避难场所应至少设 4 个不同方向的主要出入口，中期和短期固定避难场所及紧急避难场所应至少设置 2 个不同方向的主要出入口。主要出入口宜在不同方向分散设置，应与灾害条件下避难场所周边和内部应急交通及人员的走向、流量相适应，并应根据避难人数、救灾活动的需要设置集散广场或缓冲区。中心避难场所和中长期固定避难场所的主要出入口宜满足人员和车辆出入通行要求。城市级应急功能区宜设置专用出入口，并满足专用车辆通行要求。紧邻避难人数超过 4000 人的避难单元的围挡设施可设置次要出入口。用于避难人员疏散的所有出入口的总宽度不应小于 10 m/万人。

9. 消防疏散

中心避难场所和固定避难场所应设置应急消防水源，配置消防设施。中心避难场所的消防用水量应按不少于 2 次火灾、每次灭火用水量不小于 10 L/s、火灾持续时间不小于 1.0 h 设计；固定避难场所当宿住区的避难人数大于等于 3.5 万人时，消防用水量应按不少于 2 次火灾、每次灭火用水量不小于 10 L/s、火灾持续时间不小于 1.0 h 设计；其他情况应按不少于 1 次火灾、每次灭火用水量不小于 10 L/s、火灾持续时间不小于 1.0 h 设计。

对于避难场所的防火安全疏散距离，当避难场所有可靠的应急消防水源和消防设施时不应大于 50 m，其他情况不应大于 40 m。对于婴幼儿、高龄老人、行动困难的残疾人和伤病员等特定群体的专门避难区的防火安全疏散距离不应大于 20 m，当避难场所有可靠的应急消防水源和消防设施时不应大于 25 m。

供消防车取水的天然水源和消防水池应设置消防取水平台，并应链接车道；消防车道的净宽度和净空高度不应小于 4.0 m。

避难场所内宜设置环形网状消防通道，应急功能区可供消防车通行的通道间距不宜大于 160 m；避难场所内可供消防车通行的尽端式通道的长度不宜大于 120 m，并应设置长度和宽度均不小于 12 m 的回车场地；供消防车停留的车道及空地坡度不宜大于 3%。

5.8 监测预警系统

5.8.1 风险防控

市、县（区）政府建立健全突发事件风险调查和评估制度，制定风险分类分级管理办法，依法对各类危险源与危险区域进行辨识和评估，建立清单与台账，加强检查监控，针对风险隐患采取安全防控措施，建立信息共享与公开机制。职能部门定期综合评估和分析潜在风险，研判突发事件可能趋势，分析可能造成的极限影响，提出防范措施建议，报本级政府。

县（区）政府统筹建立完善镇（街道）、村（社区）、重点单位网格化风险防控体系；有关部门制定重大危险源防控措施、应急预案，做好监控和应急准备工作。

生产经营单位建立健全安全管理制度，定期检查本单位各项安全防范措施的落实情况，及时消除事故隐患；掌握并及时处理本单位存在的可能引发社会安全事件的问题，防止矛盾激化和事态扩大；对本单位可能发生的突发事件和采取安全防范措施的情况，按照规定及时向所在地政府或政府有关部门报告。

市、县（区）政府强化基础设施安全防控，制定城乡规划时应充分考虑公共安全风险以及预防和处置突发事件工作的需要，统筹安排应对突发事件所必需的设备和基础设施建设。重大关键基础设施设计科学选址、优化布局，进行风险辨识与评估，增强风险防控能力。基础设施运营与维护单位建立健全日常安全风险管理制度。

城市各级政府及其有关联合单位打造共建共治共享的社会治理格局，加强应急能力建设，坚持底线思维，完善社会治理防控体系，切实做好防范化解重大风险各项工作，从源头提升突发事件预防监测和应急救援能力。

5.8.2 监测

市、县（区）政府及其有关部门建立健全突发事件监测制度，整合监测信息资源，完善信息资源获取和共享机制；各突发事件牵头应对部门负责相应突发事件监测信息集成。根据突发事件的特点，建立健全突发事件监测体系，完善监测网络，划分监测区域，确定监测点，明确监测项目，提供必要的设备、设施，配备专职或兼职人员，对可能发生的突发事件进行监测。

市、县（区）政府及有关部门对本行政区域内重大危险源、危险区域进行调查、登记、风险评估，建立数据库，及时采取安全防范措施，消除安全隐患。

5.8.3 预警

1. 预警级别

对可以预警的突发事件，有关部门接到相关征兆信息后，应及时组织进行分析评估，研判突发事件发生的可能性、强度和影响范围以及可能发生的次生、衍生突发事件类别，确定预警级别。按照突发事件发生的紧急程度、发展势态和可能造成的危害程度，预警级别一般分为一级、二级、三级、四级，分别用红色、橙色、黄色和蓝色标示，一级（红色）为最高级别。

2. 预警发布

接到报警信息后，市、县（区）政府或有关部门应针对可能出现的突发事件进行分析研判，根据评估结果，确定预警级别，经审批后通过突发事件预警信息平台发布预警信息。

可以预警的突发事件即将发生或者发生的可能性增大时，市、县（区）政府应向社会公开发布相应级别的预警信息。发布一级、二级预警信息由本级政府主要负责人、突发事件专项应急指挥机构主要负责人或本级政府受委托部门、单位的主要负责人签发；发布三、四级预警信息由本级政府受委托部门、单位的主要负责人或分管负责人签发。

市气象局履行城市突发事件预警信息发布中心职能，负责预警信息发布平台的建设与运维，研究制定预警信息统一发布的流程，建立和完善市、县（区）政府及其有关部门有机衔接、规范统一、快捷高效的预警信息发布体系。市、县（区）政府依据相关管理规定公开播发预警信息。承担应急处置职责的相关单位接收到预警信息后，及时向发布预警信息的单位反馈接收结果。

预警信息要素包括：发布单位、发布时间、突发事件类别、起始时间、可能影响范围、预警级别、警示事项、事态发展、相关措施、咨询电话等。

3. 预警措施

发布黄色、蓝色预警后，根据即将发生突发事件的特点和可能造成的危害，市、县（区）政府有关部门按照预警级别、实际情况和分级负责的原则，实施24 h值班制度，增加观测频次，加强预报，畅通信息接收渠道，及时收报相关信息；组织有关部门和机构、专业技术人员、专家学者，随时对突发事件信息进行分析评估，预测发生突发事件可能性的大小、影响范围和强度以及可能发生的突发事件的级别；加强公众沟通，公布信息接收和咨询电话，向社会公告避免或减轻危害的建议和劝告、宣传防灾减灾知识和应急常识。

发布红色、橙色预警后，市政府有关部门在采取黄色、蓝色预警响应措施的基础上，针对即将发生的突发事件的特点和可能造成的危害，组织应急救援队伍和负有特定职责的人员进入待命状态，动员后备人员做好参加应急救援和处置工作的准备，视情预置有关队伍、装备、物资等应急资源；调集应急救援所需物资、设备、工具，准备应急设施和避难场所，并确保其处于良好状态、随时可以投入使用；转移、疏散或者撤离易受突发事件危害的人员并予以妥善安置，转移重要财产；加强对重点单位、重要部位和重要基础设施的安全保卫，维护社会治安秩序；采取必要措施，确保交通、通信、供水、排水、供电、供气、供热等公共设施的安全和正常运行；关闭或者限制使用易受突发事件危害的场所，控制或者限制容易导致危害扩大的公共场所的活动；有关地区和部门发布预警后，其他有关地区和部门及时组织分析本地区和本行业可能受到影响的范围、程度等，安排部署有关防范性措施；采取其他必要的防范性、保护性措施。

4. 预警调整和解除

发布预警信息的政府、相关专项应急指挥机构或部门加强对预警信息动态管理，根据事态发展变化，适时调整预警级别、更新预警信息内容，及时报告、通报和发布有关情况。有事实证明不可能发生突发事件或者危险已经解除的，发布预警信息的政府、各相关专项应急指挥机构或部门立即宣布解除警报，终止预警期，并解除已经采取的有关措施。

6 城市防灾减灾体系

加强城市防灾减灾救灾，牢固树立灾害风险管理和综合防灾理念，着力加强组织领导，增强忧患意识、责任意识；坚持以防为主、防抗救相结合，坚持常态减灾和非常态救灾相统一；从注重灾后救助向注重灾前预防转变，从应对单一灾种向综合防灾转变，从减少灾害损失向减轻灾害风险转变，推进重大防灾减灾工程、灾害监测预警和风险防范能力建设，提高城市综合抗灾能力。

6.1 防灾减灾工作的重要性

我国的自然灾害发生频繁且灾害损失巨大，平均每年各种自然灾害致使 3 亿人次受灾，直接经济损失达 2000 多亿元。常见的自然灾害包括洪涝、干旱、台风、冰雹、暴雪、沙尘暴等气象灾害，火山、地震、山体崩塌、滑坡、泥石流等地质灾害，风暴潮、海啸等海洋灾害，以及森林、草原火灾等。开展防灾减灾，对于推动经济社会可持续发展、保障和改善民生具有重要意义。

地震是地球上经常发生、造成经济损失最严重和人员伤亡最多的自然灾害，全球每年发生地震 500 多万次。20 世纪以来，我国发生 6 级以上地震 800 多次，以占世界 7% 的国土承受了全球 33% 的大陆强震。在因各类自然灾害死亡的全国人口中，地震死亡人数占 54% 。

地质灾害是由于地质作用引起的可能对人民的生命财产造成损失的灾害，可分为自然地质灾害和人为地质灾害两大类 30 多种：由降雨、融雪、地震等因素诱发的地质灾害称为自然地质灾害；由工程开挖、堆载、爆破、弃土等引发的地质灾害称为人为地质灾害。常见的地质灾害指危害人民生命和财产安全的崩塌、滑坡、泥石流、地面塌陷、地裂缝、地面沉降 6 种灾害。全国地质灾害主要集中在中西部、西南局部、华南局部、华东部分地区。

气象灾害是指大气对人类的生命财产和国民经济建设及国防建设等造成的直接或间接损害，包括暴雨、洪涝、台风、干旱、大雾、沙尘暴等 7 大类 20 多种。据不完全统计，我国每年气象灾害造成的经济损失占 GDP 的 1% ~3% 。

因此，党中央从我国自然灾害的特点出发作出防灾减灾的重要部署，要求把防灾减灾放到更加重要的位置，切实加强防灾减灾工作，完善防灾减灾体系建设，做到未雨绸缪、防患于未然，增强自然灾害抵御能力，减少各种灾害对人民生命财产造成的损失。

建立健全灾害救助应急预案。村、社区、重点区域、重点企业、重点单位、学校都要制定应急预案，实行应急预案全覆盖。制定的预案要符合实际，科学适用，不断修订完善，形成指挥有序、处置有力、科学调度、反应迅速的应急预案体系，提高灾害应急处置能力。积极推进预案建设和演练，组织政府机构、生产经营单位、学校、社会组织、社区家庭等开展形式多样、喜闻乐见的防灾减灾活动；组织开展防灾减灾业务研讨和应急演练，进一步完善预案，提高预案的实用性和可操作性，增强干部群众对预案的掌握和运用能力。

建立健全自然灾害监测预警体系。建立完善防汛抗旱气象信息预报、雨（水）情信息预警、地质灾害信息收集上报及应急处置工作程序，形成指挥同意、社会联动、运转协调的灾害预警工作体系。加强信息员队伍建设，通过不断培训，提高灾害信息报送能力。建设网上信息平台，形成纵向到底、横向到边的信息互通，提高科学判断灾情能力。加强自然灾害监测预警设备设施建设，装备气象预警、水文预警、地震监测设备，提高灾害预警能力。

建立健全抗灾救灾应急救援体系。建立自然灾害应急指挥中心，科学调度各方应急救援力量，以最快的速度在最短的时间内开展救援行动。加强救援队伍建设，改善技术装备水平和训练条件。大力发展社会化紧急救援服务组织，积极培育基层兼职救援队伍，充分发挥志愿者、民间组织以及社会团体在灾害紧急救援中的作用，提高灾害应急救援能力。

建立健全自然灾害调查评估体系。制定灾情核查工作规则，整合民政、交通、水利、农业、通信、电力等各职能部门力量，分类开展灾情核查，通过会商，科学评估自然灾害损失，为政府灾后重建提供决策依据，提高灾后重建参谋决策能力。

建立加强自然灾害灾民救助体系。完善灾害应急救助制度，灾情发生后要在第一时间将资金、物资送到灾区开展救助，确保灾民有饭吃、有干净水喝、有衣穿、有临时住房、有病能得到医治。在第一时间赶赴灾区核灾查灾，慰问灾民；完善灾民冬春生活救助制度，提高灾民生活救助标准，确保灾民安全越冬；完善灾后恢复重建政府补助制度，适当提高灾后倒房恢复重建补助标准，减轻灾民经济负担；建立救灾捐赠机制，发扬"一方有难、八方支援"的光荣传统，动员社会力量参加抗灾救灾活动；建立对口帮扶机制，动员地方或生产经营单位对口帮扶灾区开展重建工作，提高灾害救助能力。

加强防灾减灾宣传教育，提高城乡居民防灾减灾意识，增强防范意识、提高应对技能。以"防灾减灾日"宣传教育活动为契机，开展防灾减灾宣传活动，组织应急演练，提高全社会的防灾减灾意识；全方位、多角度地做好防灾减灾宣传工作，形成全社会共同关心和参与防灾减灾工作的良好局面；切实加强防灾减灾知识和技能培训，深入社区、学校、厂矿等基层单位和灾害易发生地区，广泛普及防灾减灾法律法规和基本知识，重点普及各类灾害基本知识和防灾避险、自救互救等基本技能，提高灾害防御能力。

完善灾害应急能力建设机制。加强专业抢险队伍、专家队伍抢险救援能力建设，构筑应急管理后勤保障体系。增强群众灾害防治应急能力，广泛推广"三小措施"，即发放"一个小本本"，宣传防灾减灾知识；配备"一个小包包"，做好应急物资储备；开展"一个小演戏"，提高临灾的自救互救能力。完善防灾减灾机制，重点完善综合协调机制、灾情信息共享机制、灾情会商机制、信息发布机制、灾（险）情评估机制和评估标准、救灾监督机制等，夯实防灾减灾基础，做到科学防灾减灾。

完善动员机制。完善资源配置机制，统筹安排政府资源和社会资源；完善群测群防制度，调动和发挥人民群众的积极性；推动综合减灾社区创建，增强社区居民防灾减灾意识和避难自救能力；普及防灾减灾知识，提高全面防灾减灾意识。

6.2 城市综合防灾工作重点

城市综合防灾应贯彻落实"预防为主，防、抗、避、救相结合"的方针，坚持以人文本、尊重生命、保障安全、因地制宜、平灾结合，科学论证及全面评估城市灾害风险，整合协调城市防灾资源，坚守防灾安全底线，统筹防灾战略与任务，综合落实防灾要求，建立健全具备多道防线的城市防灾体系。

6.2.1 城市综合防灾评估

1. 评估要求

城市综合防灾评估应依据城市各类基础资料和防灾规划成果，在相关专业部门工作的基础上，进行城市防灾、减灾和应急措施现状分析，评估各类防灾规划实施情况，开展重大危险源调查评估、灾害风险评估、用地安全评估、应急保障和服务能力评估，并确定防御灾种及重点内容。

城市综合防灾评估可通过划分评估空间单元进行（评估空间单元划分和调整应凸显和准确识别灾害高风险区、用地有条件适宜地段及不适宜地段、可能发生特大灾难性事故影响的设施与地区、应急保障服务能力薄弱区等城市防灾薄弱环节），分析重点防护保障片区和工程对象的防灾能力存在的主要问题。

城市综合防灾评估的结果应包括：城市灾害危险性和抗灾能力分析的结论，城市灾害风险程度及空间分布；城市抗灾设防、防灾设施和应急救灾体系存在的主要问题，城市防灾薄弱环节；重点灾害源点、重大危险源、重要防护对象及重要应急保护对象清单，相应防护措施和保障措施的有效性及存在的主要问题；需要加强抗灾设防的片区和工程设施等重要设防对象清单，以及相应的设防标准和配套防灾措施的有效性及存在的主要问题。

城市综合防灾评估应以活断层探测评估、地震安全性评估、地质灾害危险性评估、重大危险源安全评估等专业性评估为基础，并对需要进行的专业性评估提出要求。难以开展专业性评估时，应针对相关问题进行专题研究。

2. 重大危险源调查评估

重大危险源调查评估应基于重大危险源安全评估，根据本地区实际情况，按照确保区域安全的原则，进行重大危险源调查和防范影响评估。危险化学品重大危险源调查评估应调查分析危险源危险物质生产或存储数量，综合考虑不同类别和等级事故发生的可能性与危害以及各类重要防护对象的防护要求，按照可容许个人风险基准和社会可接受风险基准，合理确定外部防护距离，评估防护措施的合理性和有效性。

3. 灾害风险评估

灾害风险评估应分析各类灾害可能发生的频率与规模，确定需预防的重点灾害种类，分析灾害的成因、影响程度、空间分布及特征、与次生灾害叠加时的耦合效应，评估城市防灾体系效能，分析确定灾害防御重点内容、设定防御标准和最大灾害效应。

灾害风险评估应重点从灾害危险性、工程抗灾能力、人口与经济分布、后果严重程度、风险控制和减缓能力等方面辨识灾害高风险片区。

4. 用地安全评估

用地安全评估应包括用地布局安全评估和用地防灾适宜性评估，确定用地安全影响要素、影响程度和影响范围。

用地安全评估应结合重大危险源调查评估，分析城市重大灾害源点及次生灾害影响，辨识灾害高风险片区和重点防护对象，评估相应防护措施和保障措施及特大灾难性事故防范状况。灾害防御设施评估宜梳理城市灾害源和次生灾害源、灾害高风险片区、用地防灾有条件适宜地段和不适宜地段及可能造成特大灾难性事故的设施和地区，综合分析城市防洪治涝、消防救援、防灾隔离、地质灾害防治等灾害防御设施的规模和状态水平。次生灾害影响评估应以重大危险源评估和火灾影响评估为基础，辨识可能发生严重次生灾害的灾害高风险片区和地段，确定影响程度和范围，并分析对供水安全可能造成的影响。用地布局安全评估时，应对居住区、中小学校、医院、养老设施等人员密集地点、弱势人群聚集地点面临的灾害及潜在安全风险、影响程度、预防措施进行评估，对灾害设防标准及抗灾措施以及重大危险源可能危害程度、个人及社会风险、防护措施有效性进行评估，对应急预案、避险疏散安置对策与措施进行评估。

用地布局安全评估时，可将核材料生产储存设施及核设施，可能发生地表断错的发震断裂，水面高于城市用地标高、可能发生决堤溃坝等事故、可能威胁城市安全发展全局的河流水库湖泊堰塞湖等大面积水域，储存规模特别大的重大危险品储罐区库和生产企业尾矿库等对城市用地有重大安全影响的设施，灾害的耦合影响、耦合效应、联锁效应或规模效应可能特别突出的地区，作为可能发生特大灾害损失和特大灾难性事故的重点防范对象。

用地防灾适宜性评估时，应根据地形、地貌、地质等适宜性特征和潜在灾害影响，将用地划分为适宜、较适宜、有条件适宜和不适宜四类。地质灾害危险地段可综合有关基础资料进行识别，必要时应开展专门研究。

5. 应急保障和服务能力评估

应急保障和服务能力评估应统筹考虑灾害影响和各类防灾要求，对城市应急保障基础设施和应急服务设施的抗灾能力、状态水平进行分析。

应急保障基础设施和应急服务设施抗灾能力评估，应综合分析其重要建筑工程和关键环节的抗灾性能及防灾措施，用于避难等应急服务的建筑应进行单体抗灾性能评估，梳理薄弱环节，确定需要改造的范围和规模。应急保证和服务状态水平评估，应对应急保障基础设施和应急服务设施资源开展调查和统计，对应急保障基础设施和应急服务设施的规模、保障服务范围、功能保障级别和保障措施进行综合评估，并重点从应急保障基础设施和应急服务设施不足及疏散困难程度等方面辨识确定应急保障服务薄弱片区。

应急保障基础设施和应急服务设施规模评估应分类确定最大受灾人口数量及分布，并据此分析各类应急保障基础设施和应急服务设施规模需求。受灾人口的类型包括需救助人口、伤亡人口、需疏散避难人口、需转移安置人口等。评估时应分析城市各类重要设施的应急保障需求，确定应急功能保障对象及保障要求，评估已有可利用应急保障基础设施和应急服务设施的应急保障服务范围、规模及水平，并分析所需达到的应急保障级别、方式和措施。评估时应分区、分系统梳理分析各类防灾设施的规划建设与改造规模。

6.2.2 城市防灾安全布局

1. 一般要求

城市防灾安全布局以用地安全使用为原则，以形成有利于增强城市防灾能力、提高城市安全水平、可有效应对重大或特大灾害的城市防灾体系为目标。

城市防灾安全布局应提出重要地区和重大设施空间布局的灾害防御要求，灾害防御措施和减灾对策，统筹完善城市用地安全布局和防灾设施布局，分析确定控制要求和技术指标，指引并协调城市建设用地和防灾设施建设用地。城市防灾安全布局应对防灾设施、灾害高风险片区、防灾有条件适宜地段和不适宜地段、可能造成特大灾难性后果的设施及地区、应急保障服务薄弱片区等提出管控要求、防灾措施和减灾对策。城市防灾安全布局应合理划分防灾分区，配置防灾资源，构建有效的防灾设施体系。城市各类设施防火间距、外部防护距离、卫生防护距离、安全距离等应符合国家规定及技术标准要求。

城市综合防治应以"平灾结合、多灾共用、分区互助、联合保障"为原则，统筹协调和综合安全防灾设施，保障城市用地安全；应对防灾设施进行空间整治和有效整合，满足灾害防御和应急救灾的需要；应考虑城市重要设施的安全防护要求，统筹协调监测预警设施、防洪工程设施、公共消防设施、防灾分隔带、排水防涝工程、抗震防灾设施、地质灾害防治工程等防灾设施；确定应急服务设施规模、布局、功能服务指标和设防标准，应急保障基础设施布局、建设标准和保障措施，灾害防御设施规模、布局、防护标准和防护措施；确定防灾设施用地控制界线和控制要求，周边建设用地控制要求和工程防灾措施。

城市应急保障基础设施和应急服务设施体系的构建应分析评估城市要害系统、重要工程设施、关键空间节点、防灾分区划分和应急保障服务需求，形成点、线、面相互结合、相互支撑的工程体系。通过整合应急通道和绿地、生态设施，连接应急服务设施，形成安全廊道；应急指挥、消防、避难、医疗卫生、物资储备、综合演练等设施可综合设置或毗邻布局；以防灾设施为支撑，整合应急服务设施周边公共服务场所和设施，进行空间整治，形成防灾分区的安全据点和应急服务体系。

2. 用地安全布局

用地安全布局应划定灾害高风险片区、有条件适宜地段和不适宜地段、可能造成特大灾难性事故的设施和地区，并应确定相应的规划管控要求和防灾措施。

城市用地安全布局应针对城市功能分区、用地布局、建设用地选择和重大项目建设提出控制或减缓用地风险的规划要求和防灾措施，提出重大灾害源点、重大危险源、重要防护对象和重要应急保障对象清单以及相应灾害防御设施、防护措施和保障措施；提出需要加强抗灾设防的片区和工程设施等重要设防对象清单以及相应的设防标准和配套防灾措施；确定影响用地安全布局的因素及影响范围线和影响等级，限制建设和禁止建设范围，限制建设需要配套的防灾设施和防灾措施；提出灾害防御设施的布局和建设指引。

城市发展主导方向、城镇密集区、城镇走廊、新建城镇及区域重大设施布局等，应避开灾害风险高、用地防灾适宜性差的区域和地段，优先选择灾害风险低、用地防灾适宜性好的区域和地段。工程项目选址应避免因工程建设诱发新的灾害。

灾害危险性大、用地防灾适宜性差的区域和地段，应优先作为生态保护区或控制开发区进行空间管制与引导，严格控制既有城镇建设用地的扩展。有条件适宜地段和不适宜地段确需利用时，应明确灾害防治措施、适应或控制用地破坏效应的防灾措施及安全防护措施。重大危险源和灾害源应采取设防标准、安全间距、防灾隔离带和风险控制区等相结合的管控措施。灾害高风险片区中，工程抗灾能力严重不足的，应采取抗灾加固或综合改造的对策；灾害密度高的，应采取提高灾害设防标准和防灾设施配置标准及加强防灾措施的对策；灾害耦合影响、耦合效应或连锁效应突出的，应提高重要设施防护标准及应急保障基础设施和应急服务设施配置标准。具有连锁性次生、衍生或蔓延影响特征的灾害高风险片区，应根据灾害危险性和影响规模、灾害的蔓延方式设置防灾隔离带，控制灾害规模效应。应急保障服务能力薄弱片区应制定改造前应对措施，其中应急保障基础设施和应急服务设施不足的，应制定配置标准、安排近期建设项目；救灾疏散困难的，尚应制定远距离疏散方案及相应应急通道和应急服务设施配置要求。

较适宜地段、有条件适宜地段和不适宜地段采取工程措施后方可作为城乡建设用地。建设项目选址应优先考虑适宜地段、较适宜地点；对有条件适宜地段和不适宜地段，应明确限制或禁止的使用要求；城乡建设用地选址必须坚持突变型地质灾害危险排除或得到有效控制，并将地质灾害防治工程作为管控条件；地震地质灾害影响地段，应划定有条件适宜和不适宜用地，并提出抗震防灾措施；城市用地布局必须满足行洪需要，流出行洪通道，严禁在行洪用地空间范围内进行有碍行洪的城乡建设活动。城市建设用地安排应充分考虑竖向设计，不宜将重要设施布置在易发生内涝、积水的低洼地带；城市应根据流域防洪要求分类分区建设和管理蓄滞洪区。城乡建设不得减少蓄滞洪总量。滞洪区应保留足够的开敞空间面积，留有洪水通道，并保持畅通。城市与森林相邻的区域，应根据火灾风险和消防安全要求，划定并控制城市建设用地边缘与森林边缘的安全距离。

存在滑坡、崩塌、泥石流等地质灾害隐患的地区，城市建设项目选址应识别并避开稳定性较差和差的特大型、大型滑坡体或滑坡群地段及其直接影响区，避开发生可能性大和中等的特大型、大型崩塌地段，避开治理难度极大、治理效果难以预测的危岩、落石和崩塌地段，避开发育旺盛的特大型、大型泥石流或泥石流群地段以及淤积严重的泥石流沟地段、泥石流可能堵河严重的地段。

对于存在滑坡隐患的地区，当滑坡规模小、边界条件清楚，整治技术方案可行、经济合理时，宜选择有利于坡地稳定的建设用地布局方案，并确定滑坡防治工程建设方案或要求；具有滑坡产生条件或因工程建设可能导致滑坡的地段应确保坡地稳定条件下不受到削弱或破坏。对于存在崩塌隐患的地区，当落石或潜在崩塌体规模小、危岩边界条件或个体清楚，防治技术方案可行、经济合理时，建设用地宜选择有利部位利用。对于存在泥石流隐患的地区，建设用地应远离泥石流可能堵河严重地段的河岸；采用跨越泥石流沟方式进行工程利用时，应把绕避沟床纵坡由陡变缓的变坡处和平面上急弯部位的地段作为强制性要求。

城市建筑工程建设用地选址应对抗震不利地段提出避让要求，当无法避让时应采取有效的管控措施；对抗震危险地段，应提出禁止建设特殊设防类和重点设防类建筑工程、不应建设标准设防类建筑工程的管控措施。

城市建筑工程建设用地选址应避开洪涝灾害高风险地区，行洪滩地、排洪河渠用地、河道整治用地应划为有条件适宜地段，并制定管控要求。

重大危险源布局的安全防护应符合重大危险源管控要求；城市火灾高风险区宜利用道路、绿地、广场等开敞空间设置防灾隔离带。

城市用地安全布局宜确定重点防灾管控对象，采取分类制定管控要求、划定风险控制区、防灾控制界线等方式，制定管控措施，促进风险的有效控制和逐步减缓，持续提升和改善抗灾能力。

3. 防灾分区

城市防灾分区应与城市的用地功能布局相协调，宜根据城市规模、结构形态、灾害影特征等因素合理分级与划定，并应针对高风险控制、防灾设施配置制定控制内容及防治措施和减灾对策。

水体、山体等天然界线宜作为防灾分区的分界，防灾分区划分尚应考虑道路、铁路、桥梁等工程设施分隔作用。防灾分区划分宜考虑规划协调、工程建设和运营维护的日常管理要求。防灾分区可依据灾后应急状态时的行政事权分级管理划分。

防灾区间应满足防止灾害蔓延的要求。防灾分区应针对人员密集场所公共设施的紧急避险和紧急避难提出应急保障基础设施和应急服务设施配置及安全保障空间的要求和防灾措施。

城市居住区建设应落实防灾分区的综合防灾要求。居住区应符合突发灾害避险时的紧急疏散和临时避难要求，宜按小区安排紧急避难用地，并划定满足安全要求的有效避难区，满足所有常住人口和流动人口的避难要求。居住区用于紧急避难的平均有效避难用地面积按 $0.7 \sim 1.0$ m²/人控制，且不得小于 0.45 m²/人。任何居住街坊的紧急避难面积不得低于 0.2 m²/人。居住区内疏散道路应确保内部人员安全有效疏散。居住街坊应有确保灾时安全的出入口，并与应急通道有效相连。绿地、广场宜兼顾避难用地功能。新建或改造的居住区宜考虑选择中小学校、居民运动场所、公共服务或活动中心等设施作为避难建筑。避难用地和避难建筑相应的避难规模、设防标准和建设要求应纳入控制内容。

4. 防灾设施和重要公共设施布局

城市应急交通应考虑主要灾害源及重大危险源分布和区域救援情况，分散设置多个疏散救援出入口，综合利用水、陆、空等交通方式，规划设置相互衔接的应急通道，采取有效的应急保障措施，提出应急通道防灾管控措施和建设要求。城市保证一个主要灾害源发生最大可能灾害影响时可有效同行的疏散救援出入口数量，大城市不少于 4 个、中等城市和小城市不得少于 2 个，特大城市、超大城市应按城市组团分别考虑疏散救援出入口设置。城市疏散救援出入口应与城市内救援干道和区域高等级公路连接，并宜与航空、铁路、航运等交通设施连接，形成高冗余度相互支撑的交通走廊形式，保障对内救援和对外疏散可有效实施。100 万人口及以上的城市组团应考虑灾害规模效应和组团内部的应急通行，提高救灾干道、疏散主通道的有效宽度设置标准，并宜分别考虑救援和疏散要求分开设置。沿海、沿江河的城市以及山地城市宜采取建设应急码头、直升机起降场地等措施增强应急交通能力。

城市应急供水保障基础设施规模应按照基本生活用水和救灾用水需要进行核算，按照市政应急供水为主、应急储水或取水保障为补充的原则进行布局，对各应急供水保障对象采取有效的保障措施。核算应急供水量宜考虑一定的冗余。核算应急市政供水量时，应考虑灾后管线可能破坏造成的漏水损失。城市应急保证水源应采用多水源形式；应急保障对象的应急供水来源宜采用应急市政供水保障设施、设置应急储水装置或设置应急取水设施至少两种方式。应急供水管道宜采用环状连接。应急储水装置或应急取水设施一般可按照市政供水中断或外部救援空窗期的紧急供水措施安排。应急储水装置或取水设施应保障不少于紧急或临时阶段维持基本生存的生活用水和医疗用水的需求量。

城市应急服务设施的规模应考虑建设工程可能破坏和潜在次生灾害影响因素，按满足其服务范围内设定最大灾害效应下所核算需提供应急服务人口的需要来确定。避难场所的避难容量不应小于其避难服务责任区范围内的需疏散避难人口总量。

城市重要公共设施应考虑突发灾害、事故灾难、恐怖袭击和群体性事件等突发事件的防范要求，与防灾设施布局相协调，对所需配置的防灾设施及安全保障空间制定控制措施。城市重要公共设施应合理设置出入口、缓冲空间、连接通道等设施。城市重要公共设施应对恐怖袭击和群体性事件宜采取结合市政和道路设施设置隔离障碍物、结合出入口和交通流线采取建筑后退或设置广场等措施预留缓冲空间、沿交通流线方向采取不同高差设计等防护措施，必要时制定防爆防撞设计条件。人员密集重要公共设施应对紧急避险和紧急避难在建筑出入口和场地出入口之间设置缓冲空间，场地出入口宽度应满足人员疏散要求，场地出入口两侧市政道路不宜设置路内停车场地。城市人员密集公共开敞空间的平面和竖向设计应充分考虑防范由于人员可能拥挤造成的踩踏等伤亡事故，不宜设置台阶、固定隔离墩等设施。

6.2.3 应急保障基础设施建设

1. 一般要求

城市综合防灾应结合城市基础设施建设情况，提出布局和防灾措施。应分析城市需提供应急功能保障的各类设施等应急功能保障对象，确定应急供水、供电、通信等设施的保障规模和布局，明确应急功能保障级别、灾害设防标准和防灾措施。应确定城市疏散救援出入口、应急通道布局和防灾空间整治措施。应提出防灾适宜性差地段应急保障基础社会的限制建设条件和保障对策。应明确应急保障基础设施中需要加强安全的重要建筑工程，并针对其薄弱环节，提出建设或改造要求。

城市应急交通、供水、供电、通信等应急保障基础设施的应急功能保障级别划分为Ⅰ、Ⅱ和Ⅲ级。Ⅰ级为区域和城市应急指挥、医疗卫生、供水、物资储备、消防等特别重大应急救援活动所必需的设施以及涉及国家、区域公共安全的设施提供应急保障，受灾时功能不能中断或灾后需立即启用的应急保障基础设施。Ⅱ级为大规模受灾人群的集中避难和重大应急救援活动提供应急保障，受灾时功能基本不能中断或灾后需迅速恢复的应急保障基础设施。Ⅲ级是除Ⅰ、Ⅱ级以外，为避难生活和应急救援提供应急保障和服务，受灾时需尽快设置或短期内恢复的其他应急保障基础设施。

应急保障基础设施及其保障对象，其主要建筑工程应有一致水平的抗灾可靠性。新建应急保障基础设施宜采取增强抗灾能力的方式。采取增强抗灾能力方式的应急保障基础设施应按设定防御标准确定其抗灾设防标准。当无法采取增强抗灾能力方式时，应采取增设冗余设置确保应急保障性能的可靠性。应急保障基础设施应满足抗震设防、防洪、内涝防治及地质灾害防治的选址和建设要求。位于防灾适宜性差地段的应急保障基础设施，其所采取的防灾措施应满足防御或适应设定最大灾害效应场地破坏的要求。

按设定防御标准进行抗震设防的Ⅰ级应急保障基础设施的主要建筑工程抗震防灾要求应按高于重点设防类确定，Ⅱ级应急保障基础设施的主要建筑工程应按不低于重点设防类确定，Ⅲ级应急保障基础设施的主要建筑工程应按不低于标准设防类确定。应急保障基础设施的抗震设防应采取增设冗余设置方式来确保应急功能保障性能的可靠性；采取冗余设置方式时，Ⅰ级应急保障基础设施的主要建筑工程不应低于重点设防类，Ⅱ、Ⅲ级应急保障基础设施的主要建筑工程不应低于标准设防类。

2. 技术要求

城市应急取水和应急储水设施宜与市政给水设施连接参与平时运行，并采取灾时可紧急切断分开独立运行以确保水质的措施。城市应急保障水源地和取水输水设施应满足抗灾和灾后迅速恢复供应的要求，符合防止污染、保障水质的要求，并应进行应急电源和应急储备安排。应急市政给水管线应采取抗灾性能好的管材和接头形式；应急保障Ⅰ级和Ⅱ级宜采用共同沟方式设置。

城市应急通道及主要出入口、交叉口、桥梁、隧道等关键节点应制定设定最大灾害效应下保障应急通行的控制要求，提出周边建筑和设施应与通道有效宽度控制界线的间距设置要求。应急通道下沉式立交桥及其他低洼地段应提出排水等内涝防治设施设置要求和防灾措施，保障内涝灾害时通行或快速恢复。城市救灾干道、疏散主通道以及采取Ⅰ级和Ⅱ级应急交通保障对象的连接通道不得设置路内停车场所。超大、特大和大城市及山地城市救灾干道宜采用增强抗灾能力方式确定工程设施抗灾设防的标准，针对通道上工程节点破坏增设预备措施，设置一定规模的无高架桥梁和架空设施的通道。

应急保障供电设施应按设定最大灾害效应计算灾时电力负荷要求，采取应急保障措施。Ⅰ级应急保障供电采用双重电源供电，并应配置应急电源系统。Ⅱ级应急保障供电应采用双重电源或两回线路供电；当采用两回线路供电时，应配置应急电源系统。双重电源的任一电源及两回线路的任一回路应均可独立工作，并应满足灾时一级负荷、消防负荷和不小于50%的照明负荷用电需求；应急电源系统应设置应急发电机组，并应满足灾时一级、二级电力负荷的需求。

城市应急消防供水可综合考虑市政应急供水保障系统、应急储水及取水体系和其他天然水系，应采取可靠的消防取水措施。避难场所的应急消防供水量宜考虑应急储水及消防取水体系满足消防扑救的要求。

城市应急指挥和通信设施应满足各类指挥中心的应急通信要求，并应与上级应急指挥系统保持互联互通。城市可整合公安、消防、地震、防汛、市政、气象等应急指挥专用通信平台，协调共享应急通信专线和数据通道等资源。

6.2.4 应急服务设施建设

1. 一般要求

城市综合防治应确定应急指挥、避难、医疗卫生、物资保障等应急服务设施的服务范围和布局，分析确定其建设规模、建设指标、灾害设防标准和防灾措施，进行建设改造安排，提出消防建设指引，制定可能影响应急服务设施功能发挥的周边设施和用地空间的控制要求，提出避难指引标识系统的建设要求。

城市应急服务设施应根据应急功能保障级别，按设定最大灾害效应确定灾害作用、抗灾措施等抗灾设防要求，并满足防洪和内涝防治要求。

承担城市防洪疏散避难场所的设定防洪标准应高于城市防洪标准，且避洪场地的应急避难区的地面标高宜按该地区历史最大洪水水位考虑，其安全超高不宜低于 0.5 m。

承担特别重要医疗任务的具有Ⅰ级应急功能保障医院的门诊、医技、住院用房，其抗震设防类别应划为特殊设防类；其他的具有Ⅰ、Ⅱ级应急功能保障医院的门诊、医技、住院用房，承担外科手术或急诊手术的医疗用房，其抗震设防类别不应低于重点设防类。中央级救灾物资仓储库应划为特殊设防类，省、市、县级救灾物资储备库抗震设防类别不应低于重点设防类。避难建筑的抗震设防类别不应低于重点设防类。消防车库、消防值班用房的抗震设防类别应划为重点设防类。市区级应急指挥中心主要建筑的抗震设防类别不应低于重点设防类。

城市应急服务设施应与应急交通、供水等应急保障基础设施共同协调布局，确定其建设、维护和管理要求与防灾措施。

应急医疗卫生设施应满足重伤员救治、应急医疗救援、外来应急医疗支援保障等功能布局要求，可按应急保障医院、临时应急医疗卫生场所和其他应急医疗卫生设施分类安排，并应确定需进行卫生防疫的重点场所和地区。临时医疗卫生场所宜与避难场所合并设置，其他应急医疗卫生设施、卫生防疫临时场地宜结合避难场所及人员密集区安排。消防设施配置宜考虑综合救援和次生灾害防御的要求，对消防站布局、消防道路、消防供水和消防通信等提出指引。防灾避难场所宜按照紧急、固定和中心避难场所三种类型分别安排，并应划分避难场所服务责任区。应急物资储备分发设施可按照救灾物资储备库和大型救灾备用地、市区级应急物资储备分发设施、避难场所应急物资储备分发设施，分类进行安排。大城市、特大城市和超大城市的消防指挥中心、特勤消防站、Ⅰ级应急保障医院和大型避难建筑宜按特殊设防类抗震要求制定控制措施。

市、区级临时应急指挥机构、应急医疗救护、专业救灾队伍驻扎等功能应优先安排在中心避难场所，其次安排在长期固定避难场所。

2. 技术要求

避难场所应确定有效避难面积控制指标和管控要求，以及场所周边开敞空间设置、危险源和次生灾害防护、周边建筑高度控制等措施。避难场所宜逐步增加避难建筑的比例，制定中小学校及各类大型公共场所避难功能的建设目标和规划要求，安排避难利用所需配套设施。在固定避难场所中避难建设所占有效避难面积比例不宜低于 30%。

Ⅰ级应急保障医院的服务人口规模宜为 20 万 ~ 50 万人，Ⅱ级应急保障医院的服务人口规模宜为 10 万 ~ 20 万人。应急保障医院应考虑灾后建筑破坏条件下，安排临时应急医疗卫生场地。城市规划宜对急救、手术等重要医疗救护功能基本不中断的应急保障医院提出建设目标和规划要求。应急保障医院和市区级临时应急医疗场所，市级及以上救灾物资储备库、中心避难场所、长期固定避难场所及具有特定消防扑救要求地区的避难场所宜设置直升机起降场地。应急保障医院、市区级临时应急医疗场所应确保灾后出入通行，承担急救功能的建筑出入口及医院出入口应具备急救车辆和人员出入的缓冲场地，并应对影响出入口到城市应急通道通行安全的各类设施采取有效抗灾措施。

救灾物资储备库的选址应遵循储存安全、调运方便的原则，宜临近铁路货站或高速公路入口。就在物资储备库对外通道应保持通畅，市级及以上救灾物资储备库和大型救灾备用地对外连接道路应能满足大型货车双向通行的要求。

避难场所应有利于避难人员顺畅进入和向外疏散，中心避难场所应对城市救灾干道有可靠通道连接，并与周边避难场所有应急通道联系，满足应急指挥和救援、伤员转运和物资运送的需要。城市固定避难宜采取以居住地为主就近疏散的原则，紧急避难宜采取就地疏散的原则。固定避难场所可选择城市公园绿地、学校、广场、停车场和大型公共建筑，并确定避难服务范围；紧急避难场所设置可选择居住小区的绿地和空地等设施。固定避难场所出入口及应急避难区与周边危险源、次生灾害源及其他存在潜在火灾高风险建筑工程之间的安全间距不应小于30 m。雨洪调蓄区、危险源防护带、高压走廊等用地不宜作为避难场地。确需作为避难场地的，应提出具体防护措施确保安全。防风避难场所应选择避难建筑。洪灾避难场所可选择避洪房屋、安全堤防、安全庄台和避水台等形式。

城市应急指挥中心布局应按照相互备份、相互支援的原则，整合各类应急指挥要求，综合协调各类应急指挥中心设置。应急指挥中心宜分散设置。相互备份的应急指挥中心宜位于不同灾害影响区，按照遭遇特大灾害时不会同时破坏的要求确定。城市宜备份设置临时应急指挥区。

城市应系统设置避难指引标识，指明各类应急保障基础设施和应急服务设施的位置和路径。应急服务设施出入口及附近道路和道路交叉口应设置避难指引标识，指明设施位置、出入口和通达路径。灾害潜在危险区或可能威胁人员安全的地段，应设置危险警示标识，指明危险类型和危险范围。避难场所内应设置指引标识，指明各类设施的位置。城市宜设置综合防灾宣传教育展示设施，指引民众应对灾害。

6.3 防震减灾

6.3.1 城市防震减灾

1. 综合保障

城市将防震减灾工作纳入国民经济和社会发展规划，按要求组织实施；加强防震减灾工作的领导，将防震减灾工作纳入本级政府年度考核目标。地震工作主管部门应会同有关部门组织编写防震减灾中长期规划，对震情形式和防震减灾总体目标、地震监测台网建设布局、地震灾害预防措施、地震应急救援措施，以及防震减灾技术、信息、资金、物资等保障措施做出安排。建立分级负责、条块结合的地震监测预报、地震灾害预防、地震应急救援工作体系。设置专门的防震减灾机构，配备人员和办公设施。防震减灾经费按计划纳入政府财政预算。完善防震减灾事业经费投入保障机制。

2. 法制建设

根据需要出台防震减灾条例，建立防震减灾法律体系。各有关单位严格执行国家、省防震减灾法律法规要求和国家、行业标准，依法开展防震减灾各项工作。建立行政执法管理制度、行政执法责任制和执法人员管理机制，全面履行防震减灾法定职责。建立执法监督制度，定期开展执法监督检查。健全地震专业行政执法队伍，保证设施齐全，每年定期开展对执法人员的培训。行政复议案件和行政诉讼案件实行备案管理，规范性文件实行合法性审查。

3. 地震监测预报

建立防震减灾多学科地震监测系统，并根据需要建立地震综合监测数据处理中心；县区建立符合当地实际情况的地震监测台站。重点监视区和高烈度设防区建立综合地震监测台站。地震综合监测数据处理中心及综合地震监测台站运行全部实现网络化、信息化、自动化。大中型水库、油田、重要工程设施设立专用地震监测设施。

加强监测台站建设、改造和老旧设备升级换代。前兆台站全年运行率达到99.5%以上，测震台站运行率达到95%以上，烈度台站运行率达到98%以上，确保地震监测数据质量的可用性。不同学科仪器设备按规范要求进行标定，及时维护维修仪器设备。监测、传递、分析、处理、存贮和报送地震信息的单位，应保证地震监测信息的质量和安全。

地震工作主管部门应定期组织召开震情会商会，震情紧张时随时召开震情会商会，形成震情意见，上报上一级地震主管部门。建立地震异常核实跟踪制度，实现与周边城市和相关单位的信息共享。建立和完善地震宏观测报网、地震灾情速报网、地震科学技术知识宣传网。乡镇（街道）应当确定兼职防震减灾助理员。村（居）委会和相关单位应建立防震减灾联络员队伍。区县至少建立一个3种以上地震综合动物观测点，配备必要的观测设备，并建立宏观异常信息报送、核实、研判联动机制，每年开展不少于一次群测群防人员培训。

4. 地震灾害预防

城市应将抗震设防要求纳入本地基本建设管理程序。新建、改建、扩建工程应达到抗震设防要求；重大工程应开展地震安全性评价，建设和设计单位应按地震安全性评价结果进行设计和施工。将农村公共建筑工程抗震设防纳入基本建设管理程序，新建农村居民用房设防符合《中国地震动参数区划图》（GB 18306）要求。强化对重大建设工程的抗震设防监督管理，及时开展执法检查和跟踪服务。住建、地震等主管部门每年定期开展抗震设防相关技能培训。

地震主管部门实施开展城市活断层探测、震害预测、地震小区划等工作，国土资源、城乡规划等主管部门应利用评审通过的技术成果进行国土开发、城乡建设。统筹开展城乡建筑物抗震性能普查工作，城镇已建成的建筑物、构筑物、村（社区）公用建筑物形成完备的普查档案；县区对达不到设防要求的建筑，负责组织实施加固或重建。对中小学校校舍、医院进行抗震性能鉴定及抗震加固。开展重要工程、生命线工程、次生灾害源工程的抗震性能鉴定；对达不到设防要求的工程进行加固。建设地震灾害防御综合信息服务平台，建成地震灾害预测及其信息管理系统。广泛开展防震减灾示范工程创建活动，建设防震减灾示范校、示范社区、示范企业、示范村。在地震重点监视区和高烈度设防区，高速铁路、城市轻轨、地铁、枢纽变电站、输油输气设施、核设施等建设工程和可能发生严重次生灾害的建设工程，应当设置地震紧急自动处置技术系统，推广应用燃气预警、减隔震等新技术。

5. 地震应急救援

城市应有抗震救灾指挥机构、应急救援管理部门、基层组织应急管理责任人。城市抗震救灾指挥机构负责统一领导，指挥和协调城市区域抗震救灾工作。地震工作主管部门承担抗震救灾指挥机构的日常工作。

城市制定地震应急预案，应当报上一级地震工作主管部门备案。交通、水利、电力、通信、供水、供气以及可能发生次生灾害的核电站、矿山、危险物品的生产经营单位，学校、幼儿园、医院、商场、交通枢纽等人员密集场所的管理单位，应当制定本单位地震应急预案，并报所在地地震工作主管部门备案。地震工作主管部门应建立应急预案管理数据库并及时更新。城市应建设和完善地震应急指挥场所、抗震救灾现场应急指挥系统、信息报送系统，实现音视频互联互通。新建、改建、扩建的居民小区按照国家标准规划应急疏散通道和场地。建立城市救灾物资储备库，实施动态化、网络化管理。建立应急救助物资调拨和运输网络联动机制，健全突发事件信息发布机制。

编制城市空间总体规划时，应将地震应急避难场所建设纳入总体规划。应急避难场所应向社会公布，并设置明显标志。县区政府及有关部门、乡镇政府、街道办事处等基层组织，应组织开展地震应急救援演练。机关、团体、企业、事业等单位和学校每年定期开展地震应急救援演练。地震工作主管部门联合其他有关部门定期和不定期地组织开展应急检查，指导、协助、督导有关单位做好地震应急救援演练等工作。依法建立和完善地震应急队伍，预案、制度、装备、训练场地齐全，每年定期开展强化专业技能培训。

6. 防震减灾宣传教育

县区政府及有关部门、乡镇和街道办事处等基层组织应组织开展地震应急知识的宣传普及活动，机关、团体、企业、事业等单位应加强对本单位人员的地震应急知识宣传教育，学校应进行地震应急知识教育，新闻媒体应开展地震灾害预防和应急、自救互救知识的公益宣传。负责地震工作的部门应指导、协助、督导有关单位做好防震减灾知识的宣传教育；统筹传统媒体和新兴媒体，推进防震宣传多样化、特色化建设。通过防震减灾科普馆、地震遗址、监测台站、示范工程、公共宣传栏、新闻媒体、网站、新媒体等不同形式，进行日常防震减灾宣传。组织开展防震减灾进企业、进机关、进学校、进社区（村）、进家庭、进公共场所的"六进"活动，开展多种形式的防震减灾宣传活动。依托地方文化资源，开发具有地方特色的防震减灾文化产品。

6.3.2 人员密集场所地震避险

人员密集场所包括宾馆，餐饮场所，商场、市场、超市等商店，体育场馆，公共展览馆、博物馆的展览厅，金融证券交易场所，影剧院、礼堂、影视厅等公共娱乐场所，医院的门诊楼、病房楼、医技楼，学校的教学楼、实验楼、图书馆、食堂和集体宿舍，公共图书馆的阅览室，客运车站、码头、民用机场的候车、候船、候机厅（楼），人员密集的办公楼、写字楼、生产加工车间、员工集体宿舍等。人员密集场所应提升地震避险管理水平，保障公众人身安全，减轻地震危害；应组织实施地震避险准备，及时排除安全隐患，做好震时避险和震后疏散工作；应结合自身特点，建立地震避险管理机制，完善相关制度，配备必要的地震避险设施和器材。人员密集场所管理人（包括承包、租赁或者委托经营、管理的人员）应明确自身及该场所产权单位的地震避险责任，逐级建立并落实地震避险责任制，确定各级地震避险责任人和地震避险管理人；应与当地应急、地震等管理机构建立联系制度。

人员密集场所的产权单位应保证建筑的抗震设防和避险设施符合相关的标准。人员密集场所应明确场所所属部门地震避险责任人，制定地震避险管理制度，定期组织开展地震避险知识的宣传和培训；制定地震避险预案并适时修订，定期组织地震避险演练，组织指挥人员避险、维持公共秩序。

1. 避险准备

1）组织指挥机构

人员密集场所地震避险责任人担负地震避险的指挥职责，组织开展地震避险准备以及震时避险和震后疏散等工作。地震避险管理人对地震避险责任人负责，负责地震应急避险的具体工作。含有多个人员密集场所的单位宜成立地震避险指挥机构。地震避险指挥机构由地震避险责任人、地震避险管理人、部门责任人等组成，负责：下达启动场所避险通知；组织实施震时躲避、撤离和震后疏散；报告被困人员情况，请求协助救援，并配合救援队实施人员搜救等相关工作；接收与传递当地人民政府抗震救灾指挥机构关于抗震救灾的各项指令；平时组织实施避险的各项准备工作。

2）避险预案

人员密集场所应制定地震避险预案，或在地震应急预案、突发事件应急预案中设立相应的部分。应每年组织对地震避险预案进行一次评估，并根据需要及时修订。地震避险预案应包括下列内容：

（1）基本概况。说明场所的性质、隶属关系、职工人数、建（构）筑物的结构类型和容纳人数及抗震设防等级、疏散通道、避险缓冲区、避难场所、疏散场地，避险应急物品存放地点，次生灾害源的类型和位置等基本情况。

（2）地震避险管理责任制。明确场所及所属各部门、岗位的地震避险责任人、管理人的职责及组织指挥机构的组成及职责等。

（3）震时避险方案。可根据地区的地震背景、场所的具体情况和服务的人群特点等因素，因地制宜，选择合适的避险方法，制定避险方案。

（4）震后疏散方案。可根据疏散人数及其人员特点和建（构）筑物结构的具体情况制定震后疏散方案，包括震后疏散的程序、地点、路线、顺序、方式、时机、警报和疏导用语等。

（5）地震避险准备计划。可包括地震避险宣传教育与培训演练，避险设施、通信、广播、照明等准备工作。

3）宣传教育和培训演练

人员密集场所应针对本场所的特点对员工进行经常性的地震避险教育，并根据情况采用设置宣传栏、发放宣传品等不同的方式向公众普及地震避险知识。每年至少应单独或结合其他灾害，组织员工举行地震避险培训演练，帮助员工熟悉地震避险预案、避险设施、避险物品存放点、地震避险方法及自身职责等。

培训演练应包括：灾害识别练习，如地震大小和远近识别、震感强度识别、警报识别等；避险培训演练，如避险缓冲区、疏散通道、疏散路线、出入口位置、疏散场所、避险物品存放点等的识别，震时避险和震后疏散方法和要求与疏导用语应用，岗位与责任等；应对次生灾害培训演练，熟悉电源、气源阀门所在位置和断电、断气操作方法、要求，各种灭火和逃生器材的使用方法以及躲避浓烟或烈火伤害的方法和要领。

人员密集场所可在日常工作中开展模拟撤离和疏散演练；开展演练时，应采取完善的安全措施。

4）避险设施管理

建筑物内应结合消防设施设置疏散通道。建筑物内宜根据实际情况确定或设置避险缓冲区。避险缓冲区可设置在：建筑中抗震性能相对较强的结构单元；屋顶为轻型结构或网架结构、且无吊灯或天棚等可能因为地震而掉落物件的建筑单元；经专门评估后确定的区域。疏散通道、避险缓冲区可参照消防标志及其设置要求设置相应的指示标志。

地震避险设施管理应确保疏散通道、避险出口的畅通；在使用和营业期间，不应锁闭疏散门；禁止占用、堵塞疏散通道、楼梯间和避险缓冲区；禁止在疏散出口、疏散通道上安装栅栏、卷帘等影响疏散的物体；平时需要控制人员出入或设置门禁系统的疏散门，应有保证疏散畅通的可靠措施；地震避险缓冲区标志、避险疏散标志应完好、有效，不应被遮挡，并应定期维护；建筑内部装修不应改变疏散门的开启方向或减少避险出口、疏散出口的数量及其净宽度，影响避险疏散畅通；对地震时可能塌落的女儿墙、装饰构件、广告牌等应采取拆除或其他避险防护措施；对场所内悬挂、吊挂的灯具或物品等，应采取可靠的固定措施；商店内的柜台或货架等，宜与地面、梁、柱等构件牢固固定；发现建筑物及设施、设备等存在地震避险隐患时，应及时消除。

2. 震时避险

地震时，人员密集场所地震避险责任人、管理人和各岗位的员工，应注意识别震感。强烈震感一般有如下特征：室内人员感觉到明显，甚至剧烈的晃动，站立不稳，梦中惊醒；门窗、屋顶、屋架颤动作响，未固定的器具物品倾倒或掉落。当感到强烈震感时，人员密集场所各岗位的员工应按震时避险方案引导公众避险。

震时避险时，单层房屋和楼房的一、二层且有行动能力的人员，可迅速撤离到室外安全的地方；体育场等有露天开阔场地的建筑，可先撤离到露天场地；进入避险缓冲区；躲避在立柱旁边、内承重墙的墙根、墙角；躲避在坚固的排椅下（旁）；躲避在结实的柜台、坚固的书架、运动器具旁边。

各岗位员工应引导公众在震时避险时，注意避开吊灯、电扇等悬挂物，玻璃门窗、橱窗和柜台，高大不稳或摆放易碎品的货架；远离可能发生物体倒塌或坠落的区域；远离可能发生可燃或有毒气体、液体泄漏的区域；不要惊慌，服从指挥，不要一起拥向楼梯、出口，避免拥挤或踩踏；保护好头部；注意脚下障碍物和头上落物。

3. 震后疏散

在震时避险的同时，应立即启动地震应急响应，根据具体情况，发出疏散通知或警报，适时组织疏散。疏散时，应运用疏导用语引导公众按照预定的疏散路线、顺序和划定的出入口疏散到预定场地；应错开时间，分片、分楼层疏散；在楼梯上行走，尽量靠右，保持左侧空出，避免拥挤踩踏；应安排工作人员在楼梯、拐弯处、楼门口等位置值守引导，维持疏散秩序，安抚公众的惊慌情绪，防止拥挤。

6.3.3 中小学校地震避险

1. 地震避险预案

地震避险预案可单独制定，或在地震应急预案、突发事件应急预案中增加地震避险内容。地震避险预案应包括：

（1）学校基本情况，如学校性质、隶属关系，老师、学生人数，学校建（构）筑物类型、抗震设防标准、承重墙分布，周边地质灾害隐患，疏散通道、疏散场地情况，可能发生的危险情况及风险点等。

（2）地震避险责任制，如学校校长、管理干部、教职工地震避险工作责任及责任人，应急指挥组织及职责，地震避险时各自的岗位、位置、工作内容、操作程序，全体教职工工作范围内安全工作"一岗双责"等安全职责。

（3）震时避险方案，根据可能产生灾害的情景、房屋的抗震性能和学生年龄特点、学生所处地点的实际情况制定避险方案，明确不同环境下的避险方法与要求。

（4）震后疏散方案，根据房屋的结构、布局、出口等实际情况制定疏散方案，明确疏散计划、疏散路线、疏散顺序、疏散方式和时机、疏散报警等。

（5）保障措施，如应急知识教育与演练、教职工应急处置能力培训、疏散通道与疏散场地准备，通信、广播及照明等物资准备，意外情况处置措施等。

2. 地震避险知识教育

地震避险知识教育应包括地震大小和远近的识别方法、地震烈度及其识别方法、地震震感识别方法、地震预警与警报信号、震时避险方法、震后疏散方法。

地震避险知识教育可采取课堂教学、课外活动、体验活动等形式开展。可开设专题课堂教学或纳入安全课堂教学中，也可结合自然课、地理课等相关课程，开展地震避险知识课堂教学；通过办黑板报或墙报，开展讲座，观看展览及影视作品，网上作业、虚拟互动，举办地震避险主题教育活动等；开展地震避险、自救演练，在相关培训基地、体验场馆等进行地震避险体验活动。

3. 地震避险演练

地震避险演练宜结合地震避险知识教育，课间、课外等活动安排。地震避险演练方案编制应结合学生年龄、体能，并设定上课、课间、夜间（寄宿学校）等情景。地震避险演练可包括震时避险演练和震后疏散演练。涉及躲避地点选择和姿势动作、撤离中行走方法和摔倒的处置、以班为单位的躲避、以年级或楼号为单位的撤离等，以及以年级或楼层为单位的疏散演练及全校的集中疏散演练。

地震避险演练宜利用课间时间开展。放学时，宜定期或长期使用设定的疏散路线疏散，作为地震避险的一种经常性练习。地震避险演练宜按地震避险预案或地震应急预案、突发事件应急预案规定的程序和方法进行，使地震避险行为成为常态。

4. 地震避险设施与器具准备

建筑物应设置地震疏散通道。操场、绿地等作为地震紧急疏散场地时应远离高大建（构）筑物、围墙，高压输变电线路等设施，易燃、易爆、有毒物质储放地，滚石、滑坡、泥石流等地质灾害源。地震疏散通道、疏散场地应设置疏散标志和应急照明。应保持疏散通道、安全出入口畅通，不应占用疏散通道；不应将安全出口上锁，不应在安全出口、疏散通道上安装固定栅栏等影响疏散的障碍物；发现建筑物及设施、设备等存在安全隐患时，应及时予以消除。建筑物应尽量减少装饰物，装饰物建设要牢固；室内应尽量减少悬挂物，悬挂物安装要牢靠；定期检查装饰物、悬挂物的安全性。应配备应急通信、广播、照明、监控、医疗救助等器具。在建立地震预警系统的地区，宜安装地震接受报警装置。

5. 震时避险

震时避险，应因地制宜，根据建（构）筑物的抗震能力，人员所处位置、体能、室外环境等情况，选择合适的避险方法；应机智果断、沉着冷静，按预案果断指挥、快速行动；应及时有序组织撤离，避免踩踏或慌乱导致伤亡。当感知到强烈震感、特强震感或地震预警终端发出警报信号时，学校各岗位的教职工应按地震避险预案引导学生避险。对抗震能力弱的建筑物，在单层房屋或楼房的一、二层的学生，迅速撤离到室外的安全区域；在楼房三层及以上的学生宜就近躲避。对抗震能力强的建筑物，宜采取就近躲避。在教室、图书馆的学生，可就近躲避在书桌旁边或下面，远离窗户；在礼堂、食堂、体育场馆内的学生，可就近躲避在内承重墙的墙根、墙角，以及稳固的书架、排椅、桌椅、运动器具旁边或下面；在宿舍的学生，可就近躲避在小开间内，内承重墙的墙根、墙角、床旁边或下面；在室外的学生，应远离围墙、玻璃幕墙，远离可能倒塌的建筑物和跌落的大型物件等。

震时撤离应按预案快速行动并加强现场指挥控制；不整队但顺次有序，快速行走但不狂奔；室内避开悬挂物，室外避开装饰物、玻璃幕墙和围墙。

6. 震后疏散

当强烈震感、特强震感的震动停止后，学校启动地震避险预案，发出疏散通知或警报。接到疏散通知或警报后，在岗教职工用疏导用语引导学生按疏散方案规定的疏散路线和顺序到达指定的疏散场地。疏散时，应错开时间，分年级、分班级逐次下楼；前排走前门，后排走后门，不整队，顺次有序；快步过楼梯，快速行走，保持安静，不应奔跑。应安排专人负责维持秩序，在楼梯、拐弯处、楼门口等危险地段有教职工值守，引导学生疏散，防止拥挤踩踏；疏散场地安排教职工值守，按照预案划分区域安置学生；到达疏散场地后，应以班为单位清点人数，确保无学生遗漏，并查看学生有无受伤情况；疏散后对建筑物采取临时封闭措施，防止学生擅自进入；在疏散场地内滞留超过一小时的，可安排开展地震知识、灾害心理调节、安全等宣传教育活动；超过一天的疏散，应告知家长或联系家长前来接学生，对于住校生和一时无法与家长联系的学生，安置其食宿，或安排专人送其安全回家。

6.3.4　医院地震应急处置

医院是一种特殊的人员密集场所，除具有一般人员密集场所的共性外，还具有自身的特点。医院收治的病人，其行动能力有不同程度的缺陷，地震时需要帮助；医院的医疗设备繁多，在诊疗过程中需要使用多种危险化学品，地震时易发生次生灾害；同时，医院必须在抗震救灾中担负紧急医疗救援职责。因此，地震发生时，医院的紧急处置十分重要。

医院平时应做好地震紧急处置准备，震时应实施紧急处置，震后应组织疏散和紧急医疗救援。应建立并落实地震紧急处置责任制，确定院部、科室地震紧急处置责任人和地震紧急处置管理人。产权单位应保证医院建筑的抗震设防和避险设施符合相关的标准；医院应保持建筑的抗震性能和避险设施完好，及时消除相关隐患。

1. 紧急处置准备

1）预案编制

医院应编制地震紧急处置预案，或在地震应急预案、突发事件应急预案中设立相应的部分。地震紧急处置预案应包括：①医院基本情况，如门诊和住院规模、建（构）筑物类型、建（构）筑物的抗震能力（建筑设计验收的抗震标准或专业房屋鉴定机构做出的抗震等级评定），水电气结构类型、次生灾害源分布、医疗救援能力的评估等内容；②医院的地震紧急处置责任制，如院部、科室地震紧急处置责任人和管理人的职责及地震紧急处置指挥机构的组成及职责等；③震时紧急处置要点，如避险的方法与要求，重要岗位和次生灾害源紧急处置措施等；④震后疏散要点，如疏散计划、疏散场地、疏散路线、疏散顺序、疏散方式、疏导用语等；⑤震后紧急救援要点，如震后紧急救援工作内容和措施、紧急医疗救援方案等。

医院应每年组织对地震应急预案进行一次评估，并根据需要及时修订。

2）宣传教育

医院应针对本单位的特点对职工进行经常性地震紧急处置教育，应对新招聘的工作人员进行系统的地震紧急处置教育。医院应针对就医人员的特点对职工进行地震紧急处置方法培训并组织演练。培训与演练的重点包括人员的躲避、撤离和疏散，危重病人的救助，放射性物品和生物制品等特殊物品的紧急处置及次生灾害的预防；应以适当形式向就医人员宣传地震紧急处置知识，告知躲避、撤离、疏散区域和路线及其标识。

3）紧急处置设施设备管理

医院建（构）筑物内应设置疏散通道；宜减少悬挂物，必须悬挂的应有加固措施；宜规划或设立地震应急医疗场所，因场地等因素无法规划设立的，医院应提请主管部门向当地人民政府申请在附近的应急避难场所内划定应急医疗专用区域。医院宜储备适量必要的医疗救援用药品、器械和设备；配备应急通信、广播和照明设备。

2. 震时紧急处置

1）震感识别与紧急处置启动

当工作人员感觉到明显甚至剧烈的晃动，站立不稳，梦中惊醒，门窗、屋顶、屋架颤动作响，未固定的器具物品倾倒或掉落等地震现象发生后，医院各岗位的工作人员应按预案开展紧急处置工作。

2）震时紧急避险

建（构）筑物达到当地抗震设防要求的，可引导就诊人员就近躲避在避险缓冲区、内承重墙的墙根、墙角以及桌椅、病床下面和坚固物体旁边。

建（构）筑物未达到当地抗震设防要求的，应引导所处位置不超过二层且能行动的人员迅速撤离到室外安全地方；视具体情况帮助所处位置不超过二层且具有有限行动能力的人员撤离到室外安全地方；引导帮助所处位置超过二层和不能迅速撤离到室外安全地方的人员，就近躲避在避险缓冲区、内承重墙的墙根、墙角以及桌椅、病床和坚固物体旁边。

3）岗位紧急处置

病房监护室的医务人员应严密监测重症患者及术后患者的生命体征，对发生的情况及时采取措施，最大限度地保证患者生命安全。

在内镜、磁共振、放射检查或治疗、高压氧舱、血液透析等特殊诊疗岗位的医护人员应按照紧急事件处置预案，使病人与设备脱离，就近躲避；并关闭设备，打开（舱）室门保持开放状态，以便病人疏散；放射检查或治疗应同时保证同位素放射源等处于紧急处置状态。

正在手术室进行手术的医护人员应暂停手术，按无菌原则将切口覆盖，采取措施防止坠落物砸伤病人，或将病人抬放在手术台旁边；同时严密监测，维持生命体征平稳；待地震停止，继续实施手术或将病人转移到紧急处置的地方完成手术。

4）次生灾害源紧急处置

有关部门、岗位的工作人员应根据操作规程，整体或区域性切断电源，在必须连续供电的岗位启用 EPS 应急电源或 UPS 不间断电源，或启用自备发电机组；整体或区域性切断医用气体供应，并对相应的制、供氧装置予以处置；切断管道供氧时，应立即转换为气瓶或袋装供氧；切断燃气、油通路；关闭锅炉，特别是蒸汽压力锅炉，由市政热力管网供应热力的应立即切断热力供应；解除门禁联动装置，将所有门禁打开、电梯停运降至首层；关闭压力消毒锅并采取适当措施降压；按照微生物实验室意外事故应对方案和应急程序保证实验室、化验室的生物紧急处置，特别是保证危害性生物样本处于紧急处置控制状态之下。

3. 震后紧急疏散

1）疏散程序

灾害性地震发生后，医院地震紧急处置指挥机构应立即启动地震应急响应，根据具体情况发出疏散通知或警报，适时组织疏散。接到指挥机构发出疏散的通知或警报后，岗位、责任区工作人员应按照预定的疏散路线和顺序以及划定的出入口和疏散场地，进行有序疏散。

2）疏散原则

组织疏散时，能行动的病人可引导自行疏散；有限行动能力和不能行动的病人应在医护人员监护及其他人员的协助下疏散；不可移动的病人应根据医院抗震救灾指挥机构的指令决定是否疏散；注意维持心脏病、高血压和其他重症患者的生命体征平稳并随时做好抢救准备。

3）疏散要求

安排人员疏散时，应适当错开时间，分片、分楼层疏散，安排工作人员维持秩序；在楼梯、拐弯处、楼门口应安排工作人员值守，引导安全疏散，避免拥挤、摔倒和踩踏造成伤亡。疏散完成后，应清理病区，确保除不能移动的病人外无人滞留，并将氧气筒等可能倾倒的物品平放在地上，关闭仪器设备电源，避免发生次生灾害。到达疏散场地后，各科室应清点登记疏散场地上的患者，分类集中管理，迅速恢复医疗和护理工作。

4. 震后紧急救援

1）灾情上报

地震灾害发生后，医院抗震救灾指挥机构应立即将灾情报告上级主管单位、所在地的县级以上卫生行政部门和应急主管部门，根据情况提出支援请求。

2）工作组织

地震灾害发生后，在完成震时紧急处置和震后疏散的同时，组织本单位工作人员自救互救，并与所在社区、附近的生产经营单位联系，借助社区志愿者或民兵组织，开展救助。组织工作人员抢救被埋压医疗救援所必需的设备、药品；启动和开辟应急医疗场所，接收地震伤员，进行医疗救援。对伤员进行急救，并进行检伤分类；对轻伤员进行处置，配合对重伤员进行转移；协助外来支援的医疗队，开展医疗救援工作。

6.3.5　地震安全示范社区建设

1. 组织领导和制度建设

社区应遵循国家有关防震减灾法律法规，贯彻"预防为主、防御与救助相结合"的防震减灾工作方针，履行地震应急工作义务。

社区负责人应组织本社区的地震应急工作；社区确定专人（地震应急管理人）具体负责社区地震应急工作。

社区应有完整的相关工作制度，如工作职责、社区地震安全目标和创建计划等。社区地震应急工作基本任务包括组织编制地震应急预案，开展地震应急宣传教育和培训演练，做好疏散和物资准备工作，震后引导居民安全疏散和自救互救，收集、报告灾情，并协助做好居民生活安置、次生灾害防范与处置、维持社区秩序、开展心理帮助等工作。社区应帮助和指导居民做好地震应急准备工作。

2. 社区建（构）筑物相关要求

社区内建（构）筑物的抗震性能应达到当地的抗震设防标准。社区居民装修房屋不得损坏房屋构造柱和圈梁等抗震结构。定期开展安全隐患排查、次生灾害源排查，排除地震安全隐患。

3. 防震减灾宣传教育

社区应具备科普宣传设施和场地，应有室外固定的科普宣传栏等设施，宣传内容应定期更新；应有室内可开展防震减灾宣传教育的活动场所，并配备宣传教育声像设备、防震减灾宣传展板、挂图等。社区每年应利用"5·12"防灾减灾日、"7·28"唐山地震纪念日、国际减灾日、全国科普日、应急宣传周等重点时段举办形式多样、内容丰富、社区居民广泛参与的科普宣传活动，内容包括地震基本知识、防震避险知识、自救互救技能等。开展常态化宣传，除重点宣传时段以外，开展日常性的防震减灾知识宣传教育活动。每年邀请有关专家对社区管理人员和志愿者进行防震减灾知识培训。地震科普知识普及到社区每个家庭，居民基本掌握防震避震、自救互救知识。

地震应急知识宣传教育的主要内容包括地震科普常识、地震灾害分类分级和地震应急工作的原则、社区地震应急预案、地震避险原则及避险方法、震后疏散方法、震后自救与互救方法、家庭以及不同身体条件人员的自备地震应急物品及其存放要求、居住区附近的紧急疏散场地和应急避难场所位置以及震时使用要求、报警方式和求助电话使用方法等。

地震避险培训与演练包括地震避险方法的选择和要点、注意事项，以及躲避地点选择和躲避要领，如姿势动作、保护头部、降低重心等。

震时撤离与震后疏散培训与演练包括家庭的撤离方案、建筑物内部与外部的撤离路线；震后的疏散计划、居住区周边区域的疏散路线、疏散警报、疏导用语；震后疏散方法和疏散用语运用；疏散过程中的人身安全保护与互助方法；疏散场地维持秩序等内容。

自救互救培训演练包括自身被埋压时的自救办法和震时他人被埋压时的互救办法；家庭内煤气、用电设备或电源等的紧急处置方法；不同受伤部位和伤情的紧急处理办法，如消毒、包扎、止血、固定、搬运以及心肺复苏等的简易急救方法；救护器具的使用方法等。

4. 地震应急预案和演练

制定社区地震应急预案，并根据需要适时修订和更新预案内容。社区应每年定期组织开展地震应急演练，主要包括地震避险演练、震时撤离与震后疏散演练、自救互救演练等。

社区应编制地震应急预案或在突发事件综合应急预案中包含地震应急内容，预案主要应包括：社区面积、居民人数、公园绿地分布、避难场所分布、建（构）筑物抗震能力、区内医疗机构、重点帮扶对象、次生灾害源及危险源分布等的基本情况；社区负责人和地震应急管理人的地震应急工作职责；灾情调查、报告的内容与方法；疏散计划、疏散路线、疏散方式和时机、疏散警报、疏导用语运用等；组织居民互救的程序、互救具体要求、互救求救对象及联系方式等；次生灾害防范和处置要求、居民生活安置点、社会治安要求以及宣传教育、疏散准备、通信、广播、照明、药品等保障措施。

5. 紧急疏散场地

社区应利用社区内或相邻区域的开阔地带设置紧急疏散场地，应远离高大建（构）筑物，远离危险源（如危险化学品和生产贮存危险化学品的工厂等），避开可能发生崩塌、滑坡、泥石流等次生灾害的区域，易于通达。在紧急疏散场所出入口以及逃生线路沿线设置明确的指示标志。居民清楚社区内的紧急疏散场地及逃生路线。居民掌握震后自救互救基本方法与技能，当地震发生后，懂得如何逃生自救、互帮互救。

6. 应急物资准备

社区应根据自身的规模和特点，备有必要的应急工具和地震应急物资，如救援工具、通信设备、照明工具、应急药品等。社区应对应急工具和应急物资定期维护和更新。社区应指导居民家庭置备必要的地震应急用品，并适时敦促其更新。

7. 社区防震减灾工作动员

成立由社区居民组成的志愿者队伍，明确社区志愿者的主要任务和工作内容，并定期组织志愿者进行培训和演练。组织社区内相关生产经营单位积极开展防震减灾活动，参与防震减灾知识宣传教育与地震应急演练等活动。组织社区内的学校在日常教育中提高学生的防震减灾意识和地震应急能力。对社区内的学校、宾馆、商场等公共场所防震避险、地震应急措施落实情况进行检查。同公安部门、医院及周边生产经营单位建立地震应急救助联动机制；震时向社区居民提供紧急救助服务、提高社区救护能力。组织开展社区内大型机械设备的调查登记，并建立紧急调用机制。

8. 震后应对

当发生灾害性地震或强有感地震时，社区负责人应迅速组织社区工作人员、志愿者进入各居住区，指导和帮助居民应对地震灾害。开展组织居民自救互救工作；在住宅建筑之间、重要道路口，定人守护，引导居民进入紧急疏散场地；调查、通报社区内发生的地震次生灾害及次生灾害源，并采取相应措施；提醒、告知居民及时对家中的燃气、汽油等次生灾害源进行处置，帮助行动不便人员关闭燃气和电器设备；利用广播、喊话等形式，根据不同情况使用合适的疏导和安抚用语，稳定居民情绪和疏散秩序；协助政府部门处置紧急情况，配合公安部门开展治安工作，维持社会安定。紧急处置时，应劝阻居民不要急于回家；当街道政府发布无灾害性地震通知后，应及时告知并劝导居民回家；应阻止发生妨碍应急救援工作及其他影响居民生活安定的行为。应急处置宜采用语言简洁、含义明确的疏导用语。

灾害性地震发生后社区应迅速组织志愿者应急救援队伍、单位和居民开展救助。组织救助应坚持统一部署、分片组织，先救近、后救远，先救易、后救难的救人原则；及时组织邻里互救、岗位互救；救人时，应设专人监视倒塌物稳定及其他潜在危险情况，注意人身安全；应根据震级及建筑物的破坏等情况，选择合适、安全的医疗救护场地；救护因人而异，方法应正确得当，工具使用合理。在外部救援力量抵达后，社区应组织志愿者、单位和居民，协调专业救援人员开展救援工作；充当专业救援人员的向导、翻译，帮助救援人员确定压埋人员的可能位置，安定压埋人员及家属的情绪；清理外围环境、维护现场秩序，为专业救援人员营救创造条件；护理和搬运伤员。

地震发生后，社区地震应急负责人和管理人以及志愿者应将震感强度、观察到的房屋倒塌、地面破坏、人员伤亡等情况，向上级部门紧急报告。在紧急报告后，社区应深入调查灾情并及时上报：调查伤亡人数及其分布、被埋压人数及救援情况；调查建（构）筑物、重要设施设备的损毁情况、家庭财产损失、牲畜死伤情况；调查危险化学品或易燃易爆物品生产储存设施的破坏与泄漏情况、燃气泄漏情况；调查引发的火灾情况；调查饮用水和食品等保障情况；调查群众情绪、生活状况、交通与生产秩序等社会影响；调查治安状况等。社区及时通过收听广播、网络查询，了解地震发生的事件、地点和震级，及时告知居民，并公布本社区的灾情及其他关系居民生活与人身安全、社会安定的情况等。

灾害性地震或强有感地震发生后，社区应根据地震应急预案，组织居民疏散。社区负责疏散的人员（包括志愿者），宜佩戴明显的标志，运用疏导用语引导社区居民按疏散路线有序疏散到规定的应急避难场所或紧急疏散场地。疏散宜按照平时培训演练的疏散计划进行；在狭窄道路口、拐弯处等危险地段，应安排专门人员维护秩序，引导疏散；应优先安排和帮助老、幼、病、残、孕等人员的疏散；紧急疏散场地应提前安排人员值守，按照地震应急疏散方案划分的区域，妥善安排疏散的居民。疏散应防止阻塞交通。

灾害性地震发生后，社区应迅速组织志愿者应急救援队伍、单位和居民开展次生灾害防范与处置。调查、监视社区内发生的地震次生灾害（如火灾、有毒气体泄漏、燃气泄漏等），并组织及时疏散；有条件时，可组织排除与控制。调查并报告水坝、输变电、给排水、供气等生命线设施的破坏情况，协助做好次生灾害防范和处置工作。巡查、监视社区附近可能发生坍塌、滑坡、泥石流灾害的地区，一旦有灾害发生的征兆，及时组织转移。

社区协助政府相关部门妥善安置居民生活。根据地震应急预案帮助居民疏散到应急避难场所；根据上级政府安排和要求帮助居民搭建救灾帐篷；根据上级政府安排和要求接收和分发食物、饮用水、衣物、药品等应急物品。帮助居民寻找亲人，或与亲人取得联系。

社区组织居民做好本社区治安维护工作。了解居民的反应，上报出现的恐慌情绪及谣言情况，并向居民开展解释和宣传工作，稳定居民情绪；加强治安宣传，引导居民自觉守法。配合有关部门实施社会治安应急措施，协助对生命线设施、重要单位实施监控和保卫措施。

社区应迅速掌握居民情绪和伤亡情况，对因恐慌和失去亲人、财产等造成心理障碍的居民开展心理帮助工作。按照统一口径宣传震情和灾情，制止谣言、消除居民的猜测和不稳定情绪；组织心理保健讲座，向居民介绍心理调节的卫生常识，提高居民自我调节和纾解能力；开展深入细致的劝导工作，为心理挫伤的居民做一对一的心理抚慰、思想劝导。

9. 档案管理

建立规范、完整、方便查阅的地震安全示范社区创建及日常工作档案,包括文字、照片、视频等资料。

6.4　防洪救灾

6.4.1　城市防洪救灾

城市防洪应对洪涝灾害统筹治理,上下游、左右岸关系兼顾,工程措施与非工程措施相结合,形成完整的城市防洪减灾体系。遵循"两个坚持、三个转变"综合防灾理念,统筹发展和安全,始终坚守"不死人、少伤人、城市不看海、财产少损失、不出现热点负面舆论"的防汛工作目标,以推进防汛救灾应急管理体系和能力现代化为主线,着力强法规、建机制、补短板、促协同,大力提升指挥决策、抢险救援、科技支撑、综合保障等防汛救灾应急能力,防范化解重大洪涝灾害风险。

1. 强化科学指挥决策体系

调整健全防汛工作体系。规范健全防汛指挥体系,完善各级防汛指挥部工作规则。重点建立市防指和区防指在部门协调联动、军地协调联动、灾情管理和信息共享等方面的工作机制,建立提升基层防汛能力建设的制度机制。加强各级防汛办内部能力建设,明确岗位职责和人员保障机制。探索社会单位、行业组织、基层网格员、乡镇(街道)专职安全员、灾害报告员参与防汛工作,形成城市的防汛工作体系。

高效提升防汛指挥调度。加强城市运行状态信息共享,结合城市运行图,制作市级、区级风险地图和力量布防图,科学研判可能发生的风险,实行扁平化、点对点指挥协调和风险防范管理。推进工作协同"双岗保障"。充分发挥12345、110、119、120、999、122等服务热线在社会应急救援信息收集与响应方面的作用,加强协同联动。

充分发挥专家智库作用。建立防汛应急管理专家资源库,打造专家资源共享平台,完善管理制度,充分发挥各领域专家在辅助指挥决策、抢险救援、风险评估、会商调度、建言献策、社会动员、公众参与等方面的支撑作用;完善社会动员与响应工具包,围绕面向的人群、行为和场景不断丰富各项精准防御措施,体现人文关怀。

2. 健全法规预案标准体系

健全防汛法律法规体系。推动防汛应急管理法律法规制度修订,完善指挥部建设、检查督查、隐患排查、水毁工程修复等配套规章制度和规范性文件。推动制定防汛物资装备征用补偿与协议储备、重大洪涝灾害巨灾保险等政策,完善洪涝灾害补偿、洪涝灾害事故调查评估、统一报灾等工作制度。

完善防汛应急预案体系。系统分析预案适用范围内的具体防汛风险，因地制宜细化应对措施，明确基层一线的应急处置权限，不断做实做细各类防汛应急预案。推进总体预案、专项预案和各子案相互对应的体系建设，形成针对性准、安全度高、操作性强的预案体系。

推进防汛技术标准制定。推进防汛应急领域标准制定，采取试点示范、专家论证等方法，完成防汛隐患排查治理标准制定。建立与科研院所对接机制，探索建立防汛减灾技术研究基地，持续创新防汛减灾技术。强化极端强降雨应对分析研究，提升极端强降雨防范管理标准，加强预定措施。

3. 优化防汛应急能力体系

提高预报预警和监测感知能力。提高气象预报预警在时间、空间和强度上的精准度，落区力争精准到区、流域、街乡镇，乃至重要的景区、村落。探索以承灾体为对象的预报预警，根据区域敏感性、脆弱性、重要性进行预报预警。

建立预报首席联系各区制度。对比分析降雨过后实测雨量及落区与预报情况，不断完善预报模型。对比分析强降雨过程实际汇水产流情况与洪水预报模型，不断完善预报模型，实现中小河道、山洪沟道流量、水位实时监测。完善山区道路重点弯道、坡道和险段的地质灾害监测设施，分析雨中雨后山体塌方时空分布规律，提升动态监测和分析预警能力。统筹运用传统媒体和新媒体等各类媒体，增强预警信息和风险提示信息的针对性、时效性和覆盖面，遇有强降雨加密发布频次。开展预警信息发布的可达性、覆盖面和效果分析。

提升防汛应急避险转移能力。开展城市防汛应急避难场所布局现状和规划调查评价，摸清现状底数、分析存在问题，制定应急避险场所制度规定。强化旅客乘客疏散保障，完善飞机停航、火车和地铁停运滞留人员的疏散保障方案，确保有序快速安全疏散，保障旅客乘客滞留期间的基本生活需求。细化避险转移方案和措施，完善转移人员和避险地点台账，准确掌握相关乡镇（街道）、村（社区）及重要区域人员转移所需时间，实时掌握人员转移进展和转移人员动态。

提升防汛抢险救援能力。完善防汛应急物资、应急力量和救援点位布局，预置前置救援力量和抢险物资，就近就便靠前布防、机动巡查。重点提升内涝积水动态处置、突发山洪灾害处置和超标洪水险情处置能力，提升抢险救援队伍的应急救援能力，提升防汛突发事件的快速处置和安全保障能力。

4. 完善灾害防控应对体系

强化极端暴雨应对管理。突出防范极端暴雨应对，开展城市暴雨巨灾情景构建，梳理极端暴雨的主要致灾因素和承灾体，强化极端暴雨对各领域的风险分析，查明中心城区现有的应对极端暴雨的抗灾能力和短板不足，提出应对极端暴雨的措施。逐步建立极端暴雨风险分布图，有针对性地做好应急资源规划布局与准备，健全"市—区—街乡镇"三级应急物资储备体系，鼓励引导生产经营单位和家庭储备应急物资，强化公众避险安全知识普及，增强应对极端天气的自救能力。

强化城市防汛风险管控。结合历史积水情况，利用大数据等分析手段，全面排查城市低洼处、下凹式立交桥、铁路桥涵、隧道、地下空间等风险点，纳入风险地图管理。在分区逐一排查评估基础上，形成重点台账和风险地图，分别采取工程治理措施和特殊条件下的应急管理措施。结合暴雨情景构建洪水测报模型，逐步分析重要区域风险在极端条件下的演化。

强化防汛精细管理和协同应对。开展洪水、地质灾害预报预警与实况比对分析，加强城市运行状态信息共享，结合城市运行图、风险图和力量布防图科学研判可能发生的风险，实行扁平化、点对点指挥协调和风险防范管理，完善"一图、一册、一表"精细化管理。加强城市间防汛保障专项工作和应急队伍、物资、专家等应急资源的共享，逐步实现雨情、水情、舆情等数据的实时共享对接。

5. 夯实防汛综合保障体系

完善防汛物资保障体系。系统梳理防汛抢险类、救援类物资底数，立足极端强降雨应对，通过自储或代储等模式，满足应对极端气候的物资保障需求。充分利用物联网、互联网等技术，强化防汛物资仓库现代化管理，试点市级物资仓库物联网监控，动态监控物资装备储备使用情况，力争实现物资装备与汛情险情、抢险队伍等精准匹配。

完善应急抢险救援队伍体系。系统分析现状防汛抢险队伍应急抢险能力和薄弱环节，统筹建设综合抢险救援队伍、专业抢险救援队伍和社会抢险救援队伍相互支撑的防汛抢险救援队伍体系。增加空中救援力量，加强与消防救援队、志愿者队伍等的协同联动。推进防洪抢险和地质灾害救援现代化技术装备应用，加强现代化装备配备，通过应急抢险救援实训提升抢险救援效能。

完善防洪排涝工程基础体系。持续加强重要行洪河道堤防达标、险工险段除险加固、清淤清障等综合治理，做好水库安全鉴定、除险加固、降等销号等安全管理，规范蓄滞洪区建设与运用管理，提高防洪安全水平。提升水、电、气、通信等重要基础设施，危化企业等的生产设施，医院、学校、养老院、福利机构等公共服务场所的安全防护。

加强地铁、隧道、人防工程、地下室、地下通道等地下空间防倒灌措施、应急疏散措施和应急抢险措施。

持续强化防汛智能信息化建设。深度对接气象、水务、交通、地质灾害、涉山涉水景区、城市排水等防汛信息资源，充分利用物联网、移动互联网、云计算、大数据分析等技术，基于城市政务云平台共享防汛大数据，实现防汛大数据的汇集、融通、分析和决策，实现实时降雨与防汛重点部位的动态风险分析；充分利用大数据、移动互联、人工智能、虚拟现实、专业化模型、数字化预案等技术，加强人工智能在应急值守、巡查检查、指挥调度等方面的应用，提高防汛指挥决策能力和防汛工作现代化水平。

6. 拓展宣传和社会动员体系

加强防汛宣传培训演练。拓展防汛宣传渠道。利用"5·12"防灾减灾日、安全生产月、上汛日等时机，积极拓展新媒体、融媒体、全媒体等宣传渠道，开展形式多样、内容广泛的防汛宣传活动，普及防汛应急避险知识。组织开展多层次、多内容、多范围的防汛业务培训，提高防汛技术人员尤其是新任防汛干部的业务素质和专业处置能力。规范防汛演练活动，创新防汛演练模式，提高社会公众参与度，提高演练的实战化水平；各专项分指、各区防指每年至少组织开展一次多力量、多专业、多维度的防汛综合演练。

提升防汛社会动员能力。健全基层防汛应急管理力量。细化乡镇（街道）、社区（村）和社会单位等基层组织的防汛职责，探索鼓励社会单位、行业组织、基层网格员、乡镇（街道）专职安全员、灾情信息员等参与防汛工作。强化防汛减灾志愿者队伍建设管理，研究提出本市防汛减灾志愿者队伍发展计划，制定加强防汛减灾志愿者队伍建设的指导意见和分级分类管理标准，健全防汛减灾志愿服务规范运行机制。

增强公众科普力度。丰富防汛减灾科普形式，采用科普小视频、科普漫画、科普动画等形式，扩大科普范围，组织中小学在校生、相关从业人员每年至少参加一次防汛减灾科普活动。

6.4.2 城市防洪工程

1. 总体布局

城市防洪工程应在流域（区域）防洪规划、城市总体规划和城市防洪规划的基础上，根据城市自然地理条件、社会经济状况、洪涝特点，结合城市发展需要确定，并应利用河流分隔、地形起伏采取分区防守。城市防洪工程总体布局，应与城市发展规划相协调、与市政工程相结合，在确保防洪安全的前提下，兼顾综合利用要求，发挥综合效益；应保护生态与环境，保留城市的湖泊、水塘、湿地等天然水域，并应充分发挥其防洪滞涝作用；应将城市防洪保护区内的主要交通干线、供电、电信和输油、输气、输水管道等基础设施纳入城市防洪体系的保护范围；应根据工程抢险和人员撤退转移等要求设置必要的防洪通道。

江河洪水防治应分析城市发展建设对河道行洪能力和洪水位的影响，应复核现状河道泄洪能力及防洪标准，并应研究保持及提高河道泄洪能力的措施。江河洪水防治工程设施建设应上下游、左右岸相协调，不同防洪标准的建筑物布置应平顺衔接。对行（泄）洪河道进行整治时，应避免或减少对水流流态、泥沙运动、河岸稳定等产生不利影响，同时应防止在河道中产生不利于河道稳定的冲刷或淤积。位于河网地区的城市，可根据城市河网情况分区，采取分区防洪的方式。

城市涝水防治应洪涝兼顾、统筹安排，应根据城市地形、地貌，结合已有排涝河道和蓄滞涝区等排涝工程布局，确定排涝分区、分区治理。城市排涝应充分利用自排条件，并据此进行排涝工程布局，自排条件受限制时，可设置排涝泵站机排。排涝河道出口受承泄区水位顶托时，宜在其出口处设置挡洪闸。

防潮堤防布置应与滨海市政建设相结合，与城市海滨环境相协调，与滩涂开发利用相适应。滨海城市防潮工程，应根据防潮标准和天文潮、风暴潮或涌潮的特性，分析可能出现的不利组合情况，合理确定设防潮位。位于江河入海口的城市，应分析洪潮遭遇规律，按设计洪水与设计潮位的不利遭遇组合，确定海堤工程设防水位。海堤工程设计应分析风浪的破坏作用，采取消浪措施和基础防护措施；应分析基础的地质情况，采用相应的加固处理技术措施。

山洪防治应以小流域为单元，治沟与治坡相结合、工程措施与生物措施相结合，进行综合治理。坡面治理宜以生物措施为主，沟壑治理宜以工程措施为主。排洪沟道平面布置宜避开主城区，当条件允许时，可开挖撇洪沟将山坡洪水导至其他水系。山洪防治应利用城市上游水库或蓄洪区调蓄洪水削减洪峰。

位于泥石流多发区的城市，应根据泥石流分布、形成特点和危害，突出重点、因地制宜，因害设防。防治泥石流应开展山洪沟汇流去的水土保持，建立生物防护体系，改善自然环境。新建城市或城区，城市居民区应避开泥石流发育区。

2. 江河堤防

堤线选择应充分利用现有堤防设施，结合地形、地质、洪水流向、防汛抢险、维护管理等因素综合分析确定，并应与沿江（河）市政设施相协调。堤线宜顺直，转折处用平缓曲线过渡。堤距应根据城市总体规划、地形、地质条件、设计洪水位、城市发展和水环境的要求等因素，经技术经济比较确定。

防洪堤防（墙）可采用土堤、土石混合堤、浆砌石墙、混凝土或钢筋混凝土墙等形式。堤型应根据当地土石料的质量、数量、分布和运输条件，结合移民占地和城市建设、生态与环境和景观等要求，经综合比较选定。土堤迎流顶冲、风浪较大的堤段，迎水坡可采取护坡防护，护坡采用干砌石、浆砌石、混凝土和钢筋混凝土板（块）等形式或铰链排、混凝土框格等，并根据水流流态、流速、料源、施工、生态与环境相协调等条件选用；非迎流顶冲、风浪较小的堤段，迎水坡采用生物护坡。背水坡无特殊要求时宜采用生物护坡。对水流流速大、风浪冲击力强的迎流顶冲堤段，采用石堤或土石混合堤。土石混合堤在迎水面砌石或抛石，其后坝筑土料，土石料之间设置反滤层。城市主城区建设堤防，当场地受限制时，可采用防洪墙。防洪墙高度较大时，可采用钢筋混凝土结构；高度不大时，可采用混凝土或浆砌石结构。防洪墙结构形式可根据城市规划要求、地质条件、建筑材料、施工材料等因素确定。防洪墙进行抗滑、抗倾覆、地基整体稳定和抗渗稳定验算，使之满足稳定要求；若不能满足，应调整防洪墙基础尺寸或进行地基加固处理。

已建堤防（防洪墙）进行加固，改建或扩建：堤防（防洪墙）的加高加固方案，应在抗滑稳定、渗透稳定、抗倾覆稳定、地基承载力及结构强度等验算安全的基础上，经技术经济比较确定；土堤加高在场地受限制时，可采取在土堤顶建设防浪墙的方式加高；对新老堤的结合部位及穿堤建筑物与堤身连接的部位应根据设计结果，采取改建或加固措施；土堤扩建宜选用与原堤身土料性质相同或相近的土料，当土料特性差别较大时，应增设反滤过渡层（段）。

3. 海堤工程

海堤堤线布置应符合治导线规划、岸线规划要求，并应根据河流和海岸线变迁规律，结合现有工程及拟建建筑的位置、地形地质、施工条件及征地拆迁、生态与环境保护等因素，经综合比较确定。

海堤工程的形式应根据堤段所处位置的重要程度、地形地质条件、筑堤材料、水流急波浪特性、施工条件，结合工程管理、生态环境和景观等要求，经技术经济比较后综合分析确定。堤线较长或水文、地质条件变化较大时，可分段选择适宜的形式，不同形式之间应进行渐变衔接处理。

海堤堤身断面可采用斜坡式、直立式或混合式。风浪较大的堤段宜采用斜坡式断面；中等以下风浪、地基较好的堤段宜采用直立式断面；滩涂较低，风浪较大的堤段，宜采用带有消浪平台的混合式或斜坡式断面。堤身护坡的结构、材料应坚固耐久，应因地制宜、就地取材、经济合理、便于施工和维修。

建于软土地质的海堤工程，可采用换填砂垫层、铺设土工织物、设镇压平台、排水预压、爆炸挤淤及振冲碎石桩等措施进行堤基处理。厚度不大的软土地基，可换填砂垫层的措施加固处理，也可采用在地面铺设水平垫层（包括砂、碎石排水垫层及土工织物、土工格栅）堆载预压固结法加固处理。在软土层较厚的地基上填筑海堤，可采用填筑镇压平台措施处理地基。在淤泥层较厚的地基上筑堤时，可采用铺设土工织物、土工格栅措施加固处理。软弱土火淤泥深厚的地基，可采用竖向排水预压固结法加固处理。竖向排水通道材料可采用塑料排水板或砂井。淤泥质地基也可采用爆炸挤淤置换法进行地基置换处理。重要的堤段或采用其他堤基处理方法难以满足要求的堤段，可采用振冲碎石桩等方法进行堤基加固处理。

4. 河道治理及护岸（滩）工程

治理流经城市和江河河道，应以防洪规划、城市总体规划为依据，统筹防洪、蓄水、航运、引水、景观和岸线利用等要求，协调上下游、左右岸、干支流等各方面的关系，全面规划、综合治理。确定河道治导线，分析河道演变规律，顺应河势，上下游呼应、左右岸兼顾。河道治理应利于稳定河势，并应根据河道特性，分析河道演变趋势，因势利导选定河道治理工程措施，确定工程总体布置，必要时进行模型试验验证。桥梁、渡槽、管线等跨河建筑物轴线宜与河道水流方向正交，建筑物的跨度和净空满足泄洪、通航要求。

城市河道整治应收集水文、泥沙、河床质和河道测量资料，分析水沙特性，研究河道冲淤变化及河势演变规律，预测河道演变趋势及对河道治理工程的影响。河道整治工程堤防及护岸形式、布置应与城市建设风格一致，与城市环境景观相协调。护岸工程布置不应侵占行洪断面，不抬高洪水位，上下游应平顺衔接，减少对河势的影响。护岸形式应根据河流和岸线特性、河岸地质、城市建设、环境景观、建筑材料和施工条件等因素确定，可选用坡式护岸，墙式护岸、板桩及桩基承台护岸、顺坝和短丁坝护岸等。水深、风浪较大且河滩较宽的河道，可设置防浪平台，栽植一定宽度的防浪林。

建设场地允许的河段，宜选用坡式护岸。可采用抛石、干砌石、浆砌石、混凝土和钢筋混凝土板、预制混凝土块、连锁板块、模袋混凝土等结构形式。护岸结构形式的选择，可根据流速、波浪、岸坡土质、冻结深度以及场地条件等因素，结合城市建设和景观要求确定。当岸坡宽度较大时，可设置戗台及上、下护岸的台阶。水深较浅、淹没时间不长、非迎流顶冲的岸坡，可采用草或草与灌木结合形式的生物护岸。干砌石、浆砌石和抛石护坡材料，应采用坚硬未风化的石料；抛石下设垫层、反滤层或铺土工织物。浆砌石、混凝土和钢筋混凝土等护坡应设置纵向和横向变形缝。坡式护岸应设置护脚，护脚埋深宜在冲刷线以下 0.5 m；施工困难时可采用抛石、石笼、沉排、沉枕等护底防冲措施；重要堤段抛石增抛备填石。

受场地限制或城市建设需要可采取墙式护岸。各护岸段墙式护岸具体的结构形式，根据河岸地形地质条件、建筑材料以及施工条件等确定，可采用衡重式护岸、空心方块及异形方块式护岸或扶壁式护岸等。采用墙式护岸，应查清地基地质情况；当地基地质条件较差时，应进行地基加固处置，并在护岸结构上采取适当措施。墙式护岸基础埋深不应小于 1.0 m，基础可能受到冲刷时，应埋置在可能冲刷的深度以下，并应设置护脚。墙式护岸应沿长度方向，在新旧护岸连接处、护岸高度或结构形式改变处、护岸走向改变处、地基地质条件差别较大的分界处等位置设变形缝。墙式护岸应设排水孔，并应设置反滤；当挡水位较高、墙后地面高程又较低的护岸，应采取防渗透破坏措施。

地基软弱且有港口、码头等重要基础设施的河岸段，宜采用板桩式及桩基承台式护岸，其形式可根据荷载、地质、岸坡高度以及施工条件等确定。板桩宜采用预制钢筋混凝土结构；当护岸较高时，宜采用锚碇式钢筋混凝土板桩。板桩打入地基的深度，应满足桩墙和护岸整体抗滑稳定的要求。有锚碇结构的板桩，锚碇结构根据锚碇力、地基土质、施工设备和施工条件确定。

受水流冲刷、崩塌严重的河岸，可采用顺坝或短丁坝保滩护岸。通航河道、河道较窄急弯冲刷河段和以波浪为主要破坏力的河岸，宜采用顺坝护岸。受潮流往复作用、崩岸和冲刷严重且河道较宽的河段，辅以短丁坝群护岸。顺坝和短丁坝护岸设置在中枯水位以下，根据河流流势布置，与水流相适应，不得影响行洪；短丁坝不应引起流势发生较大变化。顺坝和短丁坝应做好坝头防冲和坝根与岸边的连接。短丁坝护岸宜成群布置，坝头连接应与河道治导线一致。丁坝坝头水流紊乱，受冲击力较大时，可采用加大坝顶宽度、放缓边坡、扩大护底范围等措施进行加固和防护。

5. 治涝工程

治涝工程应根据城市可持续发展和居民生活水平提高的要求，统筹兼顾、因地制宜地采取综合治理措施。治涝工程布局应根据城市的自然条件、社会经济、涝灾成因、治理现状和市政建设发展要求，与防洪（潮）工程总体布局综合分析，统筹规划，截、排、蓄综合治理；充分利用现有河道、沟渠等将涝水排入承泄区，充分利用现有湖泊、洼地滞蓄涝水；采取自排与抽排相结合，有自排条件的地区以自排为主，受洪（潮）水顶托、自排困难的地区，应设置挡洪（潮）排涝水闸，并设排涝泵站抽排。治涝工程应根据城市地形条件、水系特点、承泄条件、原有排水系统及行政区划等进行分区、分片治理。

排涝河道布置应根据地形、地质条件、河网与排水管网分布及承泄区位置，结合施工条件、征地拆迁、环境保护与改善等因素分析确定。开挖、改建、拓浚城市排涝河道，应排水通畅、流态平稳，各级排涝河道应平顺连接；受条件限制，河道不能明挖时，可用管（涵）衔接。主城区的排涝河道，根据排涝及城市建设进行防护，并与城市建设相协调；非主城区且无特殊要求的排涝河道，可保持原河床形态或采用生物护坡。

排涝泵站的规模，应根据城市排涝要求，按照近期与远期、自排与抽排、排涝与引水相结合的原则确定。排涝泵站站址，根据排涝规划、泵站规模、运行特点和综合利用要求，选择在有利于排水区涝水汇集、靠近承泄区、地质条件好、占地少、有利施工、方便管理的地段。排涝泵站的布置，应根据泵站功能与运用要求进行，单一排涝任务的泵站可采用正向进水和正向出水的方式，有排涝、引水要求的，采用排、引结合的形式；泵站引渠的线路，根据选定的取水口及泵房位置，结合地形地质条件布置，引渠与进水前池应水流顺畅、流速均匀、池底无涡流；泵站进出水流道形式，根据泵型、泵房布置、泵站扬程、出水池水位变化幅度等因素确定；出水池的位置应结合站址、管线的位置，选择在地形条件好、地基坚实稳定、渗透性小、工程量小的地点；泵房外出水管道的布置，应根据泵站总体布置要求，结合地形、地质条件确定。泵站应进行基础的防渗和排水，在泵站高水侧应结合出水池布置防渗设施，在低水侧应结合前池布置排水设施；在左右两侧应结合两岸连接结构设置防渗刺墙、板桩等，增加侧向防渗长度。泵房与周围房屋和公共建筑物的距离，应满足城市规划、消防和环保部门的要求，造型应与周围环境相协调，做到适用、经济、美观。

6. 防洪闸

闸址应根据其功能和运用要求，综合分析地形、地质、水流、泥沙、潮汐、航运、交通、施工和管理等因素，结合城市规划与市政工程布局确定。闸址应选择在水流流态平顺，河床、岸坡稳定的河段；泄洪闸、排涝闸宜选在河段顺直或截弯取直的地点；分洪闸应选在被保护城市上游，且河岸基本稳定的弯道凹岸顶点稍偏下游处或直段。闸址地基宜地层均匀、压缩性小、承载力大、抗渗稳定性好，有地质缺陷、不满足要求时，地基应进行加固处理。防潮闸闸址应根据河口河道和海岸（滩）水流、泥沙情况、冲淤特性、地质条件等确定；防潮闸闸址宜选在河道入海口处的顺直河段，其轴线宜与河道水流方向垂直。

闸的总体布置应结构简单、安全可靠、运用方便，并应与城市景观、环境美化相结合。闸的形式应根据其功能和运用要求合理选择；有通航、排冰、排漂要求的闸，应采用开敞式；设计洪水位高于泄洪水位，且无通航排漂要求的闸，可采用胸墙式，对多泥沙河流宜留有排沙孔。闸底板或闸坎高程，应根据地形、地质、水流条件，结合泄洪、排涝、排沙、冲污等要求确定。闸室总净宽应根据泄流规模、下游河床地质条件和安全泄流要求确定；闸室总宽度应与上、下游河道相适应，不应过分束窄河道。闸的闸顶高程不应低于岸（堤）顶高程，泄洪时不应低于设计洪水位（或校核洪水位）与安全超高之和；挡水时不应低于正常蓄水位（或最高挡水位）加波浪计算高度与相应安全超高之和，并注意多泥沙河流上因上、下游河道冲淤变化引起水位升高或降低的影响、软弱地基上地基沉降的影响、水闸两侧防洪堤堤顶可能加高的影响。闸与两岸的连接，应保证岸坡稳定和侧向渗流稳定，有利于改善水闸进、出水水流流态，提高消能防冲效果、减轻边荷载的影响；闸顶应根据管理、交通和检修要求，修建交通和检修桥。闸上、下翼墙宜与闸室及两岸岸坡平顺连接，上游翼墙长度应长于或等于铺盖长度，下游翼墙长度应长于或等于消力池长度。闸门形式和启闭设施应安全可靠，运转灵活，维修方便，可动水启闭，并应采用较先进的控制设施。防渗排水设施的布置，应根据闸基地质条件、水闸上下游水位差等因素，结合闸室、消能防冲和两岸连接布置确定，形成完整可靠的防渗排水系统。闸上、下游的护岸布置，应根据水流状态、岸坡稳定、消能防冲效果以及航运、城建要求确定。消能防冲形式，应根据地基情况、水力条件及闸门控制运用方式等因素确定，宜采用底流消能。地基为高压缩、松软的地层时，应根据基础情况采用换基、振冲、强夯、桩基等措施进行加固处理，有条件时也可采用插塑料排水板或预压加固措施等。对于泥质河口的防潮闸，应分析闸下河道泥沙淤积规律和可能淤积量，采取防淤、减淤措施；对于存在拦门沙的防潮闸河口，应研究拦门沙位置变化对河道行洪的影响。防潮闸门形式宜采用平板钢闸门，在有减少启闭容量、降低机架高度要求时可采用上、下双扉门。

7. 山洪防治

根据山洪沟所在的地形、地质条件，植被及沟壑发育情况，因地制宜，综合治理，形成以水库、谷坊、跌水、陡坡、撇洪沟、截流沟、排洪渠道等工程措施与植被修复等生物措施相结合的综合山洪防治体系。山洪防治应以山洪沟流域为治理单元进行综合规划，并应集中治理和连续治理相结合。山洪防治宜利用山前水塘、洼地滞蓄洪水。排洪渠道、截流沟宜进行护砌，排洪渠道、截流沟、撇洪沟应提高质量要求，并按有关规定落实植树造林等生物措施以及修建梯田、开水平沟等治坡措施。

山洪沟或排水渠道底部纵坡较陡时，可采用跌水或陡坡等构筑物调整。跌水和陡坡水面线应平顺衔接。跌水和陡坡的进、出口段，应设导流翼墙与沟岸相连接；连接形式可采用扭曲面，也可采用变坡式或八字墙式。跌水和陡坡的进、出口段应护底，其长度应与翼墙末端平齐，底的始、末端应设一定深度的防冲齿墙；跌水和陡坡下游应设置消能防冲措施。跌水跌差小于或等于5 m时，可采用单级跌水，跌水跌差大于5 m，采用单级跌水不经济时，可采用多级跌水；多级跌水可根据地形、地质条件，采用连续或不连续的形式。陡坡护底在变形缝处应设齿坎，变形缝内应设止水或反滤盲沟，必要时可同时采用。当陡坡的流速较大时，其护底可采取人工加糙减蚀措施或采用台阶式。

山洪沟可利用谷坊措施进行整治。谷坊形式应根据沟道地形、地质、洪水、当地材料、谷坊高度、谷坊失事后可能造成损失的程度等条件确定，可采用土石谷坊、浆砌石谷坊、铅丝石笼谷坊、混凝土谷坊等形式。谷坊位置应选在沟谷宽敞段下游窄口处，山洪沟道冲刷段较长的，可顺沟道由上到下设置多处谷坊。谷坊高度应根据山洪沟自然纵坡、稳定坡降、谷坊间距等确定，一般为 1.5 ～ 4 m。谷坊应建设在坚实的地基上，当为岩基时，应清除表层风化岩。铅丝石笼、浆砌石和混凝土等形式的谷坊，在其中部或沟床深槽处设置溢流口。浆砌石和混凝土谷坊，每隔 15 ～ 20 m 设一道变形缝，谷坊下部设排水孔。土石谷坊，不得在顶部溢流，宜在坚实沟岸开挖溢流口或在谷坊底部设泄洪流孔，并应进行基础处理。

城市防治山洪可采用撇洪沟将部分或全部洪水撇向城市下游。撇洪沟应顺应地形布置，宜短直平顺、少占耕地、减少交叉建筑物、避免山体滑坡。撇洪沟断面应采取防冲措施。截流沟宜沿保护地区上部边缘等高线布置，选择较短路线或利用天然河道就近导入承泄区。

排洪渠道宜沿天然沟道布置，选择地形平缓、地质条件稳定、拆迁少、渠线顺直的地带。排洪明渠纵坡可根据渠线、地形、地质及山洪沟连接条件和便于管理等因素确定，当自然纵坡大于 1：20 或局部渠段高差较大时，设置陡坡或跌水；纵坡变化处应保持平顺，避免产生壅水或冲刷。排洪明渠进出口平面布置，宜采用喇叭口或八字形导流翼墙。排洪渠道进口处宜设置拦截山洪泥沙的沉砂池。排洪暗渠应设置检查井，其间距一般为 50 ～ 100 m，暗渠走向变化处应加设检查井。排洪渠道出口受承泄区河水或潮水顶托时，宜设防洪（潮）闸；对排洪暗渠也可采用回水堤与河（海）堤连接。

8. 泥石流防治

城市防治泥石流，应根据泥石流特点和规模制定防治规划，建设工程体系、生物体系、预警预报体系相协调的综合防治体系。泥石流防治应根据泥石流特点和当地条件采用综合治理措施；在泥石流上游宜采用生物措施和截流沟、小水库调蓄径流，泥沙补给区宜采用固沙措施，中下游宜采用拦截、停淤措施，通过市区段宜修建排导沟。城市泥石流防治以预防为主，主要城区应避开严重的泥石流沟；对已发生泥石流的城区宜以拦为主，将泥石流拦截在流域内，减少泥石流进入城市，对于重点防护对象应建设有效的预警预报体系。

泥石流拦挡坝的坝型和规模，应根据地形、地质条件和泥石流的规模等因素确定；拦挡坝应能溢流，可选用重力坝、格栅坝等。拦挡坝坝址应选择在沟谷宽敞段下游卡口处，可单级或多级设置。以拦挡泥石流固体物质为主的拦挡坝，对间歇性泥石流沟，其库容不小于拦蓄一次泥石流固体物质总量，对常发性泥石流沟，其库容不得小于拦蓄一年泥石流固体物质总量；以依靠淤积增宽沟床、减缓沟岸冲刷为主的拦挡坝，坝高按淤积后的沟床宽度大于原沟床宽度的 2 倍确定；以拦挡泥石流淤积物稳固滑坡为主的拦挡坝，其坝高应满足拦挡的淤积物所产生的滑坡力大于滑坡的剩余下滑力。拦挡坝基础埋深，应根据地基土质、泥石流性质和规模以及土壤冻结深度等因素确定；拦挡坝的泄水口应有较好的整体性和抗磨性，坝体应设排水孔。

停淤场宜布置在坡度小、地面开阔的沟口扇形地带，并利用拦挡坝和导流堤引导泥石流在不同部位落淤，总淤积高度不宜超过 5 ~ 10 m。停淤场内的拦挡坝和导流坝的布置，应根据泥石流规模、地形等条件确定。停淤场拦挡坝的高度宜为 1 ~ 3 m；坝体可直接利用泥石流冲积物；对冲刷严重或受泥石流直接冲击的坝，宜采用混凝土、浆砌石、铅丝石笼护面；坝体应设溢流口排泄泥水。

排导沟宜布置在沟道顺直、长度短、坡降大和出口处具有停淤堆积泥石场地的地带。排导沟进口可利用天然沟岸，也可设置八字形导流堤。排导沟横断面宜窄深，坡度宜较大，其宽度可按天然流通段沟槽宽度确定，沟口应避免洪水倒灌和受堆积场淤积的影响。城市泥石流排导沟的侧壁应护砌，护砌材料可根据泥石流流速选择，采用浆砌块石、混凝土或钢筋混凝土结构。护底结构形式可根据泥石流特点确定。通过市区的泥石流沟，当地形条件允许时，可将泥石流导向指定的落淤区。

9. 防洪工程管理

城市防洪工程管理应明确管理体制、机构设置和人员，划定工程管理范围和保护范围，提出监测、交通、通信、警示、抢险、生产管理和生活设施，建设城市防洪预警系统，编制城市防洪调度方案、运行管理规定等。城市防洪工程管理应对超标准洪水处置区建设相应的管理制度。

城市防洪预警系统的结构体系应符合流域（区域）防洪预警系统的框架要求，应包括外江河洪水、内涝、雨水排水、山洪和泥石流预警等，城市雨情、水情、工情信息采集系统以及通信传输系统，计算机决策支持系统，预警信息发布系统等。防洪预警系统应实行动态管理，结合新的工程情况和调度方案不断进行修订。

6.5 城市内涝防治

6.5.1 城市排涝设施

城市排涝设施包括雨水管渠、雨水泵站、调蓄设施和行泄通道等。排涝设施的平面位置与高程应根据内涝风险等级区划、地形地质、现状设施、施工条件及养护管理方便等因素综合确定。有条件自排的城镇排水分区，应以雨水管渠自排为主；受洪（潮）水顶托，自排困难的城镇排水分区，可设圩区并通过排涝泵站强排或调蓄设施调蓄排放。排涝工程设施规划设计宜统筹考虑初期雨水污染控制、合流溢流污染控制和雨水利用等工程措施。

1. 雨水管渠

根据城镇规划布局、地形，结合竖向规划和城镇受纳水体位置，按照就近分散、高水高排、低水低排、自流排放的原则进行汇水区划分和系统布局雨水管渠。

雨水管渠以重力流为主、顺坡敷设。雨水干管布置在排水区域内地势较低或便于雨水汇集的地带。雨水管渠宜沿城镇道路敷设，与道路中心线平行；在道路红线宽度超过 40 m 的城镇干道两侧宜布置雨水管渠。

雨水管渠排出口标高应与河道水位相衔接，雨水管渠排出口底高程宜高于受纳水体的常水位，条件许可时宜高于设计防洪（潮）水位。当雨水管渠排出口存在受水体水位顶托的可能时，应根据地区重要性和积水影响，设置潮门、拍门或雨水泵站等设施。

2. 雨水泵站

雨水系统宜不设或少设雨水泵站，雨水自排困难地区，可设置雨水泵站进行强排。雨水泵站的设计流量，按泵站进水总管的设计流量计算确定。当立交道路设有盲沟时，其渗流水量应计入泵站设计流量。

雨水泵站宜结合周围环境条件，与居住、公共设施等保持必要的防护距离。管渠系统中雨水泵站的设计规模，应与城镇内涝防治系统的其他组成部分相协调，应满足内涝防治设计重现期的要求。

3. 雨水调蓄设施

雨水调蓄设施包括天然雨水调蓄设施、人工雨水调蓄设施和广场、绿地等临时雨水调蓄设施。城镇雨水调蓄设施的规模和布局应根据地形特点和市政管网排水能力等因素进行综合分析确定。

雨水调蓄设施宜利用城镇中的洼地、河道、池塘和湖泊等调节雨水径流；有条件的可将涝水引入作为临时雨水调蓄设施的广场、湿地等进行滞蓄入渗，必要时可建人工雨水调蓄设施。雨污分流地区宜利用湖泊、池塘等天然雨水调蓄设施的调蓄能力；雨污合流地区的天然雨水调蓄设施不宜承担内涝防治设计重现期内降雨的雨水调蓄功能，但可承担超标降雨的调蓄。雨水调蓄设施应按照不同用途配套建设相应的收集与排放系统。当采用绿地、广场等公共设施作为临时雨水调蓄设施时，应合理设计雨水的进出口，并应设置警示牌，标明该设施成为雨水调蓄设施的启动条件、可能被淹没的区域和目前的功能等。对无污染和污染较小的雨水宜收集回用，也可通过绿地或透水铺装地面入渗地下。

作为临时雨水调蓄设施的湿地、滨水空间、户外广场、体育场及停车场等应在满足主体功能的基础上，兼顾城镇防涝需求，其形态、规模、位置、竖向和植物选择应满足蓄、排水要求。当人工雨水调蓄池结合绿地、公园和广场等公共设施建设时，应满足公共设施的建设要求，保证公共设施性质和功能不变。

4. 行泄通道

内涝风险大的地区宜结合其地理位置、地形特点等设置雨水行泄通道。行泄通道主要包括内河、排水沟渠、经过设计预留的道路等地表行泄通道，以及调蓄隧道等地下行泄通道。

行泄通道的设置应与涝水汇集路径、内涝风险区划和城镇用地布局等相结合，并宜考虑利用地表行泄通道排除涝水。当地表行泄通道难以实施或不能满足行泄要求时，可采用设置于地下的调蓄隧道等设施。

当城镇易涝区域选取部分道路作为行泄通道时：应选取排水系统下游的道路，不应选取城镇交通主干道、人口密集区和可能造成严重后果的道路；应与周边用地竖向规划、道路交通和市政管线等情况相协调；行泄通道上的雨水应就近排入水体、管渠或调蓄设施，设计积水时间不应大于 12 h，并应根据实际需要缩短；达到设计最大积水深度时，周边居民住宅和工商业建筑物的底层不得进水；不应设置转弯；应设置行车方向标识、水位监控系统和警示标志。

6.5.2 城市内涝点防治措施

城市易涝点主要是指地表以下、自然形成或人工开发的易发生积水造成内涝的场所或地点，如地下道路与交通设施，地下市政场站、地下市政管线、地下市政管廊等地下公用设施，地下商业服务设施、地下人民防空设施，下沉式广场、下穿立交，以及与周边地形相比相对低洼 0.15 m 及以上的区域。内涝防治以防为主、以排为辅；下沉空间和低洼区域内涝防治采取防、排结合的方式，应采取防止客水进入的措施。地下空间、下沉空间和低洼区域的雨水无法重力自排时，应设置雨水泵站进行强排，并确保用电可靠性；建立内涝预警和监控系统，并纳入综合应急指挥平台体系。

1. 地下空间

地下空间防涝措施包括抬高出入口高程、设置出入口遮雨措施、排水沟、防淹门或挡板等防止客水进入措施、地下空间内部排水设施、供电保障系统等。地下空间出入口的周边地面高程应高于所在区域雨水受纳水体的防洪、防涝水位，并应考虑安全加高；出入口应设置反坡，且坡顶高程应高于周边地面高程；出入口宜设置防淹门或防淹挡板，防淹门或防淹挡板高度应高于出入口外端超标降雨积水深度，且防淹门或防淹挡板高度不宜低于 0.5 m；出入口宜设置延伸至地下空间出入口外端的遮雨措施，以防止雨水直接进入地下空间内部；出入口外端及低端应设置排水沟；当出入口无遮雨设施时，应在敞开段的较低处增设截水沟。

车行出入口高程宜高出周边地面 0.15 m 及以上，人行出入口高程宜高出周边地面 0.5 m 及以上。

地下空间内部设置的供电、应急等设施及重要用房应避免设置在最低点，其基础、室内地坪或门槛高出所在楼层地面 0.15 m 及以上。地下空间内部应合理设计地面坡度、排水沟、集水池和排水泵等排水措施，有利于排水。

排水泵不应少于 2 台，不宜大于 8 台，紧急情况下可同时使用；集水池除满足有效容积外，还要满足水泵设置、水位控制器等运行、安装和检查要求。排水泵采用自动启停控制方式，设置就地手动启停装置。排水泵出水管末端应有防止外部水体倒灌的措施。

地下空间的建（构）筑物孔口及进出管线应采取防止雨水及地面水进入的措施，露出地面的孔口最下沿标高要高于所在区域雨水受纳水体的防洪、防涝水位，且高出室外地面不宜小于 0.5 m。地下空间内设置水位监测系统，当出入口有雨水进入且内部积水深度超过警戒水位时，应报警并关闭地下空间出入口处的防淹门或防淹挡板。

2. 下沉空间

下沉空间防涝措施包括抬高出入口高程、设置内部排水系统及供电保障系统、临时封闭下沉空间等。下沉广场等下沉空间的上部出入口的周边地面高程应高于所在区域雨水受纳水体的防洪、防涝水位，必要时应安全加高；当条件受限时，采取设置防洪墙、防淹挡板等防涝措施。下沉广场等下沉空间的内部地面设有建筑入口时，下沉空间地面应比建筑室内地面低 0.15 m 及以上，并宜在内部出入口处设置应急挡水设施。

下沉空间出入口设置反坡，且坡顶高程应高于周边地面高程。车行出入口坡顶高程宜高出周边地面 0.15 m 及以上，人行出入口坡顶高程宜高出周边地面0.5 m 及以上。

下沉空间内部设置的供电、应急等设施及重要用房应避免设置在最低点，其地面或门槛应高出所在楼层地面 0.15 m 以上。

下沉空间内部不应承接屋面雨水排水，应合理设置地面坡度，分散布置排水沟、集水池及排水泵，保证雨水就近及时外排。下沉空间地面排水集水池的有效容积，不应小于最大一台排水泵 30 s 的出水量。下沉空间宜设置独立的排水系统，且排水泵出水管末端应设置防止外部水体倒灌的措施。当外部雨水系统无法全部接纳下沉空间雨水量时，应设置雨水调蓄池。下沉空间内部通道最低点宜设置水位监测系统，当车行通道积水深度超过 0.3 m 或人行通道积水深度超过 0.5 m时，应采取临时封闭措施。

3. 低洼区域

低洼区域防涝措施包括抬高低洼区域高程、减小汇水范围、优化排水系统和实施临时封闭等。

在不造成新的低洼区域或内涝风险点的前提下，低洼区域防涝优先考虑竖向处置，从源头消除内涝风险点。

可通过设置反坡、优化排水分区等措施，缩小低洼区域的汇水范围，减小其内涝风险。优化低洼区域所在排水分区的雨水口、雨水管渠、雨水泵站和调蓄池等排水设施。

低洼深度超过 0.3 m 的车行地面、超过 0.5 m 的人行地面，在最低点宜设置水位监测系统。当车行通道积水深度超过 0.3 m 或人行通道积水深度超过 0.5 m 时，应采取临时封闭措施。

6.5.3 防涝管理

防涝管理可分为日常维护和应急管理。日常维护措施一般包括城镇内涝在线监测系统、内涝防治设施的日常维护管理。当遭遇暴雨时，应采取应急管理措施，应急管理措施一般包括应急预案、预警预报和应急处置等措施。

1. 日常维护

城市可根据本地区易涝点分布、市政设施厂站分布和用地布局等因素建立维修养护基地。维修养护基地一般设置在泵站、污水处理厂等市政设施厂站内，并靠近城镇主干道。应进行内涝防治设施的定期维护，最大限度保障汛期排水设施设备的稳定可靠。特别是源头径流控制设施应加强运行维护，保障运行效果。必要时，可建立城镇内涝在线监测系统，在内涝风险区、内涝风险点所在的主干河道、排水主干管和雨水管网关键节点等位置设置监测流量、流速及管网运行情况等的具有自动控制系统的监测装置。

2. 应急管理

城市应制定内涝灾害应急预案；根据流域防洪规划总体安排和城镇防涝规划，合理制定相应的内涝灾害应急措施。根据当地内涝特性及防涝实际需要建立防涝预警系统。防涝预警系统应包括内河水位、雨水管渠及雨水泵站流量，易涝区的积水深度、时间及流速等预警内容，应与当地防汛预警系统结合，并与流域防洪预警系统联动。

每年汛前或收到台风、强降雨等预警后，应对内涝防治设施的可靠性进行全面排查。对汛前暂不能整治到位的内涝风险点，配备移动排水、交通疏导和人员疏散等应急抢险设施，并设立醒目、易于辨识的公众警示标记，避免发生安全事故。根据实际需求，设置应急物资储备仓库，保障应急物资、材料库存储备，并定期维护。

6.6 地质灾害防治

地质灾害防治应以灾害危害程度为重要参考，综合考虑工程地质、水文地质、气象水文、地理及人文环境、荷载、邻近建（构）筑物、施工条件和工期等因素，因地制宜，科学实施。

6.6.1 崩塌防治

危岩体崩塌防治包括支撑、锚固、填充、灌浆、卸载、拦石墙（堤）、拦石网、柔性防护网、防护林、截水、排水等，宜采用两种或两种以上措施联合使用。位于陡崖上的危石及危岩体可采用卸载的治理方式，当不宜清除或清除有困难时，可选择加固、拦截等防治措施。滑移式危岩可根据危岩体的完整性采用卸载、锚杆（索）防治措施，并对危岩基座进行防护加固。坠落式危岩可采用支撑（支撑＋锚固）、卸载等防治措施。危岩崩塌防治区的未稳定崩塌堆积体按不稳定斜坡进行治理。在植被发育良好的区域，不宜采取大面积挂网喷射混凝土或混凝土注浆加固等措施。采用危岩体卸载治理时，应有有效的防护措施，避免造成次生灾害。

1. 锚固

存在临空外倾结构面的危岩体宜采用锚固治理方式，锚杆（索）锚固段应置于外倾结构面以下稳定地层内。规模较大、主控结构面开度较宽的倾倒式危岩体或滑移式危岩体，可采用预应力锚索锚固治理措施。完整性较好的危岩体可采用点锚锚固。倾斜式危岩体采用预应力锚杆锚固时，宜施加 30～50 kN 的低预应力；滑移式危岩体及坠落式危岩体可采用全长黏结非预应力锚杆锚固。

2. 嵌补和支撑

具有支撑条件时，优先采用支撑技术或具有支撑性能的综合措施进行危岩治理。差异性风化凹腔形成的危岩体崩塌宜采用嵌补封闭治理方式。嵌补支撑体可设计采用浆砌条石或片石、现浇混凝土或条石混凝土。危岩嵌补支撑体结构可采用墙撑、柱撑、墩撑、拱撑等形式。

3. 灌浆和填充

当危岩体顶部存在比较明显的裂隙时，应采用灌浆封闭治理措施；当危岩体底部出现比较明显的岩腔等缺陷时，一般采用填充治理措施。填充和灌浆应采用砂浆和细石混凝土，裂隙开度较小时可采用砂浆，较大时可采用细石混凝土。

4. 拦石和柔性防护

岩石坡面破碎或危岩单体特征不明确的危岩带宜优先考虑拦石墙、柔性防护网等防治措施。

在山地区域可利用拦石墙控制崩塌落石的影响范围。拦石墙分为普通式和桩板式两种类型。桩板式拦石墙由桩、板、加筋土体及防护（撞）栏组成，桩间板可为预制槽型板，桩、板后部的土堤为加筋土体。根据地形、地质条件、落石运动路径和施工条件综合考虑拦石墙的布置，将拦石墙置于落石与下垫面冲击点外侧 2 m 左右。拦石墙可用块石砌筑或填土夯实构成，通常考虑桩板式结构；必要时，可用加筋土，表面可用片石护坡。

可使用柔性防护网进行危岩体防护。柔性防护网分为主动防护网和被动防护网两种形式。应根据底层结构、产状、节理裂隙发育、变形特征等选择主动防护网的布置范围及主动防护网规格。应根据滚石速度、弹跳高度、落石冲击动能及落距等因素设置被动防护网。

5. 排水

受大气降水或地下水影响易产生崩塌或二次崩塌的陡斜坡应采用截排水治理措施。截排水工程包括排除坡面水、地下水和减小坡面水下渗等措施。坡面排水、地下排水和减小坡面水下渗措施宜统一考虑，并形成相辅相成的排水和防渗体系。根据危岩体崩塌地表周围汇水情况确定地表排水设置措施，可采用梯形、矩形明沟排水，受地形地质条件限制时也可采用复合结构。地下排水设施应采取反滤措施。危岩体内地下水比较丰富时，宜在危岩体中、下部或支撑体内钻设排水孔，排水孔应穿越渗透结构面。排水沟进出口平面布置，宜采用喇叭口或八字形导流翼墙。排水沟宜用浆砌片石或块石砌筑，地质条件较差可用毛石混凝土或素混凝土。排水沟沟底及边墙应设置伸缩缝，伸缩缝处沟底设齿前墙，伸缩缝内设止水或反滤盲沟。

6.6.2 滑坡防治

滑坡防治措施主要包括抗滑桩、抗滑挡墙、预应力或非预应力锚杆（索）、反压护道、清方减载、支撑盲沟、截排水沟等。滑坡治理一般选用综合的治理措施，选择具体措施时围绕滑坡主要引发因素和滑坡的力学特征等方面进行考虑。滑面深度不同时，滑坡支挡结构应考虑相应支挡结构岩土荷载大小、分布范围和作用点位置的不同。滑坡支挡结构位置应选在所需支挡力较小、滑体厚度较小或抗滑地段，但应避免滑坡一部分从支挡结构后方或上方滑出。

1. 抗滑桩

采用抗滑桩对滑坡进行分段阻滑时，每段以单排布置为主，若弯矩过大，采用预应力锚拉桩。抗滑桩设置应考虑滑坡体自重、孔隙水压力、渗透压力、地震力等的影响；跨越库水位线的滑坡应考虑每年库水位变动时对滑坡体产生的渗透压力。抗滑桩嵌固段桩底支承根据滑床岩土体结构及强度，可采用自由端、铰支端或固定端。抗滑桩桩底支承可采用自由端或铰支端。抗滑桩钢筋采用焊接、螺纹或冷挤压连接。接头类型以对焊、帮条焊和搭接焊为主。当受条件限制应在孔内制作时，纵向受力钢筋应以对焊或螺纹连接为主。

2. 预应力锚索（杆）

预应力锚索主要由锚固段、张拉段和外锚固段三部分构成，锚固段设置于稳定地层中。锚杆的预应力筋材料宜用钢绞线、高强度钢丝或高强精轧螺纹钢筋。永久性预应力锚索、对穿型锚杆及压力分散型锚杆的预应力筋应采用无黏结钢绞线。预应力锚杆的锚固段注浆材料宜选用纯水泥浆或水泥砂浆等胶结材料。自由段预应力筋宜采用塑料套管的双重防腐，套管与孔壁间注满水泥砂浆或纯水泥浆。垫墩结构类型应根据坡面的岩土体性质选择，岩土体完整性较好时选择单墩结构、岩土体完整性较差时选择连墩结构（竖向连墩或横向连墩）；松散堆积层或土质坡面可选择钢筋混凝土板或钢筋混凝土格构。预应力锚索（杆）永久性防护涂层材料应：对钢筋（钢绞线）具有防腐蚀作用；与钢筋（钢绞线）有牢固的黏结性，且无有害反应；与钢筋（钢绞线）同步变形，高应力状态下不致脱壳、开裂；有良好的化学稳定性，在强碱条件下不降低其耐久性。

3. 清方减载

清方减载适用于推移式滑坡、崩塌、不稳定斜坡等地质灾害治理。当开挖高度大时，应沿滑坡倾向设置多级马道，沿马道设横向排水沟；边坡开挖时，应同步建设纵向排水沟，并与城市或公路等排水系统衔接。削方减载后形成的边坡高度大于 8 m 时，应分段开挖，边开挖边护坡，护坡之后可继续开挖至下一个工作平台，严禁一次开挖到底；应采用喷锚网、钢筋砼格构等护坡，若高陡边坡设有马道，在坡顶开口线与马道之间、马道与坡脚之间，采用格沟护坡。边坡高度小于 8 m 时，可一次开挖到底，采用浆砌块石挡墙等护坡。采用爆破方法对后缘滑体或危岩体进行清方减载，应专门对周围环境进行调查，评估爆破振动对整体稳定性的影响和爆破飞石对周围环境的危害。

4. 回填反压

回填反压工程一般布置在滑坡前缘地势平缓、底层稳定的地段，应根据地形地质条件，选择单一的回填反压工程或带有支挡构筑物的复合型回填反压工程。回填反压工程应设置马道。回填反压工程宜采用渗水性较强、重度较大的块石或碎石土作填料，采用土质填料时，做好地基排水和坡面防护，且不应堵塞地下水的出口。

5. 加筋挡土墙

采用土石等材料堆填滑坡体前缘，以增加滑坡抗滑能力，提高其稳定性。库（河）水位变动带的回填措施应对回填体进行地下水渗流和库岸冲刷处理，设置反滤层和设置防冲刷护坡。

加筋挡土墙由基础、面板、筋带和填土等部分组成，通过土体—筋体的相互摩擦加固，以平衡侧向土压力。应查明施工范围地基性状、地下水、填料以及加筋体施工条件等。在满足筋体内部稳定性要求的情况下，填料选择可以消化施工区挖方弃土，若填料质量不能满足要求时，应进行级配选取。地基软弱地段或富水地段，应先对地基进行处理，以满足加筋体稳定性要求。筋带类型应充分考虑抗拉强度、抗蠕变和抗衰老化等因素，优先采用土工格栅或高强土工布作为加筋材料。加筋挡土墙作用荷载应根据挡土墙类型及工况确定；基本载荷包括加筋体自重、外带土体侧压力、下卧基底反力、墙顶活载、墙体静水压力及浮托力，特殊载荷考虑地震力和动水压力。挡土墙的整体稳定性应结合基本载荷和特殊载荷情况，分析抗滑稳定性、抗倾覆稳定性和地基承载力。

6.6.3 泥石流防治

泥石流治理一般以流域为单元采用生物措施与工程措施相结合的方式开展。在形成区采用恢复植被、建造多树种多层次的立体防护林、设置坡面截水沟、沟谷区的谷坊群、导流堤、护岸工程等防治措施。在流通区采用导流、护岸、护底、清障等治理方案进行疏导，保证流路通畅；在地形较好的地区，采用拦渣坝、停淤场、导流堤、护岸等治理方案控制流量；对规模巨大、势能大的泥石流，宜采用防撞墩、平面绕避改道、立面绕避（渡槽、隧道、桥梁）等防治措施；对泥石流水、沙集中的区域，宜采用停淤场、导流工程等防治措施进行停淤、分流；视地形条件，在堆积区停淤减沙或停淤束水攻沙，增大搬运能力，使泥沙顺利直接排入河流；对汇入河流的泥石流，采用导流堤、丁坝等措施，加大大河排沙能力，稳定主流切割扇缘，降低泥石流沟侵蚀基准面。

1. 排导槽

采用排导槽作为过流构筑物，在控制条件下将泥石流安全顺利地排泄到指定的区域。排导槽的基本荷载包括结构自重、土压力、泥石流体重量和静压力、泥石流冲击力；特殊组合包括结构自重、土压力、校核情况下的流体重量和流体静压力、泥石流冲击力、地震力等。排导槽纵坡采用等宽度一坡到底。根据泥石流流量、输沙粒径选择排导槽断面形态，常用断面形态有梯形、矩形和V型三种，也可根据需要设置为复合型。

2. 拦挡坝

为阻止或减轻泥石流破坏，可从沟床冲刷下切段下游开始，逐级向上游设置拦挡坝，也可在泥石流形成区的下部或形成—流通区的衔接部位设置拦挡坝，地形上拦挡坝应设置于沟床的颈部。在有大量漂砾分布及活动的沟谷下游应设置拦挡坝，坝高应满足回淤后长度覆盖所有漂砾，漂砾能稳定在拦挡坝库内。在平面上坝轴线尽可能按直线设置，并与流体主流线方向垂直。溢流口应居于沟道中间的位置，溢流宽度和下游沟槽宽度保持一致，非溢流部分应对称，坝下游设置消能工程。拦挡坝一般分为重力式实体拦挡坝和格栅坝两种。

重力式实体拦挡坝荷载包括坝体自重、土应力、水应力、冲击力等。作用于坝体的荷载组合应根据坝库使用情况、泥石流类型、规模及使用期内坝库与泥石流的遭遇情况进行综合考虑。溢流坝段居中，非溢流坝段一般成对称结构布置。溢流坝段的溢流口过流部分宜用内埋坚石、钢轨的钢筋混凝土整体浇筑，或用料石或钢板衬砌，表面做耐磨处理。非溢流坝段顶部在横向上宜设坡度，自溢流口向坝肩逐渐加高。坝下应设消能防护工程以及副坝和护坦。

格栅坝分为刚性和柔性两类，刚性格栅坝又可分为平面型和立体型两类。刚性格栅坝主要由钢管、钢轨、钢筋混凝土构件等材料组成，柔性格栅坝主要由高弹性钢丝网组成。常用的格栅坝类型包括切口坝、缝隙坝、梁式坝、桩林等。桩基埋在冲刷线以下，用混凝土或浆砌石做成整体式重力砌体结构基础。缝隙坝宜将开口布置在坝顶，可采用窄深的矩形、梯形、三角形断面。

3. 停淤场

停淤场应选在泥石流沟口堆积扇两侧的凹地或沟道中下游宽谷中的低滩地带。停淤场一般由拦挡坝、引流口、导流堤、围堤、分流墙或集流沟及排泥浆的通道或堰口等组成。拦挡坝位于停淤场引流口下游，通常用坞工或混凝土结构。固定式引流口可与拦河坝连成一体，也可采用与坝分离形式；采用坞工开敞式溢流堰或切口式溢流堰引流，宜采用重力式断面。

4. 沟道整治

拦挡坝固床稳坡工程适用于紧靠滑坡或沟岸不稳定段的下游修建拦挡坝，利用其挡蓄的泥沙淤埋滑坡剪出口或保护坡脚，使沟床岸坡达到稳定。

5. 坡面治理

坡面治理工程主要适用于泥石流沟形成区的治理，包括削坡工程、排水工程、等高线壕沟工程和水平台阶工程等。削坡工程用来修整部稳定坡面以减缓坡度，削坡后上部坡比1∶1左右，下部坡比1∶1.5左右，新坡面应即时修建被覆工程。排水工程的主要形式为排水沟；排水沟一般在沟谷上游形成主、支沟排水网；主沟布置应沿沟谷两侧与沟谷走向一致，排水沟应防渗。等高线壕沟工程中，壕沟的容积应容纳由壕沟间坡面流出的雨水量。

6. 植被工程

应根据泥石流发生的条件、性质及危害状况、发展趋势，结合当地自然条件和经济社会实际制定植被与工程防治相结合的综合治理方案。一般在泥石流的全流域实施多树种、多层次的立体保护。植被工程队浅层土体的不稳定性和侵蚀有较好的防治效果，而对于深层滑坡应采取植被工程与土建工程相结合进行综合治理。选择根系深而发达、固土能力强、寿命长的植物，同时所选择的植物要与栽植地的气候条件相适宜。

7. 截排水

截排水工程建设应充分考虑所需的地表水汇流量、暴雨强度、降雨历时、地面积水时间、管渠内雨水流行时间、水力半径等。环形截水沟应设置于可能发生泥石流的沟谷边界以外，距离不宜小于 5 m。排水沟宜在沟谷上游形成主、支沟排水网；主沟布置应沿沟谷两侧与沟谷走向一致，排水沟应防渗、防冲。跌水和陡坡进出口段，应设导流翼墙，与上、下游沟渠护壁连接。梯形断面沟道，可采用渐变收缩扭曲面；矩形断面沟道，可采用"八"字墙形式。

6.6.4 岩溶（区）塌陷防治

岩溶塌陷治理应根据岩溶发育特征和地表水径流、地下水赋存条件制定截流、防渗、堵漏或疏排措施。对塌陷或浅埋溶（土）洞宜采用挖填夯实法、充填法等进行治理，对深埋溶（土）洞宜采用注浆法、充填法等进行处理。对浅埋的溶沟（槽）、溶蚀等宜采用跨越法、充填法进行处理。对地貌、地质、水文地质条件复杂及塌陷量大、影响范围大的地段，可采用多种方法综合处理。

1. 充填法

充填法适用于溶（土）洞、溶沟（槽）等充填。充填材料可采用素土、灰土、砂砾、碎石、水泥砂浆等。当溶洞顶板可见时清理溶洞及周围松散物质，溶洞内回填大块石，至溶洞顶板以上，浇筑弧形钢筋混凝土盖板，上部夯填黏性土或毛石混凝土；对于重要场地，用水泥抹面，也可以在回填夯土的顶部浇筑钢筋混凝土盖板。当溶洞顶板不可见时，对塌陷坑逐层回填碎石并充填混凝土进行固结。

2. 跨越法

跨越法适用于溶洞周围围岩坚固稳定时的处理，并根据溶（土）洞、溶沟（槽）等大小、形状、岩体强度、地下水等因素确定洞侧支承条件。浅埋的开口型或跨度较大的溶（土）洞、溶沟（槽），采用梁、板、拱等结构跨越；规模较大的溶（土）洞、溶沟（槽）采用洞底支撑、沟槽底部连续支撑等处理。

3. 其他处理方法

注浆法适用于深埋溶洞、土洞的处理，可与其他方法综合使用。强夯法适用于处理浅部隐伏溶（土）洞，有效处理深度根据锤重及下落高度确定。

6.6.5 不稳定斜坡防治

不稳定斜坡地质灾害防治一般采用重力式挡墙、扶壁式挡墙、锚杆（索）及锚杆（索）挡墙、岩石锚喷支护、削坡、护坡、格构锚固等治理措施，通常采用两种或两种以上的治理措施。对稳定性较差的不稳定斜坡宜采用放坡或分阶放坡方式进行治理。存在临空外倾结构面的不稳定斜坡，支护结构基础应置于外倾结构面以下稳定地层中。当不稳定斜坡坡体内洞室密集而对斜坡产生不利影响时，根据洞室大小和深度等因素进行稳定性分析，采取相应的加强措施。

1. 重力式挡墙

根据墙背倾斜情况，重力式挡墙可分为俯斜式、仰斜式、直立式和衡重式等类型。重力挡土墙可用块石、片石、混凝土预制块作为砌体，也可用片石混凝土、混凝土进行整体浇筑。材料应质地均匀，具有耐风化、抗侵蚀性能，在地震地区应提高材料最低强烈级别。对变形有严格要求的边坡和开挖土石方危及边坡稳定的边坡不宜采用重力式挡墙，开挖土石方危及相邻建筑物安全的边坡不应采用重力式挡墙。

挡墙墙型的选择宜根据地质灾害体的稳定状态、施工场地条件、土地利用和经济性等因素综合确定。重力式挡墙的基础埋置深度，根据地基稳定性、地基承载力、冻结深度、水流冲刷情况和岩石风化程度等因素综合确定。挡墙后填土，优先选择抗剪强度高和透水性较强的填料。当采用黏性土作填料时，宜掺入适量的砂砾或碎石；不应采用淤泥土、耕植土、膨胀性黏性土等软弱有害的岩土作为填料。另外，挡墙后应设置良好的地表水排水系统。

2. 扶壁式挡墙

扶壁式挡墙有立壁、扶壁、底板（包括前趾板与后踵板）组成，适用于石料缺乏或地基承载力较低的填方边坡地段。挡墙应采用钢筋混凝土结构。挡墙基础应置于稳定的岩土层内，埋置深度应根据地基稳定性、地基承载力、冻结深度、水流冲刷情况和岩石风化程度等因素确定。当挡墙稳定受滑动控制时，应采取提高抗滑能力的构造措施。挡墙上设置泄水孔，按梅花型布置，折线墙背的易积水处也应设置泄水孔。在地下水发育地段，应加密泄水孔或加大泄水孔尺寸。

3. 削坡

当斜坡范围有放坡条件且无不良地质作用和生态环境破坏时，应优先采用削坡治理措施。当放坡开挖对相邻建（构）筑物有不利影响、地下水发育、采用削方整形不能有效改善边坡稳定性、地质条件复杂的一级边坡、坡体有外倾软弱结构面或夹层等情况时，不应单独采用削坡措施。削坡时应进行边坡环境整治，因势利导保持水系畅通。

边坡的整个高度可按同一坡率进行放坡，也可根据边坡岩土的变化情况按不同的坡率放坡。设置在斜坡上的人工压实填土边坡应验算稳定性；分层填筑前应将斜坡的坡面修成若干台阶，使压实填土与斜坡坡面紧密接触。边坡坡顶、坡面、坡脚和水平台阶应设排水系统，在坡顶外围应设截水沟。边坡表层有积水湿地、地下水渗出或地下水露头时，应根据实际情况设置外倾排水孔、盲沟排水、钻孔排水，以及在上游沿垂直地下水流向设置地下水廊道以拦截地下水等导排措施。对局部不稳定块体宜清除，也可用锚杆或其他有效措施加固。永久性边坡宜采用锚喷、浆砌片石或格构等构造措施护面；在条件许可时，宜采用格构或其他有利于生态环境保护和美化的护面措施。削方区坡顶及侧边界应与稳定的坡体相衔接，不得形成陡坎，边侧坡体应保持稳定。削方弃土不得随意就近对方，应放置于专门的工程弃渣堆放地；工程弃渣堆放地不应占用耕地和堵塞河道，不应影响当地地表水排泄；削方弃土应优先考虑再利用，用于回填反压及填筑建设土地用地，弃土边坡应保持稳定。

4. 锚喷支护

边坡采用锚喷支护应综合考虑岩土性状、地下水、边坡高度、坡度、周边环境、坡顶建（构）筑物荷载、地震力及气候等因素。锚杆支护采用预应力锚杆或预应力锚杆与非预应力锚杆相结合的支护类型。膨胀性岩石边坡、具有严重腐蚀性的边坡、未胶结的松散岩体、有严重湿陷性的黄土层、大面积淋雨地段、能产生冻胀岩体等边坡采用锚喷支护时应通过试验确定。岩质边坡采用锚喷支护后，对局部不稳定块体还应采取加强支护的措施。对受拉破坏的不稳定块体，锚杆应按有利于其抗拉的方向布置；对受剪破坏的不稳定块体，锚杆宜按逆向不稳定块体滑动方向布置。

5. 护坡工程

根据当地气候、工程地质和材料等情况，因地制宜，就地取材，对不同坡段或同一坡面的不同部位选用不同的护坡型式，采取综合措施，保证坡体稳定。在不良的气候和水文条件下，对粉砂、细砂与易于风化的岩石边坡，均应在土石方施工完成后及时防护。水库水位变动区的护坡部应满足风浪作用下的稳定性要求。

1）框格护坡

框格防护可采用混凝土、浆砌片（块）石、卵（砾）石等做骨架，框格内采用植物防护或其他辅助防护措施。图纸或风化岩石边坡进行防护时，可采用预制混凝土砌块或浆砌卵石、干砌片石等做骨架；对较陡、深挖方边坡，可采用现浇混凝土或浆砌片（块）石做骨架。框格的大小应视边坡坡度、边坡土质确定，并应考虑与景观的协调。采用框格防护的边坡边缘及坡脚均应采用与骨架部分相同的材料加固。

2）喷浆和喷射混凝土护坡

喷浆和喷射混凝土防护适用于边坡易风化、裂隙和节理发育、坡面不平整的岩石挖方边坡。喷射混凝土防护应在混凝土内设置菱形金属网或高强度聚合物土工格栅并通过锚杆或锚固钉固定于边坡上。

3）干砌片石护坡

干砌片石护坡适用于易受水流侵蚀的土质边坡、严重剥落的软质岩石边坡。干砌片石护坡一般分为单层铺砌和双层铺砌两种：单层铺砌厚度宜为 0.25 ~

0.35 m；双层铺砌的上层宜为0.25~0.35 m，下层宜为0.15~0.25 m。铺砌层下应设置碎石或沙砾垫层，厚度宜为0.10~0.15 m。

4）浆砌片石护坡

当边坡缓于1：1的土质或岩石边坡的坡面防护采用干砌石不适宜或效果不好时，可采用浆砌片石护坡。当水流流速较大，波浪作用较强，以及可能有漂浮物等冲击作用时，可采用浆砌片石防护并结合其他防护加固措施。地下水丰富的土质边坡，未采取排水措施时不应采用浆砌护坡。浆砌片石护坡的厚度一般为0.2~0.5 m，用于水位变动区的浆砌石防护，应满足波浪淘刷、水流冲刷、漂浮的冲击要求。

5）格构锚固

格构锚固护坡可用于防治坡体浅表层变形，保持坡面岩土层稳定，防治坡面冲刷剥蚀。格构锚固由锚杆、格构梁等组成，格构为钢筋混凝土梁，锚杆设置在格构梁节点处。格构锚固护坡前应对坡面削方整形，坡面应大致平顺，格构梁应保持横平竖直。格构锚固护坡区应与周边的稳定坡体相衔接，并保证坡面的排水畅通。格构锚杆分受力锚杆和构造锚杆两种类型，构造锚杆用于固定格构，不承受坡体下滑作用力。采用格构锚固进行护坡时，锚杆应穿过潜在滑动面一定深度，锚入稳定的岩土体，并与岩体结构面呈一定的交角。格构梁与锚杆应锚固可靠，锚杆杆体应弯折在格构梁中，或与格构梁主筋焊接。格构前缘可设置支墩，支墩材料为混凝土或浆砌石，也可支撑在挡土墙等护坡结构上，格构与支墩或挡土墙应相接。格构锚固护坡的顶底及侧边应设封边梁，封边梁与格构梁采用相同结构。采用预制格构梁时，应采用预应力钢筋混凝土梁，工厂制作成型，现场安装后施加锚拉预应力锁定。格构技术应与美化环境相结合，利用框格护坡，并在框格之间终止花草达到美好环境的目的。

6.6.6 治理工程监测

为有效应对地质灾害，除了采取相关治理措施外，还需采取监测措施对治理工程进行跟踪观察，提高预防、预控地质灾害的及时性。

1. 监测系统

治理工程监测系统包括仪器安装，数据采集、传输和存储，数据处理，预测预报等。监测仪器应具有可靠性和长期稳定性，有能与灾害体变形相适应的量程、精度和灵敏度，有防风、防雨、防潮、防震、防雷、防腐等与环境相适应的性能，仪器应有仪器生产许可证且产品质量合格。

2. 监测项目

滑坡监测主要包括大地变形、裂缝、深部位移、表面倾斜、深部倾斜、地下水位、孔隙水压力、地表水位、降雨量及人类工程活动等；危岩崩塌监测主要包括裂缝、表面倾斜、应力应变、冲击力、人类工程活动等；泥石流监测主要包括裂缝、冲击力、水量、地表水位、降雨量和人类工程活动等；地面塌陷监测主要包括大地形变、裂缝、深部位移、表面倾斜、应力应变、地下水位、水量、降雨量和人类工程活动等；建构筑物监测主要为建筑变形。

抗滑桩工程监测包括大地变形、表面倾斜、应力应变等；挡墙类工程监测包括大地变形、裂缝、表面倾斜、应力应变等；格构锚固及锚喷类工程、预应力锚杆（索）工程监测包括大地变形、应力应变等；回填类工程监测包括大地变形、裂缝、深部位移、表面倾斜、深部倾斜、应力应变、地下水位、孔隙水压力、地表水位、雨量及人类活动等；坡面防护类工程监测包括裂缝、地表水位、降雨量及人类工程活动等；排水工程监测包括大地变形、裂缝、水量、降雨量等。

3. 监测网和监测点

监测工程由监测网和监测点构成。监测网为变形测量网，分为高程网和平面网。监测网型视现场条件，可选择十字型、放射型、方格型、任意型网等网型。监测点分为基准点和监测点。基准点设置在灾害体及治理区外围稳定岩土层上；监测点的设置应能满足变形测量网建设要求，每个监测剖面监测点不宜少于 3个；监测点的布置要按治理工程的措施、地质条件、结构特点和观测项目来确定，选择有代表性的部位布置。监测剖面应控制主要变形方向，原则上应与治理工程垂直和平行。安全等级为一级的治理工程，监测纵剖面不宜少于 3 条；二级治理工程，监测纵剖面不宜少于 2 条。对地表变形剧烈地段、治理工程部位应重点控制，适当增加监测点和监测手段。监测数量视防治对象的多少确定，但每条剖面上的监测点，不应少于 3 个。变形观测应以地表位移监测为主；在剖面所经过的裂缝、支挡工程结构以及其他治理工程结构上，布置位移监测点及其他监测点；监测剖面两端要进入稳定岩（土）体并设置永久性水泥标桩，作为该剖面的基准点和照准点。应尽可能利用钻孔或平洞、竖井进行深部变形监测，并测定监测剖面上不同点的位移变化量、方向和速度。

挡土墙、拦挡坝每条剖面监测点数目不应小于 2 个监测点，监测点宜设置在坝肩顶上。排水工程、排导槽每条剖面监测点数目不应少于 2 个监测点，宜考虑在起始段或者转角较大处布置。降雨量监测点宜布设于灾害体外围附近，泥石流监测点宜设在清水区及物源区范围内。每条剖面监测点数目不应少于 1 处冲击力监测点，在竖向布置上，特别重要的构筑物（拦挡坝）不应少于 2 个冲击力监测点。地表水动态监测每条监测断面布置不宜少于 1 个监测点。泥石流流量监测每条监测断面布置不应少于 1 个监测点，宜考虑在排导槽起始段或者转角较大处布置。裂缝变形监测点应布设在重要裂缝中伸缩缝中点、两端、转折部位等关键部位，当裂缝变形增大或出现新裂缝时，视情况增设监测点。

施工期监测点，应布置在灾害体稳定性差的部位，力求形成完整的剖面，采用多种手段，互相验证和补充。监测点要尽量靠近监测剖面。削方区及回填反压区、回填岸坡及塌陷回填区的监测剖面，应主要布置在分区填筑接触处、地质条件复杂处、地形突变处。应对地表排水工程各沟段排水流量进行监测；观测点应在修建排水渠道时同时建立；主要布置在各段沟渠交接点的上游 10 m 处。抗滑桩应力、应变监测点，宜沿桩身内力分布特征选择有代表性的不同位置选取 3 ~ 5 处布置。锚杆（索）预应力监测点宜布置于自由段。

4. 监测点巡视

在日常工作中，应加强监测点巡视，特别是当监测点附近存在地质环境变化、工程构筑物变化以及各类裂缝修补、河（沟）谷清淤、沟道整治、坡面治理、植被工程、人类工程活动时，应进行重点巡视。

6.7 气象灾害防御

6.7.1 气象灾害监测预警

1. 气象灾害监测

1）加强监测站网建设

在国家气象观测站网布局的基础上，加密建设区域自动气象站、应用气象观测站、天气实景视频监控点、气象卫星和雷达信息接收设施，并共享上级或周边气象台站的各类气象灾害监测信息，满足可能发生的气象灾害和次生灾害的监测需要。国家气象观测站（含骨干站）每个县域至少建设 1 个。区域自动气象站每个乡镇宜建设 1 个及以上，在气象灾害敏感区、人口密集区、易发多发区以及监测设施稀疏区宜加密建设。县域内重要交通干线、著名风景名胜区、重要产业集聚区、设施农业园区、重要海岛和面积超过 50 km^2 并有人群居住的中小流域，区域自动气象站覆盖率应达 100%。区域自动气象站至少能测定温度、雨量、风向、风速四要素，探测环境相对空旷、通风，占地面积 10 m × 10 m（使用风杆缆线），受地形限制可适当缩小占地面积。

应用气象观测站宜根据当地农业生产和电力、交通、海洋、生态、旅游等的发展需求和服务保障需要，按照统一规划布局设置农业气象、农田小气候、大气电场、闪电定位、天气现象、能见度、大气成分、酸雨、沙尘暴、太阳辐射、气溶胶、负氧离子等监测设施。

天气实景视频监控点宜布设在气象灾害多发、频发并容易造成人民生命和财产损失的气象灾害防御重点区域。县域面积 1000 km^2 以上的，至少布设 10 个天气实景视频监控点，监控点地址宜选择具有代表本地气象灾害和地理环境特点的区域；县域面积小于 1000 km^2 的，视频监控点按照气象灾害监测需求进行布设。

落实气象探测环境保护和网络安全运行职责，各类气象监测设施宜指定人员或以政府购买服务定期开展维护。

2）监测信息共享

视需求情况，统一建设气象灾害监测信息共享网络平台，或部门共建监测数据云平台，接入并共享气象、水利、应急管理、自然资源、民政、交通运输、环保、电力、旅游等重点行业的气象灾害监测及次生灾害监测信息。相关部门和单位的监测数据接入共享平台前宜作数据对比分析或修正。

健全气象灾害监测信息共享平台日常维护机制，完善信息汇总与共享的组织管理。建立会商系统，也可依托视频会议系统或无线对讲、电话等其他通信设施，开展气象灾害监测信息、灾情信息的通报。开通气象灾害公众实拍报送渠道和信息汇集平台，鼓励公众上报目击信息。

地质灾害、小流域山洪易发区等监测重点区域，相关部门宜开展灾害联合监测。气象信息员做好灾害实况监测、灾情收集工作，及时通过便捷渠道上报灾害视频、图像和文字信息等。

2. 气象灾害预警

1）精细化预报

基于精细化预报指导产品，形成由市级气象台站订正或本级台站适时补充订正并适用于本地的临近（0~2 h）、短时（0~12 h）、短期（12~72 h）、中期（72~240 h）和延伸期（11~30 d）精细化预报服务产品体系。

提高精细化预报产品的时空分辨率和更新频率：临近预报产品宜至少包括降水等基本要素，空间分辨率小于或等于1 km，时间分辨率小于或等于10 min，预报更新频率小于或等于10 min；短时预报产品宜包括降水、气温、风向风速等基本要素，空间分辨率小于或等于3 km，时间分辨率小于或等于1 h，预报更新频率小于或等于1 h；短期预报产品应至少包括降水、气温、风向风速等基本要素，空间分辨率小于或等于3 km，时间分辨率小于或等于3 h，预报更新频率为每天至少2次。

应根据社会需求和防灾减灾需要，针对有关部门、重点行业、生产经营单位和公众开展气象精细化预报。

2）气象灾害预警

气象灾害预警信息由各级气象主管机构所属的气象台站按照职责向社会统一发布。

气象灾害预警信号按照气象灾害预警信号发布规定，实行属地分级、分类和分区域（乡镇）发布。因气象因素引发的水灾害、地质灾害、海洋灾害、森林火灾等气象次生灾害，可按相关规定和防御工作需要，与相关部门合作开展气象次生灾害联合预警。

及时向有关灾害防御、救助部门和单位通报气象灾害预警信号、灾害性天气警报；及时向应急管理、自然资源、交通运输、水利、农业、建设、旅游等部门通报大风（龙卷）、雷电、冰雹、短时突发暴雨等强对流天气的重要风险研判信息。

广播、电视、网站、新媒体等应有明确版面（画时段）播发气象灾害预警信号。气象灾害预警信号以图标形式发布的，保证图标刊播位置相对固定、图案清晰；以文字或语音形式发布的，明确指出预警信号名称、含义及相关防御指南。

气象灾害预警信号发布业务流程包括信息采集、业务会商、预警研判、信号制作、审核签发、信号发布、信号变更与解除。

建立部门联席会商制度，开展气象次生灾害联合预警，明确联合预警方案和联合发布业务流程。气象灾害联合预警的业务系统宜具备信息显示、自动报警、产品制作、预警发送、信息发布和全流程监控等功能。

3）气象灾害评估

根据气象灾害预报预警及灾害发生情况，适时开展灾前预评估、灾中跟踪评估、灾后影响评估，分析气象灾害的发生机理、风险程度、可控条件及影响等级等。

灾前对未来灾害天气可能产生的灾害风险进行预评估（预评估主要包括气象预报预测、可能灾情和风险分析、防灾建议等）。灾中根据实况灾情和灾害风险的加重或减弱情况进行跟踪评估（跟踪评估主要包括前期灾情和气象分析、未来天气分析、可能灾情和风险再分析、防灾救灾对策建议等）。灾后根据雨情、水情、墒情、风情、旱情等气象情况和灾情进行影响评估（影响评估主要包括天气气候概况、灾情及变化、致灾成因分析、前期风险评估评价、气象服务及效益综合评价、存在问题及改进措施、灾后重建和恢复生产对策建议等）。

3. 预警信息发布与传播接收

1）信息发布

依托网络信息技术，建立具有资料和数据实时共享、监测信息自动识别报警、预报产品订正、预警信息制作以及各类预报预警服务产品多渠道"一键式"发布等功能的气象综合业务平台。优化集成网站、短信、大喇叭、显示屏、微博、微信等多种气象信息发布渠道。建立气象信息发布运行监控系统、电子显示装置，实时监视信息发布状态。

建设具有基础信息显示、预警信息发布、灾害风险管理等功能的突发事件预警信息发布平台。设立突发事件预警信息发布中心，制定突发公共事件预警信息发布管理办法，明确突发事件预警信息发布职责、预警范围、预警类别、发布权限、审批程序、发布流程、发布渠道、保障措施等。县级平台按照上级相关建设规范，集成多渠道发布手段，接入相关部门和乡镇，并与国家、省、市级平台对接。按照当地政府管理办法的发布流程开展业务服务，通过各种渠道和手段向全社会及时发布气象灾害等突发事件预警信息。

2）信息传播

建立广播电视、通信运营企业气象灾害预警信息全网传播机制，公众覆盖率达到95%以上。气象台站与广播电视、通信运营企业建立快速传播运作方式和审批流程，利用广播、电视、短信向社会公众发布气象灾害预警信息。对台风、暴雨、暴雪、道路结冰等红色、橙色预警信号和对当地有重大影响的其他预警信号，以及雷电、大风、冰雹等强对流天气的预警信号，广播、电视等媒体和通信运营企业应采用滚动字幕、加开视频窗口以及插播、短信提示、信息推送等方式即时传播。

建立气象灾害预警信息社会传播机制，社区（村）、生产经营单位、社会组织等的工作人员作为社会传播节点，依法开展气象灾害预警信息传播工作。传播节点接收到当地气象台站发布的气象灾害预警信息后，可利用自有传播渠道向本区域、本单位群众进行传递；收到台风、暴雨、大风、暴雪、雷电、冰雹等橙色以上级别或可能给当地造成影响的气象灾害预警信号（含更新、解除信息）后，应快速完成传递。

气象灾害防御重点单位宜通过电话、短信、显示屏、大喇叭等多种手段及时传播气象灾害预警信息。在气象灾害发生期间气象灾害防御工作人员24 h值班，保证气象灾害预警信息能在本单位、本行业及时传播分发。

对乡镇（街道）及村（社区）的气象信息员、气象灾害防御重点单位联系人、气象志愿者等重要社会传播节点开展预警信息传递的培训和指导。

3）信息接收

统一布局气象灾害预警信息接收设施建设；气象灾害防御重点区域、信息盲区或设施稀疏区宜加密布设必要的预警大喇叭、气象电子显示屏、气象预警接收机、网络接收终端、卫星接收气象预警信息接收设施。协调广播、电视、报纸、网络等媒体和通信、户外媒体、车载信息终端等运营企业，统一将接收传播设施纳入布局建设方案。发挥社会和公共服务设施作用，制定气象灾害预警信息接收传播服务设施共享办法，共享农村应急广播、电子显示屏装置、户外媒体、车载信息终端等设施资源，传播气象预警信息。气象灾害预警信息接收传播设施（广播、电子屏、网络终端等）乡村普及率达80%以上。

气象灾害预警信息应覆盖每个县城的主要乡镇（街道）及村（社区）人员

密集区；村（社区）预警大喇叭即时接收播发气象灾害预警信息；调频广播由当地广播电台进行即时或定时广播；IP 应急广播系统定点定向实时传播；气象专用预警广播系统即时定点通过警报接收机，播发气象灾害预警信息；气象应急流动广播通过安装在气象应急车或公交车、出租车等之上的广播设施，即时播发气象灾害预警信息。

在当地频道定时播放日常气象影视节目，电视频道覆盖率达 100%；遇重大气象灾害等紧急情况时，气象台站在数字电视直接插播气象实时预警信息，并覆盖所有电视频道和电视用户。

公众手机短信全网发布平台推送预警信息宜覆盖各移动通信运营企业，遇可能遭到重大气象灾害影响时，根据当地相关管理办法和时效要求发布气象灾害预警信息，公众手机用户接收覆盖率达 90% 以上；日常气象短信由上级气象业务部门集约定时统一发布，公众定制的气象短信由当地气象台站制作；决策短信宜覆盖各级各类气象防灾减灾等决策服务人员，快速发送至各传播节点；基层各传播节点收到当地气象台站气象预警信息后，应快速传递至本辖区或本部门、本单位相关人员。

根据防灾减灾需要，在村（社区）安装必要的气象电子屏，具备文字、图标及多媒体播发功能，及时发布气象灾害预警信息；公共电子屏应具有气象预警信息推送功能，相关单位在必要时应通过公共场所电子屏幕、楼宇及交通显示屏播发气象灾害预警信息。

气象官方网站应及时发布日常天气预报，即时更新气象灾害预警信息；地方政府门户网站应具有气象信息显示区域，即时自动获取和更新气象灾害预警信息；视频会商系统应定期远程通报各地气象情况。

气象声讯电话咨询平台的气象信息由上级气象业务部门集约，或由当地气象台站统一制作发布和更新；气象声讯电话咨询平台分类别、分信箱制作符合当地生产生活需求的气象服务产品；气象灾害影响时即时滚动发布和更新气象预报预警信息；遇重大气象灾害时及时启动电话呼叫功能，将灾害防御信息通知到相关责任人。

气象微博和微信推送的气象信息内容文字流畅、插图精美，并突出即时性；气象智能手机客户端针对农业气象、灾害群测群防等重点人群需求，即时开展服务。

4. 气象灾害预警响应

1）应急联动

根据天气预报、气象灾害预警信息或上级应急指令，及时进入应急工作状态。对照当地气象灾害应急预案启动标准，及时启动气象灾害应急预案。遇气象灾害可能影响时，相关岗位安排专人值班并保持通信畅通；通过各类渠道发布气象灾害监测预报警报信息，在可能发生或多发重大气象灾害的重点区域，提醒乡镇（街道）和村（社区）气象服务组织向群众增发防灾避险明白卡，明白卡宜载明气象灾害的种类、可能受危害的类型、预警信号以及紧急状态下人员撤离和转移路线、避灾安置场所、应急联系方式等内容。气象灾害红色预警信号或对本地区可能有重大影响的其他级别的气象灾害预警信号发布后，加强警戒并关注易发生危害地区的工厂学校停工停课、人员转移安置、应急物资保障和自救互救等应急处置工作；通知气象预警传播节点利用农村应急广播、手机短信、电话、微信、微博等各类渠道由点到面迅速向群众传递预警信息，遇断电等紧急情况宜使用对讲机、锣鼓、入户通知等方式将预警信息及时传播到每户村（居）民；做好上下联动并及时向上级政府、有关部门报告气象灾害情况。气象灾害趋于减轻或者影响结束时，及时变更或者解除气象灾害预警，并做出调整气象灾害应急响应级别或者解除气象灾害应急响应的决定。

2）社会响应

密切关注、主动了解气象灾害发生发展情况，通过各类渠道获取最新的气象灾害预警信息。仔细阅读气象防灾避险明白卡，知晓气象灾害预警信息的含义，以及紧急状态下人员撤离和转移路线、避灾置场所、应急联系方式等。

气象灾害红色预警信号或对本地区可能有重大影响的其他级别的气象灾害预警信号发布后，合理安排出行计划，并根据当地有关极端天气停工停课、人员转移安置等规定，采取相应的防灾应急措施。气象灾害防御重点单位做好气象灾害应急响应。气象灾害预警信号发布后，大型群众性活动的承办者、场所管理者立即按照活动安全工作方案，采取相应的应急处置措施。配合政府及有关部门采取应急处置措施，受灾害影响时积极开展自救工作，并在确保安全、力所能及的情况下做好气象灾害互救互助工作。

5. 体系运行保障

1）组织管理

建立气象灾害防御组织协调机构，明确分管领导和各部门工作职责。建立健全气象防灾减灾部门联席会议制度和气象灾害应急响应机制。

明确气象分管领导和气象灾害防御职责。乡镇（街道）按照"五有"（有职能、有人员、有场所、有装备、有制度）要求，建设气象工作站，并融入乡镇（街道）公共服务中心统一管理，覆盖率达 100%。村（社区）根据人口密度、灾害风险等级、经济状况等因素，量力而行建立气象服务站。

健全部门气象联络员、乡镇（街道）及村（社区）的气象信息员、重点单位联系人等基层气象服务人员队伍，有条件的地方可支持和鼓励组建气象志愿者队伍，明确气象服务工作职责。乡镇（街道）配备1~2名气象信息员，由相关工作人员担任或兼任。村（社区）至少配备1名气象信息员，由村主职干部或相关人员兼任。农业园区（基地）社会组织按照工作实际要求配备1名以上气象信息员。气象灾害防御重点单位配备1名以上联系人，由单位分管安全的人员兼任。

建立健全气象灾害群体监测、群体防范的工作机制。明确乡镇（街道）在预警信息传递、灾情调查报送、气象设施维护等方面的工作流程。气象灾害防御责任人工作宜延伸村（社区）和气象灾害重点防御区域。气象灾害监测预警体系宜融入当地自然灾害群测群防体系建设。

组织开展乡镇（街道）、村（社区）气象灾害防御重点单位等基层气象防灾减灾标准化建设。

2）风险管理

组织开展影响本地主要气象灾害和影响主要行业的风险普查，建立气象灾害数据库，对灾害进行分类。开展气象灾害隐患区域及危害程度的分析，判明区域范围内存在的灾害风险，研究灾害风险发生的诱因，分析和判别灾害风险前兆与风险程度。

针对影响当地的气象灾害和承灾体的脆弱性，结合灾害风险的气象要素，划定气象灾害风险区，制作台风、暴雨、干旱、低温冻害等气象灾害风险区划图。根据可能发生的气象灾害对承灾体的损害及对人类社会的负面影响程度，划分气象灾害的等级。界定致灾临界条件，划定可能造成灾害风险的气象要素临界值，建立适合本地区域的气象致灾预警指标。

基层气象灾害风险管理重点是对城乡可能发生的气象灾害及次生灾害风险程度进行权衡评估并采取科学应对措施。其主要包括气象灾害的风险识别、风险防控、风险规避三部分内容：

（1）气象灾害的风险识别是指监测评估气象灾害对经济社会可能造成的影响，并开展气象灾害风险区划。推动全社会气象观测一张网建设，基本形成多灾种、全方位、立体式的综合监测网格局；开展以中小河流、山洪沟、地质灾害为重点的气象灾害风险普查业务；定期更新气象灾害数据库，制定道路和轨道交通、通信、供水、排水、供电等基础设施建设标准和技术规范时，使用相关的气象灾害风险数据；针对当地灾害和农作物生产特点，分灾种划定县域农作物气象灾害风险图；指导和协助乡镇、村绘制当地气象防灾减灾风险地图，规范标注自然环境、社会环境、气象防灾减灾资源等内容和图标。

（2）气象灾害的风险防控是指在基层网格化管理框架下，增强对气象灾害预防的组织保障和科技支撑。气象灾害防御宜采取网格化管理，科学合理划分网格，将精细预报、应急预案、组织机构落实到乡镇（街道）一级总网格；服务队伍、传播节点、防灾计划落实到村（社区）二级片组网格；风险调查、预警信息传递、灾情收集宜层层分解到自然村（小区）三级单元网格责任人，形成风险防控网格化服务管理机制。

（3）气象灾害的风险规避是指掌握并运用正确的防御措施，有效规避气象灾害风险。气象预报服务业务从传统天气预报向影响预报和风险预警转变；针对中小河流、山洪、地质灾害开展以评（预）估可能造成的灾害损失为核心内容的气象灾害预报预警业务；参与制定并实施应对极端天气停工停课处理办法和社会组织、公众主动防御规则；为保险机构发展天气指数保险、巨灾保险等风险转移产品提供必要的气象技术支持。

3）应急准备

结合当地气象灾害的特点和可能造成的危害，分灾害种类制定本地区的气象灾害应急预案。气象灾害应急预案按照气象灾害监测预报预警信息、人员伤亡、经济损失等设定预案启动标准，明确应急组织与职责、预防与预警机制、应急管理、应急指挥、应急处置及保障措施等。协调机构定期组织开展气象灾害应急演练，每年组织不少于1次。

协调机构应指导乡镇（街道）和相关行业根据本区域、各行业特点制定气象灾害应急预案，建立防御重点部位和关键环节检查制度，及时消除气象灾害隐患。协调机构指导村（社区）和气象灾害防御重点单位，根据当地气象灾害发生特点，编制气象灾害应急预案或方案（计划），明确重大气象灾害发生时的组织领导、应急响应、处置措施及责任人、风险隐患点、转移安置对象、紧急转移路线、避灾场所等。

健全气象预警为先导的全社会应急响应机制，制定气象灾害预警信号生效期间人员密集场所、重点防御单位和社会公众安全相应的应急处置措施；宜出台重大气象灾害预警信号生效期间企业停工、学校停课的实施办法。

会同有关部门，根据当地气象灾害的种类、特点以及防御措施等内容，编制气象灾害防御指南，并组织村（社区）在相应的气象灾害风险区域发放，指导公众有效应对各类气象灾害。

每年至少开展面向基层气象服务队伍的气象灾害防御科普知识培训。组织乡镇、村相关人员学习气象灾害防御知识，每年举办的气象灾害防御培训不少于1次。

针对当年公布的气象灾害防御重点单位，乡镇（街道）气象服务组织宜在两年内开展并通过气象灾害应急准备工作认证，相关电子台账向当地气象主管机构报备。

每年更新辖区内防灾责任人数据库，将相关部门气象工作联络员和乡镇（街道）、村（社区）主职干部、气象信息员、气象灾害防御重点单位联系人等传播节点，以及农业合作社、农业企业、农业大户、农家乐业主等农业经营主体的手机号码群组统一纳入气象决策服务短信发布平台。

4）长效保障

气象防灾减灾工作纳入政府经济社会发展规划和工作目标考核。建立健全气象基层队伍信息管理、定期考评、培训、保障、奖励等制度。统筹安排气象灾害监测预警体系建设所需资金，并纳入当地公共财政综合预算。乡镇（街道）、村（社区）投入必要的气象防灾减灾保障资金，确保工作正常开展，服务组织稳定运行。定期组织气象灾害监测预警体系建设评估。

6.7.2 重点单位气象安全保障

气象灾害防御重点单位是指由于单位所处的地理位置、地形、地质、地貌、气候环境条件和单位的重要性及其工作特性，易遭受气象灾害的影响并可能造成较大人员伤亡、财产损失或发生较严重安全事故的单位。气象灾害防御重点单位是气象灾害防御的责任主体，应接受当地气象主管机构和行业主管机构按照有关法律法规和标准进行的监督管理和技术指导；应将气象灾害防御工作纳入单位安全生产考评体系，建立本单位气象灾害防御安全工作制度，明确气象灾害安全保障工作的管理部门和人员；应根据气象灾害评估结论采取相应的气象安全保障措施，包括气象灾害风险控制措施、气象灾害应急响应措施等。

气象灾害防御重点单位的确定以单位受气象灾害影响的可能性、严重性及单位的重要性、工作特性为原则，以气象灾害风险评估为依据；认证方式为单位自主申报和由当地气象主管机构、行业主管机构组织专家论证评审。一般情况下，分为一类气象灾害防御重点单位和二类气象灾害防御重点单位。

1. 易受气象灾害影响的主要行业

易受气象灾害影响的主要行业对照情况见表6-1。

表6-1 易受气象灾害影响的主要行业对照表

气象灾害种类		可能造成的危害	易受气象灾害影响的主要行业
台风	这里指生成于热带或副热带洋面上，具有有组织的对流和确定的气旋性环流的非锋面性涡旋，包括热带低压、热带风暴、强热带风暴、台风、强台风、超强台风	洪涝、城市内涝、水土流失、堤防溃决、农作物被淹、房屋被冲、交通通信中断、人员伤亡、海水倒灌、次生环境污染等	港口、农业、渔业、水利、交通运输、通信、化工、旅游等

表6-1（续）

气象灾害种类		可能造成的危害	易受气象灾害影响的主要行业
暴雨	这里指24 h降水量大于或等于50 mm的降雨，也可参照当地暴雨标准	洪涝、城市内涝、山体滑坡、泥石流、山洪、水土流失、堤防溃决、农作物被淹、房屋损毁、交通阻塞、电力通信中断、次生环境污染等	交通运输、农业、水利、旅游等
暴雪	这里指24 h降雪量大于或等于10 mm的降雪天气过程，也可参照当地暴雪标准	雪崩、房屋损坏、交通阻塞、电力通信中断、农林作物减产、牲畜死亡、次生环境污染等	农业、林业、畜牧业、交通、电力、通信、风电、核电等
寒潮	这里指冬半年引起大范围强烈降温、大风天气，常伴有雨雪的大规模冷空气活动，24 h降温幅度大于或等于8.0℃	道路结冰、交通阻塞、农林作物冻害、妨碍人体健康等	农业、林业、畜牧业、交通运输、电力、水利、通信等
大风	这里指短时阵风大于或等于8级（大于或等于17.2 m/s）的风	船舶受损、建筑物损坏、农作物倒伏、电力中断等	港口、交通运输、农业、渔业、电力、建筑等
沙尘暴	这里指强风扬起地面的尘沙，使空气浑浊，能见度小于1 km的风沙现象	农林作物减产、土地沙漠化、交通阻塞、电力中断、大气污染、危及人身安全等	农业、林业、畜牧业、电力、交通运输等
高温	这里指日最高气温大于或等于35℃，会对农牧业、能源供应、人体健康等造成危害的天气过程	妨碍人体健康、农作物减产、电力负荷大等	农业、工业、电力、水利，《危险化学品重大危险源辨识》（GB 18218）中的大量易燃易爆有毒有害等物资的生产、储存、销售单位等
低温	这里指在农作物（含经济林果）生长或发育期间，由于气温持续偏低或低于生长阈值，造成农作物生长延缓、器官受损或出现生理障碍，导致农作物不能正常成熟、采收而减产或品质、效益降低的农业气象灾害现象	农林作物减产等	农业、林业等

表 6-1（续）

气象灾害种类		可能造成的危害	易受气象灾害影响的主要行业
干旱	这里特指气象干旱，指某段时间内，由于蒸发量和降水量的收支不平衡，水分支出大于水分收入而造成的水分短缺现象	农林作物减产、森林火灾、水库干涸、病虫害发生频率大、影响水上交通等	农业、林业、畜牧业、水利、电力、交通运输等
雷电	这里指积雨云强烈发展阶段产生的闪电鸣雷天气现象，常伴有大风、暴雨、冰雹等	设备损毁、人员伤亡、引发火灾、干扰电力通信线路等	工业、电力、建筑、林业、交通运输、露天的人员密集场所，《建筑物防雷设计规范》（GB 50057）规定的一、二类防雷建筑物，省级以上重点文物保护建筑物及省级档案馆，《危险化学品重大危险源辨识》（GB 18218）中的大量易燃易爆有毒有害等物资的生产、储存、销售单位等
冰雹	这里指坚硬的球状、锥状或形状不规则的固态降水天气现象，通常伴随大风、暴雨灾害天气出现	损毁农林作物、损坏房屋车辆、人员伤亡等	农业、电力、交通运输、通信、在建工程等
冰冻	这里指雨、雪、雾在物体上冻结成冰的天气现象	道路结冰，妨碍交通、农作物减产等	农业、畜牧业、林业、交通运输、电力、水利、通信等
大雾	这里指悬浮在贴近地面的大气中的大量微细水滴（或冰晶）的可见集合体，使水平能见度小于 500 m 的天气现象	交通阻塞、电路故障、农作物减产、妨碍人体健康等	交通运输、电力、农业、港口、海洋渔业等
霾	这里指悬浮在空气中肉眼无法分辨的大量微粒，使水平能见度小于 5 km 的天气现象	妨碍人体健康、交通阻塞、电路故障、空气污染、光污染等	交通运输、电力等

2. 易受气象灾害影响的重点保障单位

1）重大基础设施、大型工程、公共工程、经济开发项目等已建和在建的工程业主单位包括以下工程和项目：

（1）一级及以上公路 10 km 及以上的路基工程；高等级路面 200 km² 及以上的路面工程；单座桥长 500 m 及以上或单跨 100 m 及以上的特大桥桥梁工程；单洞长 1000 m 及以上的公路隧道工程；一级及以上公路，涉及标志、标线、护栏、隔离栅、防眩板等项目中两项及以上，且公路里程 20 km 及以上的交通安全设施工程；一级及以上公路，涉及通信、监控和收费系统中两项及以上或单项系统且公路里程 80 km 及以上的机电系统工程；1000 m 及以上特大桥或独立隧道的机电系统工程。

（2）100 km 及以上的铁路（含轻轨）建设项目。

（3）机场及其配套设施建设项目。

（4）装机容量 300 MW 及以上的火电项目、50 MW 及以上的热电项目、100 MW 及以上的水电项目；330 kV 及以上且送电线路 300 km 及以上的送变电工程或 330 kV 及以上的变电站工程；核电站及相关工程。

（5）总库容 100000 km³ 及以上的水库工程；灌溉面积 333 Mm² 及以上的灌溉工程；过闸流量 1000 m³/s 及以上的拦河闸工程；装机流量 50 m³/s 及以上或装机功率在 10000 kW 及以上的灌溉工程或排水泵站工程；一级永久性水工建筑物工程；土石坝坝高 70 m 及以上、混凝土坝、浆砌石坝坝高 100 m 及以上的水工大坝工程；洞径 8 m 及以上，且长度 3000 m 及以上的水工隧洞工程；水头 100 m 及以上的有压隧洞工程；流速 5 m/s 及以上，且长度 1000 m 及以上的明流隧洞工程；500 km³ 及以上的水工混凝土浇注工程；1200 km³ 及以上的坝体土石方填筑工程；120 km 及以上岩基灌浆工程；80 km² 及以上防渗墙成墙工程；深度 60 m 及以上含卵漂石地层的防渗墙工程；深度 60 m 及以上的帷幕灌浆工程；长度 10 km 及以上的一级堤防工程；长度 20 km 及以上的二级堤防工程；长度 2 km 及以上的堤防垂直防渗墙工程；下游防御人口在 10 万人及以上的大型堤坝建设工程；大型山洪地质灾害防御工程。

（6）1000 kt/a 及以上的铁矿或有色砂矿主体工程；600 kt/a 及以上的磷矿或硫铁矿、有色脉矿主体工程；1200 kt/a 及上的煤矿主体工程；300 kt/a 及以上铀矿主体工程；10 km 及以上的开拓或开采巷道工程；矿井主体工程；深度 300 m 及以上的冻结井筒或钻井等特殊凿井井筒工程；剥离量 800 km³ 及以上的露天矿山工程；1 Mt 及以上的尾矿库工程；200 kt/a 及以上的石膏矿或石英矿工程；700 kt/a 及以上的石灰石矿工程。

（7）300 kt/a 及以上的炼钢或连铸工程；250 kt/a 及以上的轧钢工程；500 kt/a 及以上的炼铁或 90 m² 及以上的烧结工程；400 kt/a 及以上的炼焦工程；6000 m³/h 及以上的制氧工程；300 kt/a 及以上的氧化铝加工工程；100 kt/a 及以

上的铜或铝、铅、锌、镍等有色金属冶炼或电解工程；30 kt/a 及以上的有色金属加工工程；2 kt/d 及以上的窑外分解水泥工程；2 kt/d 及以上的预热器系统或水泥烧成系统工程；400 t/d 及以上的浮法玻璃工程；100 t/d 及以上的金精矿冶炼工程。

（8）300 kt/a（150 Mm³/a）及以上生产能力的油（气）田主体配套工程；250 kt/a 及以上的原油处理工程；海上石油钻井平台工程；250 km³/d 及以上的气体处理工程；长度 120 km 及以上或输油量 6000 kt/a、输气量 250 Mm³/a 的输油、输气工程；总库容 80 km³、单体容积 20 km³ 及以上的储罐及配套工程；5000 kt/a 及以上的炼油工程或相应的主生产装置；300 kt/a 及以上的乙烯工程或相应的主生产装置；180 kt/a 及以上的合成氨工程或相应的主生产装置；200 kt/a 及以上的复肥工程或相应的主生产装置；300 km³/d 及以上的煤气气源工程；400 kt/a 及以上的炼焦化工工程或相应的主生产装置；16 kt/a 及以上的硝酸工程或相应的主生产装置；300 kt/a 及以上的纯碱工程、50 kt/a 及以上的烧碱工程或相应的主生产装置；40 kt/a 及以上的合成橡胶、合成树脂及塑料和化纤工程或相应的主生产装置；投资额 1 亿元及以上的有机原料、医药、无机盐、染料、中间体、农药、助剂、试剂等工程或相应的主体生产装置；300 千套/a 及以上的轮胎工程或相应的主生产装置。

（9）沿海 10 kt 或内河 1000 t 及以上的码头工程；10 kt 级及以上的船坞工程；水深大于 3 m 堤长 300 m 及以上的防波堤工程；沿海 20 kt 及以上或内河 300 t 及以上的航道工程；300 t 及以上的船闸或 50 t 及以上的升船机工程；2000 km³ 及以上的疏浚、吹填工程；100 km² 及以上的港区堆场工程。

（10）25 层及以上的房屋建筑工程；高度 100 m 及以上的构筑物或建筑物工程；单体建筑面积 30 km² 及以上的房屋建筑工程；建筑面积在 100 km² 及以上的住宅小区或建筑群体工程；单跨跨度 30 m 及以上的房屋建筑工程；深度 15 m 及以上的软弱地基处理工程；单桩承受荷载 6000 kN 及以上的地基与基础工程；深度 11 m 及以上的深大基坑围护及土石方工程；钢结构重量 1000 t 及以上，且钢结构建筑面积 20 km² 及以上的钢结构工程；网架结构重量 300 t 及以上，且网架结构建筑面积 5000 m² 及以上，且网架边长 70 m 及以上的网架工程。

（11）200 kt/d 及以上的水厂工程；管道直径 1600 mm 及以上，且管线长度 10 km 及以上的供水管道工程；100 kt/d 及以上的污水处理工程；管道直径 1600 mm 及以上，且管线长度 10 km 及以上的排水工程；300 km³/d 及以上的燃气气源厂工程；中压及以上管道直径 300 mm 及以上，且管线长度 10 km 及以上的燃气管道工程；5000 km³ 及以上的供热工程；管道直径 500 mm 及以上，且管线长度 10 km 及以上的热力管道工程；填埋量 800 t/d 及以上的生活垃圾填埋场工程；焚烧量 300 t/d 及以上的生活垃圾焚烧场工程。

（12）大型主题公园、风景区、广场及娱乐设施建设项目。

（13）大型太阳能、风能开发利用项目。

2）学校、医院、火车站、民用机场、地铁站、客运车站和客运码头等人员密集场所的单位或运行管理单位

包括以下单位：

（1）床位在 500 张及以上的医院、养老院、福利院。

（2）2000 人及以上的学校，300 人及以上的托儿所、幼儿园、特殊教育学校。

（3）建筑面积 10 km² 及以上的商场、市场；客房数量 300 间及以上的宾馆、饭店；建筑面积 3000 m² 及以上的公共娱乐场所。

（4）候车厅、候船厅的建筑面积在 500 m² 及以上的客运车站和客运码头；民用机场；地铁站。

（5）营业厅建筑面积在 1000 m² 及以上的证券交易所。

（6）建筑面积在 1000 m² 及以上的教堂、清真寺、寺庙、道观等宗教场所。

3）易燃易爆、有毒有害等危险物资的生产、充装、储存、供应、销售单位

包括以下单位：

（1）按照《危险化学品重大危险源辨识》（GB 18218）中的规定，制造、使用和储存大量易燃易爆、有毒有害等危险物质的单位。

（2）总容量在 100 km³ 及以上的石油库或生产能力在 5000 kt/a 及以上的炼油厂；燃易爆气体和液体的灌装站、调压站；总容积在 15000 m³ 及以上的天然气或总容积在 5000 m³ 及以上的液化石油气、天然气凝液储存场所；二级以上营业性汽车加油站、加气站、加油和液化石油气加气合建站，加油和压缩天然气加气合建站，液化石油气供应站（换瓶站）；建筑面积在 300 m² 及以上的易燃易爆化学物品经营商店。

4）通信、电力、燃气、广电及水生产等对国计民生有重大影响的生产经营单位

包括：邮政、通信枢纽单位；大型发电厂（站）；电网经营企业；燃气生产经营企业；广播电台、电视台；水利、供水等生产经营单位；大型农场、大型林场。

5）铁路、道路、河道、海洋、航空等交通运输单位和运行管理单位

包括：道路、铁路、航空、机场等交通运输单位和运行管理单位；河道、港口、海洋渔业等交通运输单位和运行管理单位。

6）省级或以上重点文物保护单位

包括：中华人民共和国国务院核定公布的国家级重点文物保护单位；省级人民政府核定公布的省级重点文物保护单位。

7）从事大型生产、大型制造业的单位和劳动密集型企业

包括：同一时间同一建筑生产车间内员工数在 300 人及以上的服装、鞋帽、玩具、木制品、家具、塑料、煤矿、食品加工和纺织、印染、印刷、电子等劳动密集型企业；固定资产总额在 4 亿元以上的电子、汽车、钢铁、化工、造船工业等企业。

8）高层公共建筑、地下建筑、重要物资仓库和堆场

包括：100 m 及以上的高层公共建筑；城市地下铁道、地下观光隧道、地下商场等地下公共建筑，车位在 50 个及以上的地下车库，海底隧道和城市重要的交通隧道；国家储备粮库、总储量在 10000 t 及以上的其他粮库；总储量在 500 t 及以上的棉库；总储量在 10000 m^3 及以上的木材堆场。

9）曾经发生过气象灾害或次生、衍生灾害，造成一定损失的单位

气象灾害或次生、衍生灾害曾造成 2 人以上人员死亡，或 500 万元及以上经济损失，或严重影响人民群众生活的单位。

3. 气象灾害风险控制

1）明确气象灾害防御责任和人员

应明确气象灾害防御的工作机构。气象灾害防御重点单位法定代表人为气象灾害防御责任人。一类气象灾害防御重点单位应配备 2 名及以上气象灾害防御联系人，二类气象灾害防御重点单位应配备 1 名及以上气象灾害防御联系人。人员较多或生产经营场区较大的气象灾害防御重点单位应根据实际情况，分片区确定若干联系人，协助本单位责任人做好本片区气象灾害防御工作。

2）明晰气象灾害风险特征

一类气象灾害防御重点单位应委托有专业技术能力的机构绘制气象灾害风险地图，二类气象灾害防御重点单位可根据需要制作气象灾害风险地图。气象灾害风险地图内容包括：气象灾害风险点，如暴雨风险点、大风风险点、雷电风险点等；主要基础设施和装置，如应急避难场所、避雷装置等；主要气象灾害风险隐患点和风险阈值，如易积水区域、易积水道路、山体滑坡区域、老旧房屋、临时建构筑物、地下车库、易燃易爆场所、大型广告牌等；主要气象灾害预警信号及防御指引；避险转移路线；涉险求助电话和热线电话。

气象灾害防御重点单位应全面掌握本单位气象灾害风险点并进行定期巡查，一类气象灾害防御重点单位应每半年巡查一次，二类气象灾害防御重点单位应每年巡查一次；应根据单位特性和风险特征的变化，进行气象灾害风险再评估。

3）采取气象灾害防御措施

气象灾害防御重点单位应认真研究当地气象主管机构所属气象台站发布的气象灾害预报预警信息，密切关注周边区域的天气变化趋势，深入分析、评估可能造成的影响和危害，当敏感单位接收到其区域内未来可能发生气象灾害预警预报信息时，及时通过有效途径或方式发布预警信息，开展隐患排查，安排参加气象灾害的应急抢险救援人员进入岗位，做好启动应急响应的各项准备工作。

（1）防御台风时，应加固门窗、围板、棚架、广告牌等易被风吹动的搭建物，切断危险的室外电源。人员待在防风安全的地方，不在临时建筑（如围墙等）、广告牌、铁塔等附近避风避雨。危房人员及时转移。加固港口设施，防止船舶走锚、搁浅和碰撞；妥善安排人员留守回港船上或者转移到安全地带。加强交通管制，车辆、船舶、飞机等不宜在强风影响区域行驶。及时清理排水管道，保持排水畅通。加强防范强降水可能引发的山洪、地质灾害。停止露天集体活动和高空等户外危险作业；台风严重影响时停止集会、停课、停业等。检查电路、炉火、煤气等。准备手电筒、收音机、食物、饮用水及常用药品等，以备急需。

（2）防御暴雨时，应及时清理排水管道，保持排水畅通。加强防范强降水可能引发的山洪、地质灾害。仔细检查房屋，预防雨水冲灌使房屋垮塌、倾斜。山区大暴雨可能引发泥石流、滑坡等地质灾害，人员远离危险山体，谨防危情发生。切断低洼地带有危险的室外电源，暂停在空旷地方的户外作业，转移危险地带人员和危房居民到安全场所避雨。

（3）防御暴雪时，应进行道路、铁路、线路巡查维护，做好道路清扫和积雪融化工作。农牧区和种养殖业要储备饲料，做好防雪灾和防冻害准备。加固棚架等易被雪压的临时搭建物。

（4）防御寒潮、冰冻时，应积极采取防霜冻、冰冻等防寒措施。加强防寒、保暖、防风等工作。

（5）防御大风时，应关好门窗，加固围板、棚架、广告牌等易被风吹动的搭建物，妥善安置易受大风影响的室外物品，遮盖建筑物资。停止露天活动和高空等户外危险作业，危险地带人员和危房居民尽量转到避风场所避风。从事海上作业的人员，根据天气预报情况采取停止作业、回港避风、加固船只和钻井平台等措施；加强船舶动态监管，做好现场巡查和现场检查工作；严格执行抗风等级的规定，不宜超抗风等级冒险航行。加固港口设施，防止船舶走锚、搁浅和碰撞；妥善安排人员留守回港船上或者转移到安全地带。加强交通管制，车辆、船舶、飞机等不宜在强风影响区域行驶。注意森林、草原等防火工作。

（6）防御沙尘暴时，应关好门窗，加固围板、棚架、广告牌等易被风吹动的搭建物，妥善安置易受大风影响的室外物品，遮盖建筑物资，做好精密仪器的密封工作。停止露天活动和高空、水上等户外危险作业。注意携带口罩、纱巾等防尘用品，以免沙尘对眼睛和呼吸道造成损伤。

（7）防御高温时，应避免在高温时段进行户外活动，高温条件下作业的人员应采取必要的防护措施。严重影响时，缩短连续工作时间或停止作业。对老、弱、病、幼人群提供防暑降温指导，并采取必要的防护措施。注意防范因用电量过高，以及电线、变压器等电力负载过大而引发的火灾。

（8）防御干旱时，应启用应急备用水源，注意计划用水，节约用水。

（9）防御雷电时，人员留在室内，并关好门窗；户外人员躲入有防雷设施的建筑物或者汽车内；不在树下、电杆下、塔吊下避雨；不在空旷场地打伞，不把农具、羽毛球拍、高尔夫球杆等扛在肩上；避免从事水上运动或活动。切断危险电源，切勿接触天线、水管、铁丝网、金属门窗、建筑物外墙，远离电线等带电设备和其他类似金属装置；不要使用无防雷装置或者防雷装置不完备的电视、电话等电器。

（10）防御冰雹时，不随意外出，暂停户外活动，户外人员立即到安全地方躲避，不在高楼屋檐、烟囱、电线杆、大树下躲避。驱赶家禽、牲畜等进入有顶棚的场所，妥善保护易受冰雹袭击的室外物品或者设备。注意防御冰雹天气伴随的雷电灾害。

（11）防御大雾时，驾驶人员注意雾的变化，小心驾驶，严格控制车、船的行进速度。减少或停止户外活动。

（12）防御霾时，驾驶人员注意霾的变化，小心驾驶，严格控制车、船的行进速度。关闭门窗，人员减少户外活动，呼吸道疾病患者尽量避免外出，外出时可戴上口罩。严重影响时，停止户外活动。

4）气象灾害防御应急准备

气象灾害防御重点单位应制定气象灾害防御应急预案（应包含总则、单位概况、组织体系、主要职责、应急保障、应急响应、灾后处置等内容）并根据单位特性和风险特征的变化，对气象灾害防御应急预案进行修订。一类气象灾害防御重点单位应组建应急救援队伍，并按照应急预案要求每年组织1次及以上气象灾害应急演练；二类气象灾害防御重点单位宜组建应急救援队伍。

气象灾害防御重点单位应保障气象灾害防御资金用于本单位气象灾害防御应急物资配备及相关工作需要，应在气象灾害应急避难场所和气象灾害隐患点设置醒目的安全应急标志或指示牌。

5）气象灾害监测预警

周边已建的自动气象站若不能满足防灾需求，气象灾害防御重点单位应在当地气象主管机构指导下，新建气象自动监测系统或对已建设备进行改造。气象监测数据应自动向当地气象主管机构传输。应建立气象自动监测仪器维护、保养制度和定期检定制度。

对某一气象灾害具有高敏感度的单位，应建立该灾种监测预警系统，及时接收预警信息，提高灾害应急救援能力。

6）预警信息接收与传播

气象灾害防御重点单位应建立气象安全预警预报信息接收终端，接收气象监测实况和气象灾害预报预警服务信息；应通过电话、短信、微信、微博、互联网、显示屏、大喇叭等多种手段及时向本单位安全责任范围内传播气象灾害预报预警信息。收到气象预警后，气象灾害防御重点单位应按照应急预案启动气象灾害防御工作人员 24 h 值班制度，保证气象灾害预警信息能在本单位及时传播分发响应处置。

7）气象灾害防御人员培训

气象灾害防御重点单位应每年组织气象灾害防御工作人员参加气象防灾减灾教育培训。一类气象灾害防御重点单位每年应组织 2 次及以上气象防灾减灾知识培训，培训人员应包括本单位气象灾害高敏感区域内所有人员；二类气象灾害防御重点单位每年应组织开展 1 次及以上气象防灾减灾知识培训。气象灾害防御单位应每年组织开展气象灾害防御的科普宣传，普及气象防灾减灾知识、避险自救和互帮互救技能。

8）其他事项

气象灾害防御重点单位应建立气象灾害防御工作档案，以便查阅。工作档案内容包含安全责任制档案、气象灾害监测档案、风险评估档案、应急物资档案、演练培训档案等。应建立气象灾害防御工作定期检查制度，发现问题及时整改。

加强单位间气象灾害防御合作交流。

4. 气象灾害应急响应

1）应急启动

气象灾害防御重点单位收到气象预警信息后，针对一种或多种气象灾害，应采取相应的防御措施；达到气象灾害应急预案启动条件的，气象灾害防御重点单位应及时启动应急响应，同时报告当地人民政府气象灾害防御指挥部门，必要时可越级上报。

2）应急处置

发生气象灾害时，应采取必要的措施控制灾情，严格执行应急人员出入事发现场的有关规定，并向气象灾害应急处置相关部门报告。应根据灾害现场的应急救援工作情况，设置危险隔离区域或警戒区域，维护现场秩序，疏通道路，劝说围观群众离开灾害现场。气象灾害现场如有伤亡、洪涝、爆炸火灾、建筑物坍塌等时，应迅速通知就近消防、医疗等防灾相关机构，并组织抢救人员和财产。分析气象灾害发展态势，避免和防止发生次生、衍生灾害。

气象灾害引发其他衍生灾害，对周围群众人身安全造成影响时，应实施危险区人员撤离，迅速疏散与事故抢险救援无关的人员，并通过新闻媒体及时向社会发布有关信息。根据灾情性质、特点，告知群众应采取的安全防护措施；根据事发时当地的气象、地理环境、人员密集度等情况，确定群众疏散方式，指定有关部门组织群众安全疏散和安全保卫等，并告知群众具体疏散路线和有关注意事项；告知群众应急避难场所并提供食物。

当气象灾害对气象灾害防御重点单位造成的损失和影响超出或可能超出自身控制或抢险救援能力时，气象灾害防御重点单位应报告当地行业主管部门和气象主管部门，并请求当地人民政府及有关部门予以支援。

3）灾后处理

气象灾害结束后，应对气象灾害造成的人员伤亡、财产损失等情况进行及时调查、收集、分析和评估；对气象灾害防御工作进行总结，提出并完善改进措施；向当地人民政府气象灾害防御部门及相关部门报告气象灾害受灾情况；做好受灾人员的安置和救济救助工作，妥善安置受灾人员，做好救济款物的接收、发放和使用管理，确保受灾人员的基本生活需要；积极组织向保险公司申请办理保险理赔事项，促进尽快作出赔付；做好灾后恢复重建工作，制定灾后重建和恢复生产、生活措施，制定维修、重建被损坏建筑物、设备设施的计划。

6.7.3 旅游景区气象灾害防御

为保障旅游者和旅游景区内其他人员的生命及财产安全，最大限度避免或减轻气象灾害造成的损害，旅游景区应遵循以人为本、预防为主、预防与应急相结合的原则，认真做好各种气象灾害防御工作。

1. 防御准备

1）设立气象灾害防御领导机构

旅游景区设立气象灾害防御领导机构，由旅游景区的经验管理机构主要负责人、气象信息员和安全保卫人员等组成。具体负责本景区气象灾害的普查、防御规划及应急预案编制、防御知识普及、监测、防御基础设施建设和应急处置等工作。

2）开展气象灾害普查

旅游景区应普查及分析周边地理环境、景区分布及景区旅游者的容量，合理设置开放时间，掌握气象灾害易发生区域或地点，统计历史上已发生的气象灾害种类、时间、区域或地点、次数、强度和造成的损失，旅游宾馆（饭店）和医疗机构的分布及其服务能力。

3）编制气象灾害防御规划与应急预案

根据气象灾害普查结果，进行气象灾害风险评估，编制能够满足景区防御和应急处置气象灾害的规划。规划应包含防御原则和目标，气象灾害发生发展规律和现状，防御和应对突发气象灾害所需设备和基础设施建设的统筹安排等内容。

依据气象灾害普查和风险评估的结果，编制气象灾害应急预案。气象灾害应急预案应包括应急组织指挥体系与职责、预警信息发布条件、应急人员与物资准备、应急响应的等级和相应措施、灾情报告、灾后防御工作总结与预案修订等内容。

4）普及气象灾害预防知识和抢险救援常识

旅游景区应对本单位职工开展有关的气象灾害预防知识、抢险救援应急常识宣传教育工作；对安排参加气象灾害应急抢险的救援人员开展相关的抢险技能培训，并定期进行必要的应急演练；应对旅游者开展有关的气象灾害预防知识和避险、互救应急常识宣传。

5）开展气象灾害监测

根据景区的地理特征、易发生气象灾害的种类，当地的通信条件，出资方的经济能力，建设用于监测诸如高温、寒潮、台风、大风、沙尘暴、暴雨、暴雪等气象灾害的，包括气温、风向、风速、降雨量，以及其他有关项目的自动观测气象站或人工观测气象站。开展气象灾害监测应使用符合国务院气象主管机构规定的技术要求，并经国务院气象主管机构审查合格和在检定合格有效期内的气象观测仪器。

6）建设气象灾害防御基础设施

建立健全确保旅游景区与所在地县级人民政府气象灾害防御指挥部、气象主管机构所属气象台站以及有关部门或单位畅通的有线或无线相结合的通信设施；建设确保气象灾害预警信息及时传播的包括广播、电子显示屏、固定电话等设施；设置能够满足报警或遇险人员求助需要的固定电话。

在暴雨、暴雪、雷电、寒潮、大风和大雾等气象灾害多发地域，建设供旅游者使用的气象灾害应急避险场所，并设置明显标志。建设、安装在雷电灾害多发地域的建（构）筑物、设施，应安装符合国家有关雷电防护标准规定的雷电防护装置，并进行定期检测。旅游线路较为复杂的旅游景区，应在显著位置标明应急安全撤离通道、路线，并保证其畅通。

根据气象灾害应急救援工作需要，在有关场所配备必要的应急用品和工具，如设置隔离区用的隔离桩、绳、带，救援用的急救包、救生衣、担架、急救绳索、铁锹、扫帚等，并进行定期检查、维护，使其处于良好状态，确保随时能够正常使用。

2. 灾害预警

旅游景区的气象灾害防御领导机构要认真研究所在地气象主管机构所属气象台发布的气象灾害预报预警信息，密切关注景区及其周围地区的天气变化趋势，深入分析、评估可能造成的影响和危害，当预测旅游景区未来可能发生相关气象灾害时，应及时通过有效途径或方式发布预警信息，开展隐患排查，安排参加气象灾害的应急抢险救援人员进入岗位，做好启动应急响应的各项准备工作。同时向旅游者宣传预防和避免、减轻相关气象灾害损害的常识，公布咨询、求助电话和应急避难场所的具体地址、到达路径，以及应急安全撤离的通道、路线。

3. 应急响应

气象灾害发生并达到景区气象灾害应急预案启动条件的，旅游景区的气象灾害防御领导机构应及时启动气象灾害应急响应，同时报告所在地县级人民政府气象灾害防御指挥部及有关部门，并根据已发生或可能发生的灾害情况以及已经造成的损失和影响或可能造成的损失和影响，采取暂停有关设施运行，设置气象灾害危及区、关闭部分景区、关闭全部景区，组织旅游者撤离等措施。当气象灾害对旅游景区造成的损失和影响超出景区自身控制或抢险救援能力时，旅游景区的气象灾害防御领导机构应请求所在地人民政府及有关部门或单位予以支援。

4. 灾后处置

气象灾害结束后，旅游景区应对气象灾害造成的人员伤亡、财产损失等情况进行及时调查、收集、分析和评估，认真总结气象灾害防御工作经验教训，制定维修、重建被损坏建（构）筑物、设施和恢复景区开放的计划，修订完善气象灾害防御规划和应急预案，并向所在地县级人民政府气象灾害防御指挥部及有关部门报告相关情况。

6.7.4 乡镇气象灾害防御

为促进气象灾害防御工作统一化、规范化和科学化，提升针对台风、暴雨（雪）、寒潮、大风、低温、高温、干旱等气象灾害的防御能力，最大限度减轻气象灾害造成的损失，乡镇在规划建设、产业布局、生态文明等方面应充分考虑气象灾害风险防范和气象灾害防御宣传，坚持需求和问题导向，强化规划引领，做好气象灾害防御总体设计；充分考虑气象灾害以及其他自然灾害的综合影响，强化综合防御；坚持以防为主，相邻村之间建立气象灾害防御联防机制，加强信息、技术互通，协调开展气象灾害防御；根据各村不同的高影响气象灾害类型、特点，科学制定气象灾害防御策略，完善防御机制，提升防灾水平；统筹气象灾害监测、预警、预案、响应、保障全链条，促进基础设施硬实力和制度体系软实力同步提升。

1. 制定防灾计划

1）气象防灾减灾风险地图

乡镇、村协助有关部门做好气象灾害风险管理相关工作，提供绘制风险地图所需的基础资料，负责辖区内自然环境、社会环境和防灾减灾资源等的调查。调查内容包括：陡坡、洼地等特殊地貌，洪涝、泥石流、干旱、森林火灾、海洋灾害等气象衍（次）生灾害的多险多发地带，河流和密集住宅区等危险地区，以及乡镇、村影响较大的气象灾害隐患区；老弱妇孺、身心障碍者、外来务工人员等灾害弱势及民众情况，人员集中的自然村、民宿区的分布情况，建造年代久远、结构危险房舍等老旧建筑物情况，桥梁、堤防、学校、医院、厂矿、人口密集的场所、街道集市等重要设施情况，相对较安全的区域等；避灾场所设施可容纳人数、应急物资储备场所，紧急转移路线，乡镇行政办公场所气象工作（服务）站，气象监测设施，电子显示屏、预警大喇叭、农村应急广播等气象服务设施等。

委托相关机构和单位绘制当地气象防灾减灾风险地图，规范标注自然环境、社会环境和防灾减灾资源等内容和图标。通过当地科普长廊、宣传窗（牌）等形式将风险地图告知群众，规避灾害风险隐患。风险地图信息有变动的应及时更新。

2）气象灾害应急预案

制定气象灾害应急预案，按照气象灾害监测预报预警信息、人员伤亡、经济损失等设定预案启动标准，明确应急组织与职责、预防与预警机制、应急响应、应急指挥、应急处置、保障措施。气象灾害应急预案报当地气象主管机构备案。

按预案启动标准及时启动应急预案，采取应对防范措施。

每年组织村主职干部、气象信息员、重点单位联系人和当地群众代表至少参加一次由本级或上级组织的气象灾害相关应急演练。应急演练包括组织指挥、预警信息传递、灾害自救和互救逃生、转移安置、灾情上报等内容。

3）气象灾害应急计划

村和气象灾害防御重点单位根据当地气象灾害发生特点，编制气象灾害应急计划，明确重大气象灾害发生时的组织领导、应急响应、处置措施及责任人、风险隐患点、转移安置对象、紧急转移路线、避灾场所等，报乡镇备案。

2. 乡镇气象防灾减灾组织体系

1）组织建设

明确乡镇气象灾害防御工作的领导，落实乡镇、村责任人，乡镇、村建立相互联动的气象防灾减灾组织管理制度。与上级气象、民政、水利、国土资源、农业、林业等涉灾管理部门建立相互协调的气象灾害防御工作机制。村主职干部配合乡镇和上级有关部门做好气象防灾减灾工作。同时，应将乡镇、村气象防灾减灾组织体系融入当地自然灾害群测群防体系建设。

2）服务组织

乡镇建立气象工作站，纳入乡镇工作统一管理；村根据人口密度、灾害风险等级、经济状况等因素，量力而行建立气象服务站。乡镇、村可按照有职能、有人员、有场所、有装备、有制度的"五有"要求，建设气象工作站或气象服务站。一是明确乡镇（村）气象工作（服务）站工作职能，做好本辖区气象灾害及次（衍）生灾害群测群防、信息员队伍建设、预警信息传递等气象灾害防御相关工作；做好当地气象灾害预报预警的接收传递，协助当地政府和有关部门做好气象防灾避险等相关工作。二是确定乡镇气象工作站人员组成。由乡镇分管防灾减灾的领导、气象信息员组成，水利专管员、地质灾害巡查责任人、民政助理员、农技人员等相关人员参与；村气象服务站人员由村气象信息员和便民服务中心、农村综合服务站、农业技术推广站等相关人员组成。三是乡镇气象工作站应有固定场所，可设在乡镇政府办事大厅或乡镇农业服务中心内；村气象服务站可统一纳入村便民服务中心或农村社区综合服务站、农业技术推广站。四是乡镇（村）气象工作（服务）站应配备计算机、打印机和宽带网络等设施，与当地气象信息服务平台互联互通；设置气象服务产品资料架，方便群众查阅；设置气象视频会商系统，每月会商通报不少于1次，灾害天气来临增加会商频次。五是将乡镇气象工作站纳入当地气象主管机构目标考核，完成年度目标任务；建立村气象服务站运行、服务产品更新分发、视频会商通报、灾情收集上报、应急计划修订等管理制度；建立预警信息传递、信息报送、气象设施巡查与维护等工作制度。

3. 信息员队伍

1）人员配备

乡镇配备1~2名气象信息员，由乡镇政府指定相关工作人员担任或兼任。村配备不少于1名气象信息员，由村主职干部或相关人员兼任。农业园区（基地）、社会组织按照工作实际要求配备1名以上气象信息员。气象灾害防御重点单位配备1名以上联系人，由单位分管安全的人员兼任。

2）职责要求

（1）乡镇气象信息员职责包括：

① 协助本辖区气象防灾减灾和为农服务工作。配合气象部门做好辖区内气象设施的普查、建设、维护、故障报修。指导当地群众和农业经营主体充分利用气象预报预警信息和农用天气预报等服务产品。

② 开展气象证明、防雷咨询等气象便民服务。定期向当地政府和气象主管机构反馈群众服务需求。做好气象灾害预警等服务信息的接收和传递。利用互联网、农村广播、智能终端、电子显示屏、农民信箱、手机短信平台等，及时接收

和分发气象灾害预警等服务信息，必要时动员相关责任人通过电话、对讲机、大喇叭、入户通知等方式通知到重点区域和人群。

③ 负责辖区内气象灾情的收集和报告。重点关注强对流灾害天气（雷雨大风、龙卷、冰雹）及大范围极端天气（暴雨、台风、寒潮、积雪），及时收集、报送相关灾情信息，参与气象灾害应急联络、应急处置、灾情调查、评估鉴定。

④ 开展气象防灾减灾科普工作。参加上级气象知识培训，组织辖区内气象科普活动，向群众普及台风、暴雨、雷电、大风（龙卷风）等气象灾害防御知识，增强公众防灾风险意识和避灾避险、自救互救能力。

（2）村级气象信息员职责包括：

① 承担气象灾害预警等服务信息的接收和传递。

② 做好气象灾害风险调查等防灾减灾工作。

③ 负责区域内气象灾情的收集和报告。

④ 开展气象科普工作，参与县乡组织的气象知识培训。

（3）气象灾害防御重点单位联系人职责包括：

①做好气象灾害应急准备、应急联络等相关工作。

② 负责本单位的气象灾害预警信息传递。

③ 协助气象部门开展灾情调查。

④ 参与气象科普和防灾知识培训。

4. 监测与服务设施

1）乡镇自动气象站建设

乡镇至少建设 1 套能测定四要素（温度、雨量、风向、风速）的自动气象站。自动气象站的探测环境应相对空旷、通风，占地面积 8 m×8 m（使用风杆缆线），或不小于 5 m×5 m。乡镇应落实自动气象站探测环境保护职责，指定人员协助气象主管机构开展站点选址、设施建设和日常维护、安全保护工作。

2）生态环境等气象监测设施建设

按照统一规划布局，根据当地生态建设、旅游保障需求，乡镇、村协助气象主管机构设置灰霾、负氧离子、能见度等气象监测设施。按照统一规划布局，根据当地农业生产、防雷减灾需求，乡镇、村协助气象主管机构设置农业气候、大气电场、闪电定位等气象监测设施。

3）气象信息收发设施

乡镇应统筹共享区域内农村应急广播、村庄电子显示屏等设施资源，依法传播和直接推送气象灾害预警信息，并及时传递给当地村民。村所在地或人员密集场所至少有 1 套气象预警大喇叭或气象显示屏、气象信息平台等固定气象信息接收设施，并确保信息传播系统常态运行。

4）气象预警服务网络

乡镇应将辖区内防灾责任人、村主职干部、气象信息员、气象灾害防御重点单位联系人等传播节点和农业合作社、农业企业、农业大户、农家乐业主等农业经营主体的手机号码群组统一纳入气象工作站短信发布平台或农民信箱平台。

遇重大气象灾害，气象预警信息传播节点可利用农村应急广播、手机短信、电话、微信、微博等各类渠道由点到面迅速向群众传递预警信息；遇断电等紧急情况使用对讲机、锣鼓、入户通知等方式将信息及时传播到每户村民。

5）相关指标

乡镇自动气象站设置密度应符合区域内气象灾害监测率达到90%以上的要求，正常运行保证率达到99%以上。气象灾害预警信息接收传播固定设施普及率达到90%以上。

乡镇、村以及气象灾害防御重点单位等传播节点收到当地气象部门发布的气象灾害预警信号后，通过各种气象预警传播渠道向本地、本单位群众进行传递；收到台风、暴雨、大风（龙卷风）、暴雪、雷电、冰雹等橙色以上级别的气象灾害预警信号（含更新、解除信息）后15 min内快速完成传递。

5. 应急准备与响应

1）气象灾害应急准备

乡镇人民政府、村民委员会分解和落实气象防灾减灾整治措施。村民、法人和其他组织自觉学习气象灾害防御知识，主动采取自防自救，参与气象灾害抢险救灾活动。鼓励社会组织和志愿者跨区域、跨行业参与气象灾害防御知识宣传、互救互助等活动。县级人民政府当年公布的乡镇、村区域内气象灾害防御重点单位，应在当地气象主管机构和乡镇气象工作站的指导下，一年内开展并通过气象灾害应急准备认证，相关电子台账报当地气象主管机构备案。

气象灾害防御重点单位每年组织开展防灾应急演练或派员参加有关部门、乡镇组织的应急演练；确定气象灾害防御联系人，承担气象灾害防御联络、预警信息传递等工作；配备必要的气象灾害预警信息接收与传播设施；明示避灾场所、转移路线等气象灾害防御指引信息；定期开展气象灾害隐患排查，确定防御重点部位，设置安全标志；开展气象灾害防御知识科普宣传与培训。

2）气象灾害应急响应

当气象灾害发生紧急状态下或接到灾害性天气警报、气象灾害预警信号以及上级应急指令后，乡镇、村或气象灾害防御重点单位根据气象灾害应急预案（计划）要求，启动应急响应。

乡镇、村应有专人值班，保持责任人通讯畅通，并采取以下应急措施：组织分析气象灾害隐患点和可能发生的灾情形势，部署落实应对防范工作；通过各类渠道向村民传递气象灾害监测预报警报信息及上级政府、部门的指令，向群众发放防灾避险明白卡（明白卡载明气象灾害的种类、可能受危害的类型、预警信号以及紧急状态下人员撤离和转移路线、避灾安置场所、应急联系方式等内容）；当收到气象灾害红色预警信号后，加强警戒并组织易发生危害地区的工厂学校停工停课、人员转移安置、应急物资保障和自救互救等应急处置工作；上下联动及时向上级政府、有关部门报告灾害情况，视情况请求支援。

气象灾害防御重点单位和村民、其他组织获悉气象灾害情况后：气象灾害防御重点单位及时启动气象灾害应急计划，引导人员疏散、转移到安全场所，做好应急联络、安全巡查、危险排除等工作；村民和其他组织收听（看）或查询当地气象部门发布的最新气象灾害预警信息，准备自防自救物品和食品、饮用水等生活必需品，积极采取相应的自救互救措施，并服从当地政府和有关部门的应急指挥和安排，配合实施政府应急决定、命令和处置措施。

3）防灾警示与避灾场所

乡镇、村的关键位置和气象灾害多发易发区设立防灾警示牌、避灾路线图，清楚标明转移路线。气象灾害多发区域的乡镇、村设立避灾场所。

6. 防雷减灾

乡镇、村每年联动开展农村防雷安全隐患排查应不少于1次。户外铁塔、大树、凉亭以及河边、四周空旷的高耸地等易遭受雷击的区域，应设置醒目的防雷安全警示牌。

村民自建房应设计安装符合规范要求的防雷装置。

学校、医院、公交候车（船）棚（亭）、凉亭、礼堂、旅游景点、畜禽养殖场和通信、电力杆塔、变压器等设施，按规范标准设计、安装防雷装置。

7. 科普培训与宣传

1）科普培训

乡镇年初制定气象防灾减灾科普培训计划，每年组织乡镇责任人、村主职干部和气象信息员、重点单位联系人、村民小组长等相关人员至少参加1次由县级组织或自行安排的防灾减灾知识培训。在当地气象、水利、国土资源、民政、农业等部门支持下，每两年为当地农业经营主体提供不少于1次的气象灾害防御科普知识、农业气象实用技术等方面的培训。

2）科普宣传

乡镇、村在人员密集场所利用气象科普长廊或其他宣传窗等阵地定期开展气象科普宣传。气象科普长廊可按长6 m、宽1.2 m设置，标有中国气象图案或地方特色气象图案标志，宣传版块每年至少更新1次。乡镇、村科普长廊或宣传窗宣传重点包括气象灾害预警信号、灾害防御指南、灾害风险区划、风险地图及防灾避险自救技能等内容。每年利用世界气象日、防灾减灾日、科普宣传周等开展 1 次以上气象防灾减灾宣传活动，制作分发气象防灾减灾宣传资料。乡镇、村气象科普知识知晓率应达 80% 以上。

8. 长效机制

乡镇将气象防灾减灾工作纳入当地经济社会发展规划和目标管理，按照上级气象主管机构农村气象工作管理要求，开展气象防灾减灾工作。气象信息员任用条件应符合上级气象主管机构气象信息员管理要求，人员应相对稳定，并建立考核、培训、奖励等相关制度。乡镇、村投入必要的气象防灾减灾保障资金，确保防灾减灾工作正常开展和乡镇（村）气象工作（服务）站稳定运行。

7 城市安全文化体系

安全生产"一年两年靠侥幸，三年五年靠管理，长治久安靠文化"。虽然城市安全文化建设得到高度重视，但当前还存在建设工作零散化、碎片化情况，对内涵理解不全面，建设投入不足等突出问题。应通过全面策划、统筹实施，整体提升城市安全发展风貌，展示城市安全发展巨大成就，以安全文化展示安全实力，以安全实力推进安全文化。应通过开展城市安全文化建设，做到安全理念牢固、安全氛围浓厚、安全行为自觉，切实把安全工作落实到城市工作和城市发展的各个环节、各个领域。

7.1 安全文化在城市安全中的重要性

安全文化是城市安全系统的重要组成部分，是维系和促进城市安全的软环境，是城市安全发展的软实力，发挥着导向、凝聚、规范、保护、激励、宣教等社会功能。城市安全文化建设是实现城市安全发展、高质量发展的内在动力。实现安全生产，要在思想上筑牢安全生产意识的堤坝，建立科学的安全文化体系，形成行之有效的安全管理理念和安全行为规范。加强城市安全文化建设，对提升城市安全治理水平、保障城市安全发展起至关重要的作用。

7.1.1 城市安全发展的必然要求

2005 年 10 月 11 日，中共十六届五中全会通过的《中共中央关于制定国民经济和社会发展第十一个五年规划的建议》提出："推进国民经济和社会信息化，切实走新型工业化道路，坚持节约发展、清洁发展、安全发展，实现可持续发展。"2006 年 3 月 27 日，中共十六届中央政治局第 30 次集体学习首次以"安全生产"为专题。时任中共中央总书记、国家主席胡锦涛同志系统阐述了安全生产的工作思路、工作方法和任务目标，突出强调了安全发展理念，指出：把安全发展作为一个重要的理念纳入我国社会主义现代化建设的总体战略，这是我们对于科学发展观认识的深化。2011 年 12 月 2 日，《国务院关于坚持科学发展安全发展促进安全生产形势持续稳定好转的意见》深刻阐述了坚持科学发展安全发展的重大意义，要求牢固树立以人为本、安全发展的理念，始终把保障人民群众生命财产安全放在首位，大力实施安全发展战略。

习近平总书记对安全发展始终高度重视。2015 年在中央政治局就健全公共安全体系进行第二十三次集体学习时，总书记就强调要牢固树立安全发展理念，自觉把维护公共安全放在维护最广大人民根本利益中来认识，扎实做好公共安全工作，努力为人民安居乐业、社会安定有序、国家长治久安编织全方位、立体化的公共安全网。2017年，习近平总书记在党的十九大报告中明确提出，树立安全发展理念，弘扬生命至上、安全第一的思想，健全公共安全体系，完善安全生产责任制，坚决遏制重特大安全事故，提升防灾减灾救灾能力。2020年4月，在新冠肺炎疫情后全国推进复工复产的关键阶段，习近平总书记对安全生产再次作出重要指示，强调要树牢安全发展理念，加强安全生产监管，切实维护人民群众生命财产安全。

城市安全发展推动了安全文化的持续深化。安全发展是将安全文化的深刻含义内化为思想、外化为行动的过程，不断地、反复地进行平衡，满足人、机、物、环等诸要素各自的"安全可靠"与相互和谐统一，把发展过程安全风险降低到相对法律、法规、社会价值取向和"对象"需求的可容许程度的发展模式。城市基础设施、公共事业的本质安全性既是城市安全发展的基础，也是城市安全文化水平的重要体现，在一定程度上展现了城市的形象。

随着城市发展，城市安全管理水平与现代化城市发展要求不适应、不协调的问题越来越突出。必须坚持人民至上、紧紧依靠人民、不断造福人民、牢牢根植人民，并落实到各项决策部署和实际工作之中。人民群众是城市安全发展的参与者、建设者、享有者，城市安全发展离不开广大人民群众的参与。推进城市广大人民群众提升安全素质，改善安全行为，培育安全意识，将对安全的要求作为自身在生产、生活中的"必需品"，形成关注自身安全、他人安全、社会安全的群体意识，从而提高城市整体的安全文化水平。

城市安全发展与安全文化相辅相成、相得益彰，安全发展要求不断提高城市安全文化水平，安全文化又进一步推动了城市安全发展取得更大进步。现阶段大力推动的城市安全发展工作，离不开城市安全文化的建设与不断深入，安全文化是城市安全发展必然要求。

7.1.2　社会主义先进文化的组成部分和重要表现形式

文化是一个国家、一个民族的灵魂。习近平总书记强调，文化自信是更基础、更广泛、更深厚的自信，是更基本、更深沉、更持久的力量。党的十八大以来，习近平总书记反复强调文化自信，从中国特色社会主义事业全局的高度作出了许多深刻阐述。党的十九大将中国特色社会主义文化同中国特色社会主义道路、理论、制度一道，作为中国特色社会主义的重要组成部分，强调要增强"四个自信"，这反映了我们国家对文化地位和作用认识的极大深化，充分体现了我们党高度的文化自觉和文化担当。进入新时代，坚定中国特色社会主义文化自信已成为历史跨越的新起点、社会发展的主旋律。用文化视野和文化思维来研究、分析、创新、解决包括城市安全发展在内的一切问题，既是时代急需，更是历史必然。

文化是人类在社会历史发展过程中所创造的物质财富和精神财富的总和，在日常生活中大多特指精神财富，如文学、艺术、教育、科学等。将文化与安全相结合，就形成了安全文化。安全文化是在人类生存、繁衍和发展的历程中，在其从事生产、生活乃至实践的一切领域内，为保障人类身心健康并使其能安全、舒适、高效地从事一切活动，预防、避免、控制和消除意外事故和灾害，建立安全、可靠、和谐、协调的环境和匹配运行的安全体系，使人类变得更加安全、康乐、长寿，使世界变得友爱、和平、繁荣而创造的安全物质财富和精神财富的总和。安全文化和其他文化一样，是人类文明的产物。安全文化是人们在生产、生活等活动中提供安全生产的保证。

社会主义先进文化，是以马克思主义为指导，继承和弘扬中华优秀文化传统和五四运动以来形成的革命文化传统、吸收借鉴世界优秀文化成果、集中体现全国各族人民在新的历史条件下的精神追求，始终代表着当代中国发展前进方向的文化。在建立和发展面向现代化、面向世界、面向未来的，民族的科学的大众的社会主义文化新时期，推动安全文化的深入发展，符合时代发展需要。安全文化集中在安全工作领域，是社会主义先进文化的组成部分和重要的表现形式，是以社会主义核心价值观为引领，围绕安全生产、防灾减灾、应急救援等各行业领域，引导人民群众关注安全、珍爱生命、互相尊重、互相关心、互相帮助、和睦友好，创造美好幸福生活。

安全文化坚持以人为本，尊重和广泛动员人民群众，关注人们在生产、生活中的安全诉求和价值愿望，促进城市与人民群众的全面发展；坚持以安全理念为核心，在全社会牢固树立安全发展、共建共享的共同理想，坚持联系实际，区分层次和对象，加强分类指导，找准与人们思想的共鸣点、与群众利益的交汇点，做到贴近性、对象化、接地气；坚持改进创新，善于运用群众喜闻乐见的方式，搭建群众便于参与的平台，开辟群众乐于参与的渠道，积极推进理念创新、手段创新和基层工作创新，增强安全工作的吸引力、感染力。

安全文化充分展现了社会主义先进文化的活力和生动性。安全文化作为社会主义先进文化的重要组成部分，是对社会主义先进文化在安全领域的重要发展，丰富了社会主义先进文化的内涵和外延，使社会主义先进文化的形式更加丰富多彩，更加深植于各行各业。安全文化在社会主义先进文化的引领下，更具时代特征，增加了厚重的时代属性，在促进人的全面发展、引领社会全面进步、实现中华民族伟大复兴的时代背景下，具有重要现实意义和深远历史意义。

7.1.3 安全文化推动城市安全不断发展

文化是一种社会现象，是人们长期创造形成的产物，同时又是一种历史现象，是社会历史的积淀物。确切地说，文化是凝结在物质之中又游离于物质之外的、能够被传承的传统习俗、生活方式、文学艺术、行为规范、思维方式、价值观念等，是人类之间进行交流的普遍认可的一种能够传承的意识形态。简而言之，文化影响人们的精神世界，优秀的文化能够增强人的精神力量，使人深受震撼、力量倍增，促进人的全面发展；安全文化具有同样的文化属性，具备影响人、熏陶人、塑造人的能力，影响人们的实践活动、认识活动和思维方式，影响人们的交往行为和交往方式。安全文化与安全法律法规的强制规范性不同，是通过潜移默化的不断影响，通过引导和教诲、褒扬和惩戒，自觉或不自觉地传播一种"人民至上、生命至上"的价值观念，培养人们自觉的安全行为意识，推动安全发展和社会进步。所以，安全文化属于柔性管理，是国家安全法律法规管理方式的补充，共同推进安全领域不断发展。

舆论宣传是安全文化建设的主渠道、主阵地，也是增强人们安全意识最直接、最有效的平台和载体。善用媒体，坚持正面宣传，充分发挥其对城市安全宣传工作的主导作用；广泛宣传城市安全工作的突出成就、先进事迹和模范人物，发挥城市安全文化的激励作用；加快形成全社会参与的城市安全舆论监督网络，通过微信公众号、政府网站、市长热线等平台，广泛听取市民建议意见，增加市民对城市安全的参与感和认同感。

文化培育离不开教育，更需要技能培训，才能最大限度进发城市安全文化活力，丰富城市安全文化实质。以进企业、进机关、进学校、进社区（村）、进家庭、进公共场所的"六进"活动为载体，结合安全生产月、防灾减灾日等宣传活动，推动防灾减灾、安全知识宣传教育走近公众，在潜移默化中提升市民的安全和素养；开展互动式体验培训、建立梯次培训网络、组织领导干部轮训、强化普法教育，加强中小学安全教育和应急演练，提升市民的安全保护意识和自救互救能力。

坚持实践养成，推动做到行为自觉。行为习惯是安全文化的反映，同时又作用和改变着安全文化。加大对公众安全行为的奖励力度，增加不安全行为的曝光频率，通过引导、鼓励、惩戒、教育等手段的长期执行，逐步让公众安全行为从"不得不做"向着"习惯去做"迈进，把安全转化为全社会的情感认同和行为习惯，做到安全理念牢固、安全氛围浓厚、安全行为自觉。

7.2 城市安全文化的主要任务

现阶段，城市安全文化的主要任务有：

（1）加强安全生产的形势政策宣传，强化全社会安全发展的理念。大力宣传贯彻落实党中央、国务院关于加强安全生产工作的方针政策和决策部署，形成有利于推动安全生产工作的文化氛围。继续深入扎实开展全国"安全生产月""安全生产万里行""《职业病防治法》宣传周""安康杯""青年安全示范岗""送安全文化到基层"等活动，培育和塑造富有吸引力和感染力的安全文化活动品牌。充分利用广播、电视、报刊、网络等媒体，加强安全发展理念的宣传贯彻，使其深入人心、扎根基层，指导和推动工作实践。强化安全生产责任体系内涵和实质的宣传，推动企业安全生产主体责任、部门安全监管责任和属地管理责任深入落实，促进各地区、各有关部门和单位切实增强安全生产工作的责任感、紧迫感和使命感，提高加强安全生产工作的积极性、主动性和创造性。

（2）开展安全文化理论研究，加强和创新安全文化建设。充分发挥安全生产科研机构和高等院校的作用，利用安全生产理论研究资源，针对安全生产重点、热点和难点问题设立研究课题，加强安全文化理论研究，形成以安全发展为核心、各具特色的安全文化建设理论体系。鼓励各地区、各有关部门和企业单位，结合自身特点，创新安全文化建设的内容和方法途径，总结实践经验，凝练理论性成果，以点带面，指导和推动工作。建立安全文化建设成果表彰、宣传推广机制，坚持自主研究和吸收借鉴相结合，积极开展地区、行业领域和企业间的安全文化建设学术交流，切实做好理论成果转化应用。

（3）强化正确的舆论引导，营造有利于安全生产工作的舆论氛围。广泛宣传安全生产工作的创新成果和突出成就、先进事迹和模范人物，发挥安全文化的激励作用，弘扬积极向上的进取精神。健全完善与媒体的沟通机制，做到善用媒体、善待媒体、善管媒体，坚持正面宣传，充分发挥其对安全宣传工作的主导作用。进一步完善新闻发言人、新闻发布会、信息公开、事故和救援工作报道机制，做好舆情分析，坚持公开透明、有序开放、正确引导的原则，及时引导社会舆论。加快形成全社会广泛参与的安全生产舆论监督网络，鼓励群众和新闻媒体对安全生产领域的非法违法现象、重大安全隐患和危险源及事故进行监督、举报，提高举报、受理、处置效率，落实和完善举报奖励制度。

（4）加强安全法制宣传，强化安全法治意识。坚持与普法工作相结合，面向社会和广大企业，大力宣传普及安全生产、职业病防治等法律法规，强化安全生产法制观念。加强安全监管监察执法人员的培训教育，提高依法行政能力，促进科学执法、严格执法、公正执法、廉洁执法和文明执法。总结运用正反两个方面的典型案例，坚持以案说法，深入剖析，注重用事故教训推动工作，强化安全生产警示教育，筑牢安全生产思想防线，始终做到警钟长鸣、常抓不懈，依法规范安全生产行为，加快推进安全生产法治化进程。

（5）普及安全知识，提高全民安全素质。面向全社会开展形式多样的安全知识普及活动，推进安全知识进企业、进机关、进学校、进社区（村）、进家庭、进公共场所，提高全民安全意识和安全素质。加强校园安全文化建设，推动安全知识进课堂，将安全知识的普及纳入国民教育序列；在中小学开设安全知识和应急防范课程，在高等院校开设安全文化知识和应急管理选修课程。积极开展安全生产和应急救援公益宣传活动，提高社会公众安全防范意识和自救互救能力。加强从业人员安全生产知识和技能培训。重视和发挥班组（区队）长在企业基层安全文化建设中的带头示范作用，加强专题业务培训，提高班组职工自觉抵制违章指挥、违规作业、违反劳动纪律的"三违"行为和应急处置的能力。

（6）建立完善宣传教育体系，扩大安全文化建设效果。继续推进安全生产宣教体制机制建设，建立完善有关宣教机构上下沟通联动机制，形成政府、部门、行业、企业各方共同参与的安全生产宣教思想文化体系，推动安全生产宣教工作的社会化进程。充分发挥安全文化机构的作用，加强与各级工会、共青团、妇联等群众团体的协调，实现资源共享、任务共担，提高安全文化建设影响力。加快安全文化信息化建设，加强互联网、手机等新兴媒体的运用，依托政府部门和行业性专业网站，打造安全生产和安全文化网络阵地，充分展示安全文化建设成果，宣传安全生产方针政策，交流工作经验，主动引导网上舆论，提高安全文化建设水平。

（7）开展安全文化示范创建活动，推进安全生产基层基础工作。大力推进安全文化建设示范企业创建活动，完善评价指标体系，为推动企业安全生产标准化建设等重点工作奠定思想文化基础。注重加强基层班组安全文化建设，最大限度地发挥班组、班组长和群监员等在安全生产工作中的重要作用，提升企业现场安全管理水平。扎实推进安全社区建设，提升社会安全保障能力和服务水平，重点加强城镇安全社区建设，大力推动工业园区和经济技术开发区等安全社区建设。积极探索制定安全发展示范城市建设规范和评价体系，推进安全发展示范城市创建。加强企业、社区、城市安全文化配套措施建设，建立安全文化示范创建交流平台，不断扩大建设成果。

（8）大力发展安全文化产业，促进安全文化繁荣发展。按照中央部署要求，解放思想，大胆创新，推进相关文艺院团、非时政类报刊社、新闻网站等转企改制，拓展有关出版、发行、影视企业改革成果，努力打造资源优化、主业突出、实力雄厚、影响力强的安全文化产业。充分利用社会资源和市场机制，开展安全文艺创作。加快出版发行可读可视性强的安全文化产品，促进原创性安全文化作品创作。兴办安全文化事业，积极推动安全生产文艺团体开展文艺创作，促进繁荣安全文化市场。鼓励重点行业、地区、企业建设有特色的安全文化教育基地、场馆和宣传教育展厅。积极推进各地建立安全文化主题公园、主题街道，营造关爱生命、关注安全的良好社会氛围。

7.3　开展城市安全文化建设

推进安全文化建设，实现用优秀的安全理念引导全体市民的安全态度和安全行为，实现在法律和政府监管要求之上的安全自我约束。通过全民参与，形成共建共享的安全文化，持续改善城市安全绩效水平。

7.3.1　安全文化建设目标

核心安全理念深入人心。形成被全体市民共同认可的安全理念；由安全理念延伸出完整的安全文化体系；开展各项安全文化创建活动，建立并有效运行城市安全文化体系；城市安全理念得到广泛认同，市民安全素养得到明显提升，安全文化深入人心，形成安全文明。

树立主动安全的工作态度。各级政府及行业主管部门决策层安全领导力显著提升，主动以身作则，率先垂范，用具体行动传播和践行安全理念；各级政府及行业主管部门管理层将安全作为一切工作的前提，带头示范践行安全理念，有明确的履行安全监管职责的途径和抓手，建立"管业务必须管安全"的监管体系，作为各级决策层的顾问和助手主动发挥重要作用；社区（村）及生产经营单位自我管理责任得以落实，关注他人安全、互帮互助安全意识和行为持续深化；市民群众安全主动意识显著增强，安全素质明显提升，安全态度和安全行为得到很大改善，逐步养成安全行为自觉。

以文化建设为引领，开展安全文化示范单位、示范社区（村）建设。选树安全文化建设典型单位、示范社区（村）和典型人物作为引领；形成多个具有城市特色的安全文化建设品牌并长期坚持；在城市安全文化创建实践中通过沿用、完善、总结、提升打造一批有效的安全文化提升标准方法；结合城市历史积淀和文化特点打造安全文化建设品牌。

7.3.2　安全文化建设原则

安全文化建设应找准切入点，将安全文化与社会历史文化有效衔接；应把握着力点，完善安全制度，强化安全行为，提升公共设施管理，建设良好社会环境，落实提炼、认知、认同和践行安全理念各项行动。为此，提出安全第一、以人为本、本质安全、领导示范、全民参与、典型引领、正向激励、持续改进的安全文化建设原则。

（1）安全第一。在城市各行业安全生产工作中严格履行"安全第一"的原则，并作为安全文化建设的根本出发点。

（2）以人为本。激发市民的主动性，尊重市民、信任市民、关心市民、依靠市民，最大限度地调动市民开展社会监督、举报安全隐患、提出安全建议、面对事故灾难开展自救互救以及互帮互助的积极性和主动性，形成城市安全共建共享的良性局面。

（3）本质安全。强化安全生产全流程管理，做好源头管控和过程管理，突出应急管理。针对城市安全风险特点，从组织、制度、技术、应急等方面进行有效管控；采取工程技术手段、监测监控措施，达到回避、降低和监测风险的目的；高度关注自然条件、社会环境的动态变化，合理调整危险源风险等级和管控措施，促使危险源始终处于受控状态。强化安全生产设备设施安全性，保持作业环境优美，实现人机和谐、人境一体。

（4）领导示范。各级政府及行业主管部门决策层是安全文化建设的关键引领者，应对践行安全理念作出有形的表率，彰显安全领导力；各级政府及行业主管部门管理层、社区（村）主要领导及生产经营单位负责人也要用具体行动践行安全理念，展示安全的重要性。

（5）全员参与。安全文化建设是一项系统工程，是将安全理念内化于心、固化于制、外化于行、显化于物的过程，需要从上到下、方方面面齐抓共管，需要全体市民共同参与，形成合力，持续推进，取得实效。

（6）典型引领。树立安全文化建设示范单位、示范社区（村）、典型人物、典型做法，通过典型带动安全文化建设氛围，鼓励所有行业领域、各级板块开展安全文化建设活动，形成积极的安全氛围。

（7）正向激励。建立以正向激励为主的奖惩机制。有效运用精神激励和物质激励相结合的手段，提高安全行为规范的执行力，激发市民安全自觉性和主动性，帮助市民养成安全行为习惯。

（8）持续改进。安全文化建设不能一蹴而就，需要树立正确的安全态度和安全行为，从思想上引导安全、从行为上养成习惯；需要长期坚持、不断改进，实现安全自我约束，实现安全文化水平持续进步。

7.3.3　安全文化建设流程

1. 前期布置

1）达成内部共识

开展安全文化建设必须得到各级政府及行业主管部门决策层的坚定支持和亲身参与。城市安全文化建设是通过综合的组织管理手段，将安全理念转化为市民的安全意识、进而培养安全行为习惯的过程。各级政府及行业主管部门决策层的示范和表率作用至关重要，需要用具体行动传播、践行安全理念。

在进行系统的安全文化建设之前，需要做好前期的内外部沟通并达成内部共识，对安全文化建设的流程、周期、投入、重点、难点等做好充分的思想准备，降低安全文化建设起步阶段的盲目性，将安全文化建设作为一项长期的、系统性的工作，不断优化提升。

2）成立组织机构

（1）组织机构：

在开展安全文化建设工作时，宜按各行业、各板块业务职能分工分别成立安全文化建设领导小组和安全文化建设工作协调机构，明确各方职责，保障实施过程协调配合。安全文化建设领导小组宜结合安全生产委员会及组成单位设立，安全文化建设工作协调机构宜结合安全生产委员会办公室及各行业领域安全监管处室设立。

安全文化建设领导小组、工作协调机构的设立、人员组成及工作职责等应当以正式文件发布，当其中成员或职责发生变动时，应该进行修订并重新发布。

（2）工作职责：

安全文化建设领导小组是安全文化建设过程的最高权力机构。领导小组由城市主要负责人、分管安全责任人、各行业部门负责人共同组成。安全文化建设领导小组应全面领导安全文化建设及体系运行工作，带头宣传安全文化理念，身体力行垂范安全文化；批准各项安全文化建设规划、实施方案、安全理念、安全行为规范、活动方案等；定期或不定期组织召开会议，听取安全文化建设工作协调机构的汇报，把安全文化建设纳入安全生产工作重要议事日程；配置落实安全文化建设所必需的安全投入及措施经费；组织审核安全文化建设阶段性成果，推进安全文化持续改进。

安全文化建设工作协调机构是安全文化建设过程的日常工作机构。工作机构由安全生产委员会办公室主任、专职副主任、各行业领域及各板块安全监管部门相关人员组成。安全文化建设工作协调机构应直接负责组织协调开展安全文化建设及体系运行工作，并持续改进；制定安全文化建设规划及年度实施方案，并抓好落实；制定或修订各项安全文化建设的制度、规范、实施程序及工作方案；组织起草、讨论、拟订城市安全理念并报领导小组批准；负责与外部专家协调、沟通安全文化建设相关事宜。

3）评估初始状态

城市安全文化初始评估是指城市在正式启动系统的安全文化建设之前，对城市现有安全文化状态进行评估，并编写《城市安全文化初始评估报告》。开展初始评估，通过调查分析，了解安全文化建设基本要素运行情况，发现薄弱环节；了解城市已有的安全管控手段中，哪些值得沿用、总结、提升、推广；根据初始评估结果制定安全文化建设规划和实施方案；编制安全文化初始评估报告（可用于对比今后安全文化建设成效），作为城市安全文化建设文档的组成部分。

一般情况下，城市安全文化初始评估报告应说明城市概况，分析安全理念提炼及宣传普及效果，分析安全监管制度有效性，分析市民行为安全自觉性，分析城市自然环境和社会环境安全适宜性，分析典型安全监管的有效性，进而对安全文化现状进行总结，提出改进建议措施。

4）制定规划方案

在城市安全文化初始评估完成后，须制定城市安全文化建设规划和年度实施方案。

安全文化建设规划应当根据安全文化初始评估或阶段性评估中发现的问题和目标导向，进行有针对性的设计。安全文化建设规划一般应包括规划必要性分析、总体思路、规划目标、基本原则、规划主要内容、重点实施项目、保障措施等。

安全文化建设年度实施方案是将安全文化建设规划落实到每一年的工作计划，应当要求明确，具有可操作性。安全文化建设年度实施方案一般应包括阶段目标、具体工作任务、任务组织实施单位、完成任务所需的各种保障措施等。年度实施方案编制完成后，须经城市安全文化建设领导小组审定批准，以城市正式文件形式予以发布，遵照施行。

5）开展组织动员

在城市安全文化建设年度实施方案审定之后，可召开安全文化建设启动会议，全面启动安全文化建设工作。

在启动会议上，应阐明开展安全文化建设的意义、决心和目标，提出安全文化建设要求；宣布安全文化建设工作组织及其职能，宣布安全文化建设领导小组成员和工作小组成员名单；宣讲安全文化建设规划/年度实施方案，强调全民参与的重要性，宣告工作的持久性；有关行业部门负责人讲话，表达对安全文化建设的看法和支持；宜外请专家讲授安全文化建设的基本知识和要求。

2. 建立安全理念体系

建立被全体市民所认同的城市安全理念，同步建立以城市安全理念为基础的城市安全管理基本原则、安全行为规范。

3. 认知、认同、践行安全理念

认知、认同、践行安全理念是安全文化建设的核心工作。及时发布安全理念，综合运用多种组织管理手段，落实安全文化建设规划和年度实施方案。通过解读传播、学习讨论安全理念，实现全体市民对安全理念的认知；通过将安全理念融入监管制度、优化安全行为规范、制定市民安全行为规范等方式，实现全体市民对安全理念的认同；通过全员参与以及采取多种安全管理方式、采取激励与考核措施、开展安全创新，鼓励全体市民践行安全理念。循序渐进引导市民改善安全态度，遵守安全行为规范，将安全理念落实到所有市民的行为之中。

4. 审核与评估

1）制定审核评估标准

应制定安全文化审核评估细则，对安全文化建设情况进行定期的全面审核。审核的目的不是发现安全上的具体问题，而是着眼于安全文化建设的有效性，尤其要关注是否有安全状态下滑的前兆，找到薄弱环节，给予及时控制和改进。

审核评估主要包括策划、实施、总结三个阶段。策划阶段应确定审核评估人员及职责，确定审核评估的范围、步骤、方法以及审核评估报告和记录等要求，以便审核评估顺利实施。应制定审核评估计划，按计划组织实施，并形成审核评估结论。

审核评估指标的设定可参考安全文化建设内容、结合已经实施的各种安全文化推进工作事项确定。

审核评估方法可包括人员访谈法、问卷调查法、现场观察法和资料收集法等。

2）编制审核评估报告

依据安全文化建设审核评估情况单独编制《安全文化建设状态评估报告》，提出改进措施，根据评估结果调整安全文化建设规划和年度实施方案。应将《安全文化建设状态评估报告》作为安全文化建设文档的组成部分，并作为今后评估结果的对比参照。

3）将安全文化建设状态评估结果纳入年度考核体系

安全文化建设状态评估宜每年进行一次，可与城市年度安全考核工作结合进行，给出审核评估意见。审核评估时要对城市安全状态下滑的趋势有足够的敏感度。为了得到尽量客观和专业的审核评估结果，安全文化建设审核评估可聘请外部专家使用专门测评工具或模型进行分析评估。

5. 持续提升

1）机制保障

建立领导机制和落实组织保障，并在实施过程中不断完善。建立信息收集和反馈机制，从与安全相关的事件中吸取经验教训。建立安全文化建设考核机制，纳入年度考核体系。

2）资金保障

建立专项资金用于安全文化建设，保证资金的安排和使用；必要时给予街道、社区（村）、典型生产经营单位资金支持，供其组织开展安全文化活动。

3）骨干培养

在各行业部门、街道、社区（村）、典型生产经营单位中选拔和培养安全文化建设骨干，发挥指导老师的角色，承担辅导和鼓励全体市民改善安全态度和安全行为的职责。经过培训的骨干人员应深刻理解安全文化建设思路，具备较强的组织管理能力、方案策划能力、沟通交流能力以及热心服务的精神。

4）共享成果

建立借鉴与分享机制，及时总结安全文化建设经验，共享建设成果。通过内部实践创新，沿用、完善、提升已有的安全管控手段，使其真正发挥作用。通过外部交流学习，引进、借鉴、消化、吸收外部良好安全实践，转化为城市的理念和做法。挖掘、提炼、优化城市内部良好安全实践，形成系列安全文化工作法，相互借鉴分享，丰富城市安全文化建设手段。

5）深化和延伸安全文化建设领域

在持续开展安全文化建设过程中，应不断延伸安全文化建设的领域。在时间上，将安全文化建设从工作时间向辅助活动时间延伸，甚至向业余生活时间延伸，真正形成所谓"7天24小时"安全防御机制。在空间上，将安全文化建设从城市内部向外部环境延伸，如外派执行任务、所有相关方区域等。在管理关系上，将安全文化建设从市民向其他人员延伸，如城市暂住人员、临时务工人员、临时出差人员等。在业务职能上，将安全文化建设的机制从预防市民人身伤害和事故灾难损失向预防一切不必要损失延伸，如财物损失、信誉损失、效率损失等。

7.3.4 安全文化建设内容

1. 安全理念建设

1）理念文化建设要求

应坚持人民至上、生命至上，把保护人民生命安全摆在首位，树牢安全发展理念，坚持安全第一、预防为主、综合治理的方针，以城市社会历史文化和安全现状为基础，通过调研、讨论、总结、提炼形成安全理念，用于指导安全文化建设所有环节。生产经营单位应根据本单位特点、历史沿革、安全需求，总结、提炼本单位安全理念，并在工作生活中积极践行。市属国有企业应探索开展安全文化建设工作，提出、践行本企业安全理念。

2）发布和传播安全理念

应在市民中间广泛征集、充分讨论安全理念内容，经总结提炼、审核批准后以正式文件予以发布。将安全理念传播纳入社会安全宣传培训工作，做到各级行政管理人员熟知、全体市民知晓。编制城市安全文化宣传图册，利用多种宣传媒介详细诠释解读安全理念，供市民学习了解；乡镇（街道）、社区（村）、生产经营单位结合工作实际，组织开展安全理念学习讨论，利用安全会议、安全宣传教育培训活动传播安全理念。

2. 安全法律规范建设

1）安全法规体系建设

将安全理念的内涵和外延落实在各种安全法律、法规以及各行业安全管理办法、规章制度中，以法规强制性保证城市安全生产、防灾减灾、应急救援等工作有法可依、有章可循。安全法规制度体系建设是安全文化建设的内在保障，应提高市民对安全法律、法规的理解、认知和自觉执行水平。

生产经营单位应当审核、优化原有的安全规章制度、操作规程和作业程序，及时建立、完善、修订安全生产规章制度、安全操作规程，确保符合安全理念、安全法规的内在要求。

2）安全标准规范体系建设

梳理城市运行中存在的安全风险以及城市发展中出现的新技术、新业态、新领域，分行业制定安全管理标准或安全技术规范，实现安全风险分级、分类管控，用于指导开展城市危险源、风险点安全监督管理。

各行业领域定期分析整理城市运行管理工作方式方法，将常态化工作规范化，以规范标准的形式予以体现，并定期进行更新。鼓励生产经营单位建立适应本单位的安全管理标准和安全技术标准。

3）市民安全行为规范建设

安全行为规范用于约束市民的日常行为，帮助市民改善安全行为，养成良好的安全行为习惯。

根据城市公共设施运行及市民日常生活中表现出来的不安全行为，可以提出诸如公共场所、市民交通出行、居家用火用水用电、校园安全、异常天气等方面的安全行为规范。

生产经营单位可根据本单位安全风险特点和实际需要，制定员工安全行为规范、危险作业关键安全行为要求、各岗位关键安全行为要求等。

3. 安全行为建设

安全行为建设是在安全理念的引领下，市民在生产和生活中表现出的安全行为规范和安全思维方式，是践行安全理念、改善安全行为的过程，是将安全理念内化于心、外化于行的过程，是养成安全行为习惯的过程。

1）行为文化建设要求

各级、各行业、生产经营单位主要领导在面对安全问题时，应坚持保守及科学决策，杜绝冒险思想。

各级、各行业应开展城市安全及本行业领域安全宣传教育，向市民开展安全宣传，使其理解、配合、遵守政府发布的各项安全管理规定和规范。生产经营单位应开展本单位安全教育培训，提升职工安全技能和安全意识。

各级、各行业工作人员在日常工作中发挥表率引领作用，体现自身安全素养，以实际行动让市民切身感受到对安全的重视。

应鼓励各级、各行业工作人员以及生产经营单位安全管理人员、生产经营管理人员接受安全培训并自主学习，获得与本岗位相适应的安全管理能力。

采取有奖举报等多种形式，引导市民参与城市安全监督工作，提高市民参与安全工作的热情。

畅通问题举报及反馈渠道，鼓励市民对城市安全问题及个人关注的安全问题提出质疑，及时解答、解决市民反映的问题。

生产经营单位应鼓励职工针对安全工作提出合理化意见或建议，并给予有效反馈。

2）安全行为建设推进手段

坚持各级、各部门、生产经营单位主要领导率先垂范，在日常工作中列明重点关注的安全工作事项，需要解决的重点安全问题，积极研究部署安全工作。

各级、各部门、生产经营单位主要领导以身作则，在日常行为中坚持安全要求，执行安全规定，遵守安全纪律，并在监督检查工作中做好个体防护。

制定各级、各行业工作人员以及生产经营单位安全管理人员、生产经营管理人员岗位安全工作标准，开展岗位安全意识和技能培训考核，保证工作人员与岗位要求相适应的安全管理能力。

建立生产经营单位职工岗位安全要求清单，采取安全培训、技能训练等措施保证职工安全技能与岗位安全要求相适应。

持续推进安全、应急、防灾减灾、职业健康、爱路护路、人民防空宣传教育"进企业、进机关、进学校、进社区（村）、进家庭、进公共场所"的六进活动。

开展青少年、老年人、伤残人士、心理疾病重症患者等重点人群"安全关爱"行动，重点解决社区生活、交通出行、吃住购物、参观旅游、医疗救护、灾害避险等方面的安全难题，从技术措施和日常管理提高安全生活质量。

利用或临时设置城市广播视频系统，在重点地段、场所、位置播放专题安全警示视频或音频，规范市民安全行为，必要时安排人员定点监督。利用电视广播、报刊、新媒体等媒介，曝光不安全行为，警醒市民关注安全、预防事故。

推动生产经营单位加强职工不安全行为监督检查，杜绝违章作业，避免发生生产安全事故或不安全事件。

制作安全生产、应急救援、防灾减灾救灾影视作品或小视频，在公共媒体和汽车站、火车站、大型广场、施工场地、社区等公共宣传大屏中播放。

推动人员密集场所、建筑施工、交通运输、危险化学品、矿山、工贸企业等生产经营单位和社区开展应急演练，提高应急处置能力和应急响应能力。

建设具有城市特色的安全文化教育体验基地或场馆，开展社区（村）安全角建设，为市民感知安全、认识危险，提高自我防范技能提供条件。

建立安全行为激励机制。重视过程考核，突出正向激励，重视选树榜样和典范，扬善公堂，发挥示范作用。正向激励手段包括精神激励和物质激励，建立晋升与安全绩效挂钩机制，提供带薪度假、培训机会，选树安全明星、创新达人、突出贡献奖等予以鼓励。

推动生产经营单位结合自身特点，提出安全技术创新、管理创新和培训创新方式方法，开展诸如施工预制件生产场所工厂化管理、产业工人培育、党团员安全示范岗等创新活动。

4. 安全社会环境建设

1）安全社会环境要求

安全社会环境是安全文化建设的外在保障。应保障城市生命线、建筑施工、交通设施、桥梁隧道、既有房屋等公共设施安全可靠。应保障教育、养老、医疗、旅游、娱乐、商业等社会福利或服务设施具备安全生产条件。应保障各类生产经营单位、检测检验及实验试验场生产工艺、设备设施本质安全。应建设安全、美丽的生产场所和生活社区（村）。应创造各种条件，不断增强广大市民的幸福感、获得感、安全感。

2）安全社会环境推进手段

开展安全社区（村）建设，打造安全与社区（村）一体化发展模式。

加强社区有消防工作站、有消防宣传橱窗、有公共消防器材点、有志愿消防队伍的"四有"建设。

利用公园、绿地、广场、学校操场、地下空间（含人民防空工程）、体育场馆、学校教室等建筑，开展应急避难场所建设，做到标志清晰，应急设备设施完整有效。

推动开展城市各级、各行业安全风险辨识评估和事故隐患排查治理，掌握风险底数，合理管控风险，消除事故隐患，提高城市安全运行效能。

建设重点领域专业应急救援队伍和基层社会救援力量，配备常用应急物资装备，组织开展培训和应急演练。

有计划、有步骤实施落后生产工艺技术和装备淘汰、老旧管网改造、老旧小区改造、老旧桥梁隧道改造以及其他老旧地下工程改造。

鼓励科技兴安，应用新技术、新装备提升本质安全水平。加大先进工艺、科技装备的投入力度，提升本质安全水平，从源头上减少人员的伤亡。

　　建立完善监测预警和安全管理信息系统，提升信息化水平，开展监测预警、风险管控、隐患排查治理、应急响应、人员及设备实时监控、安全教育培训、远程检查等工作，进一步提升安全监管、智慧应急、科学减灾智能化水平。

　　开展安全生产标准化建设，建立策划、实施、检查、改进、动态循环的现代安全管理模式。通过自我检查、自我纠正、自我完善这一动态循环的管理模式，促进安全绩效的持续改进和安全生产长效机制的建立。

　　3）营造社会安全氛围

　　(1) 创建城市安全文化品牌：

　　① 各级、各部门、生产经营单位组织开展安全文化建设活动，并长期坚持，打造城市安全文化建设品牌。

　　② 利用新媒体，开展音视频分享活动。借助网络音视频平台，发动市民开展安全分享，讲述亲身经历、经验、案例、警示、"吓一跳"的不安全行为，诠释安全道理，启发提升安全意识。

　　③ 开展线上"安全讲堂"培养计划。利用网络直播平台，组织推荐讲师参加线上安全讲堂，分享安全知识。

　　④ 开展安全文化建设示范单位创建活动。制定安全文化建设示范单位创建标准，以生产经营单位为主体，创建安全文化建设示范单位，每年评选，树立标杆，分享经验。

　　⑤ 推动工业园区和经济技术开发区安全文化建设，培育安全文化先进园区、开发区。

　　(2) 打造安全管理工具箱。研究应用实践各级、各部门、生产经营单位安全管理新工具、新方法。开展安全管理创新工具及方法的征集、评比、推广工作，选出一批实用的安全管理工具、方法，在城市管理和企业生产经营中推广应用。

　　(3) 开展系列专项活动。开展系列安全文化建设专项活动，激发市民思考安全、关注安全。以每年"安全生产月""全国防灾减灾日""全国消防日""全国法制宣传日""世界气象日""国家安全教育日""全国交通安全日"等活动为契机，各级、各部门、生产经营单位组织开展诸如安全生产公开课、应急大讲堂、安全生产巡回演讲、安全生产主题征文、书法绘画摄影作品展览、"安全金点子"意见征集、每日一句安全提醒等丰富多彩的安全文化活动。

　　(4) 创建宣传载体和平台。各级、各部门、生产经营单位应在安全文化创建工作中切实做出成效，形成一系列宣传标语、一套宣传图书、一部宣传视频，每年至少开展一次安全文化专题教育培训、组织一次具有一定规模的安全文化专题活动、打造一个安全示范街道或社区、培育一个安全文化示范单位或企业；"安全生产月"期间城市各行业领域集中组织开展一期安全文化宣传，组织一期针对生产经营单位员工和市民的不安全行为专项监督检查行动。

（5）将亲情感染融入安全文化。安全文化建设需要全体市民和家庭共同参与。通过组织职工家属参观生产作业现场，录制家人的安全嘱咐短片等方式，以亲情感染为纽带，让安全文化进入家庭，让市民深刻体会到安全对个人和亲人都是一种责任。

（6）创造幸福、美满、安全的生活氛围。推动形成党委政府牵头、部门各负其责、市民广泛参与的工作格局。充分利用报刊、广播、电视、网络等新闻媒体，大力宣传创建工作的重要意义、政策方针、目标任务、典型事迹和成功经验，尊重不同观点，鼓励市民提出安全相关的任何问题，并给予及时回应；鼓励市民积极出主意帮助解决生产生活中面临的困难，不断提高广大市民的认同感、支持度。切实发挥科技创新、产业发展、信用建设、宣传教育、基层治理等领域助力城市安全发展的作用，培育城市安全文化，提高市民安全意识、自救互救能力。引导培育和规范社会组织、志愿者等社会力量参与安全管理，不断增强广大市民的幸福感、获得感、安全感。

7.4 开展城市安全文化建设评估

7.4.1 评估目标和要求

城市安全文化建设评估要遵循系统性、时效性、专业性、全面性和动态性原则。

评估范围应包括城市本级及以下各级、各行业领域的安全监督管理活动，应覆盖城市所有的公共设施、人员密集场所以及所有的生产经营单位。

应成立专门的安全文化评估工作组织机构或安全文化评估工作小组。应每年进行一次安全文化建设评估工作。依据安全文化评估情况编制《安全文化建设状态评估报告》，提出改进措施建议。

7.4.2 评估工作程序

1. 前期准备

（1）确定评估范围，收集评估相关资料。

（2）明确评估工作方式。可采取自评方式，也可聘请相关专家或第三方机构进行评估。

（3）成立安全文化评估工作小组。评估工作小组至少由5名（含）以上人员组成，评估人员应具有5年及以上与安全管理相关的专业技术工作经历，并至少有2名具备注册安全工程师职业资格或安全评价师资格，并明确相关职责分工。评估工作小组组长应熟悉国家安全生产法律法规、部门规章、地方法规、安全技术规范及标准；熟悉城市安全生产行业领域主要工作业务，并具有相关专业技术职称；熟悉城市安全文化评估要求和内容；能够客观公正地把握评估过程和评估结论，具有保障安全文化评估实施的组织能力；具有协调不同评估意见的能力；具有协调整改不符合项的能力。

（4）制定评估计划。评估计划应明确评估内容、评估时间、评估工作持续改进等具体要求。

2. 开展评估

评估工作可通过座谈交流、查阅资料、现场检查、抽查询问等方式开展。

（1）座谈交流：召开座谈会，了解城市安全文化总体情况。

（2）查阅资料：查看城市安全文化建设各项文件资料。

（3）现场检查：对各评估项选择有针对性的现场进行检查验证。

（4）抽查询问：采取随机抽查的形式或者问卷调查的形式了解城市安全文化发展情况。

3. 判定安全等级

评估工作小组可参考安全文化建设评估细则中的内容及现场检查结果对城市安全文化发展情况进行评估打分。

根据得分情况对城市安全文化状况进行分级。

4. 编制评估报告

评估报告内容应至少包括评估的依据、评估人员、评估时间、评估简要过程、各分项指标评估结果、总体结论、存在的问题和整改措施建议等，根据综合评估结果形成评估报告。评估报告应形成文件，并根据需要报告上级单位。

安全评估工作小组或第三方评估机构对城市安全文化评估的真实性、公正性负责。

评估工作程序如图7-1所示。

7.4.3　评估内容

评估内容分为形式评估、内容评估和成效评估。形式评估包括组织领导、舆论宣传、主题教育、专项活动、问卷调查等内容；内容评估包括征集和传播安全理念、安全法律法规建设、安全行为建设、安全社会环境建设等内容；成效评估包括品牌建设、安全管理工具箱、宣传载体、安全文化专家库建设等相关内容。安全文化建设评估细则详细内容见表7-1。

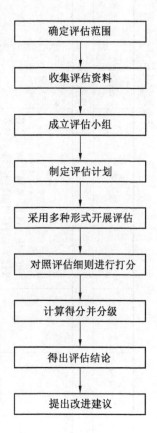

图7-1　评估工作程序

确定评估范围

收集评估资料

成立评估小组

制定评估计划

采用多种形式开展评估

对照评估细则进行打分

计算得分并分级

得出评估结论

提出改进建议

表7-1 安全文化建设评估细则

序号	一级项	二级项	三级项	标准分值	考评方式	评定标准	评定得分
				一、形式评估			
1	组织领导	方案计划	市、县（区）、乡镇（街道）各级行业主管部门编制本行业领域安全文化建设工作计划；明确安全文化建设工作机构及人员，建立安全文化建设工作职责，同步做好计划、布置、检查、总结、评比工作；定期开展安全文化建设过程监督、过程检查，总结安全文化建设阶段性总结考核，做好安全文化建设资金投入，保证安全文化建设经验，发现工作不足	5分	查阅政府、相关部门安全文化建设工作计划、方案或文件记录	每发现下列任何一处情况扣0.5分：市、县（区）、乡镇（街道）各级行业主管部门未编制本行业领域安全文化建设工作计划的；未明确安全文化建设工作机构、人员以及工作职责的；未定期开展安全文化建设过程监督检查的；没有安排资金开展安全文化建设的；未开展安全文化建设阶段性总结考核	
2	舆论宣传	宣传机制建设	建立城市安全宣传工作机制，健全城市安全宣传阵地，协调各方力量，形成统一领导、组织协调、社会力量广泛参与的安全文化建设工作格局；加强与各级工会、共青团、妇联等群众团体的协调，实现资源共享，任务共担，提高安全文化建设影响力	3分	查阅政府、相关部门组织开展安全舆论宣传工作文件；查阅各级工会、共青团、妇联等群众团体安全舆论宣传记录	未制定城市安全舆论宣传工作制度性文件的，或制度度文件中未形成统一领导、各方力量广泛参与的，扣0.5分；各级工会、共青团、妇联等群众团体未开展安全舆论宣传的，每发现一处扣0.5分（本项最多2.5分）	

254

表7-1(续)

序号	一级项	二级项	三　级　项	标准分值	考评方式	评　定　标　准	评定得分
3	舆论宣传	安全警示宣传	利用或临时设置城市广播视频系统,在重点地段、场所,位置播放专题安全警示视频或音频,规范市民安全行为,必要时安排市民监督;利用电视广播、报刊、新媒体等安全不安全行为,曝光、曝光不安全,关注安全、预防事故	3.5分	现场调查城市广播视频系统;查阅电视广播、报刊、新媒体等媒介安全行为记录	未建设城市广播视频系统的,扣0.5分;未在重点地段、场所、位置播放专题安全警示视频或音频,或未安排人员监督规范市民安全行为,每发现一处扣0.3分(本项最多扣1.5分);利用电视广播、报刊、新媒体等媒介曝光不安全行为年度累计少于50次的,扣0.5分,少于20次的扣1.0分,一次都没曝光过的扣1.5分	
4		宣传品制作及使用	面向社会推出一批安全生产、应急救援、防灾减灾影视剧目、图书、音乐作品及公益广告等,丰富群众性安全文化,增强安全文化产品的影响力和渗透力;依托政府部门和行业性专业网站,打造安全生产和行业安全文化网络阵地,充分展示安全文化建设成果,宣传安全生产方针政策,交流工作经验,提高安全文化建设水平;在公共媒体和汽车站、火车站、大型广场、施工场地、社区等公共场所大型大屏中播放安全文化系列作品	6.5分	查阅安全文化宣传作品;登陆政府或行业部门网站查阅安全相关模块;现场查看公共媒体和汽车站、火车站、大型广场、施工场地、社区等安全宣传情况	年度安全生产、应急救援、防灾减灾相关剧目、图书、影视片宣传画、音乐作品及公益广告等少于或等于两种形式的,扣0.5分;政府或行业部门网站没有安全相关模块的,每发现一处扣0.5分(本项最多扣3.0分);未在公共媒体和汽车站、火车站、大型广场、施工场地、社区等开展安全宣传的,每发现一处扣0.3分;大型广场、施工场地、社区等公共安全宣传的,每发现一处扣3.0分(本项最多扣3.0分)	

表 7 - 1（续）

序号	一级项	二级项	三级项	标准分值	考评方式	评定标准	评定得分
5	舆论宣传	宣传阵地建设	建设具有城市特色的安全文化教育体验基地或场馆、安全文化主题公园，社区（村）安全角，认识安全、认识危险，为市民感知安全、提高自我防范技能提供条件	2.5分	现场查看	每个县（区）至少建设一处安全文化主题公园，未建设的扣1分；社区（村）安全角建设比例＝已建设比例［社区（村）数量/本行政区域内所有社区（村）数量］低于90%的，扣0.5分，低于80%的扣1.0分，低于70%的扣1.5分	
6	主题教育	法制教育	开展安全生产相关法律法规、规章标准的宣传，坚持以案说法，加强安全生产法制教育，切实增强各类生产经营单位和广大从业人员的安全生产法律意识，推进"依法治安"；加强地方政府分管安全生产工作的负责人、安全监察人员安全生产法律法治教育培训，提高监管执法水平	3.0分	查阅教育培训记录	市、县（区），乡镇（街道）政府及行业领域未组织开展安全生产相关法律法规、规章标准教育培训的，每发现一处扣0.2分（本项最多扣1.0分）；生产经营单位未组织开展安全教育培训的，每发现一处扣0.2分，每发现一处扣1.0分；市、县（区）行业领域及乡镇（街道）未组织开展安全生产工作的负责人、安全监察监管人员安全教育培训的，每发现一处扣0.2分（本项最多扣1.0分）	

表 7-1（续）

序号	一级项	二级项	三级项	标准分值	考评方式	评定标准	评定得分
7	主题教育	专项教育	开展系列安全文化建设专项活动，激发市民思考安全、关注安全。以每年"安全生产月""全国防灾减灾日""世界气象日""全国消防日""国家安全教育日""全国法制宣传日""全国交通安全日"等经营单位机，各级、各部门，生产经营单位组织开展诸如安全生产公开课、安全生产巡回演讲、安全文化大讲堂，安全绘画摄影作品展览，书法征文，"安全金点子"意见征集，"安全提醒"一句话等丰富多彩的安全文化活动	2.5分	查阅专项教育工作记录	"安全生产月""全国防灾减灾日""全国消防日""全国气象日""国家安全教育日""全国法制宣传日""全国交通安全日"等活动期间，各级、各部门未组织开展专项教育活动的，每发现一处扣0.5分（本项最多扣2.5分）	
8	专项活动	"六进"活动	持续推进安全、应急、防灾减灾、职业健康、爱路护路、人民防空宣传教育进企业、进社区（村）、进家庭、进机关、进学校、进公共场所的"六进"活动	3分	检查"六进"活动情况	未推进安全、应急、防灾减灾、职业健康、爱路护路、人民防空宣传教育进企业（村）、进社区、进家庭、进机关、进学校、进公共场所的，每发现一处扣0.3分（本项最多扣3.0分）	
9		"安全关爱"行动	街道社区开展青少年、老年人、伤残人士、心理疾病重症患者等重点人群决社区生活、交通出行、医疗救护、灾害避险、参观旅游等方面的安全难题，从技术措施和日常管理提高安全生活质量	2分	检查街道社区"安全关爱"活动情况	街道社区未开展青少年、老年人、伤残人士、心理疾病重症患者等重点人群"安全关爱"行动的，每发现一处扣0.2分（本项最多扣2.0分）	

表 7-1（续）

序号	一级项	二级项	三级项	标准分值	考评方式	评定标准	评定得分
10		企业基层培训	推动企业加强班组长、农民工安全教育培训，提升基层工作人员安全技能	2分	检查企业班组长、农民工培训情况	企业未开展班组长、农民工安全教育培训的，每发现一处扣2.0分（本项最多借2.0分）	
11		"捉迷藏"活动	推动生产经营单位加强生产安全事故隐患排查、职工不安全违章作业，避免发生生产安全事故或不安全事件	2分	检查生产经营单位"捉迷藏"活动情况	生产经营单位未开展有关生产安全事故隐患排查、职工不安全排查、监督检查等"捉迷藏"活动的，每发现一处扣0.2分（本项最多扣2.0分）	
12	专项活动	应急演练活动	推动人员密集场所、建筑施工、交通运输、危险化学品、矿山、工贸企业等生产经营单位和社区开展应急演练，提高应急处置能力和响应能力	2分	检查各类生产经营单位应急演练工作情况	人员密集场所、建筑施工、交通运输、危险化学品、矿山、工贸企业生产经营单位和社区未开展应急演练的，每发现一处扣0.2分（本项最多扣2.0分）	
13		安全分享	利用新媒体，开展音视频分享活动。借助网络直播平台，发动市民开展安全分享、讲述亲身经历、经验、案例、警示、"吓一跳"的不安全行为，诠释安全道理，启发提升安全意识	2分	检查各类生产经营单位和社区安全分享情况	人员密集场所、建筑施工、交通运输、危险化学品、矿山、工贸企业生产经营单位和社区未组织开展安全分享活动的，每发现一处扣0.2分（本项最多扣2.0分）	
14		线上"安全讲堂"	开展线上"安全讲堂"培养计划。利用网络直播平台，组织推荐讲师参加线上安全讲堂，分享安全知识	1分	检查"安全讲堂"工作情况	未开展线上"安全讲堂"的，扣1.0分	

表 7－1（续）

序号	一级项	二级项	三 级 项	标准分值	考评方式	评 定 标 准	评定得分
15	专项活动	"亲情在线"活动	安全文化建设需要全体市民和家庭共同参与。人员密集场所、建筑施工、交通运输、工贸企业等企业通过组织单位职工家属参观现场和社区生产作业现场，录制家人的安全嘱附短片等方式，以亲情感染为纽带，让市民深刻体会到安全文化进入家庭，让市民和亲人都是一种责任	2分	检查各类生产经营单位和社区"亲情在线"活动情况	人员密集场所、建筑施工、交通运输、危险化学品、矿山、工贸企业等生产经营单位未组织开展"亲情在线"活动发现一处扣0.2分（本项最多扣2.0分）	
16		"群众监督员"活动	加强街道社区基层安全文化建设，发挥"群众监督员"作用，开展人民群众参与安全监督，事故隐患和不安全行为举报，应急救援等方面的安全意识	2分	检查街道社区"群众监督员"活动情况	街道社区未组织开展"群众监督员"活动的，每发现一处扣0.2分（本项最多扣2.0分）	
17		其他活动	鼓励开展各类安全活动，提升市民安全技能和安全意识	加1分	检查其他安全活动开展情况	本项为加分项。每增加一项安全活动加0.1分，最多加1分	
18	问卷调查	社会调查	调查市民对城市安全工作方针政策的认识，了解市民对安全工作的要求和意见，宣传有关安全科技创新、产业发展、信用建设、宣传教育、基层治理等成就，提高市民安全意识、自救互救能力，增强市民的幸福感、获得感、安全感	3分	检查问卷调查情况	每年至少开展一次市民安全社会调查，未开展扣3分	

表7-1（续）

二、内容评估

序号	一级项	二级项	三级项	标准分值	考评方式	评定标准	评定得分
19	征集和传播安全理念	征集安全理念	采取一定形式在市民中征集安全理念，做到讨论安全理念内容，经总结提炼，审核批准后以正式文件予以发布	3分	检查安全理念征集记录和发布情况	未在市民中征集安全理念的，扣1.5分；未讨论、提炼，审核并发布安全理念的，扣1.5分	
20		传播安全理念	将安全理念传播纳入社会宣传培训工作，做到全体市民知晓；编制城市安全文化宣传图册，利用多种宣传媒介详细诠释解读安全理念，供市民学习了解；乡镇（街道）、社区（村）、生产经营单位结合工作实际，组织开展安全理念学习讨论，利用安全宣传培训活动传播安全理念	3分	检查安全理念传播情况	未将安全理念传播纳入社会安全宣传培训工作的，扣0.5分；未编制城市安全文化宣传图册诠释解释该安全理念的，扣0.5分；乡镇（街道）、社区（村）、生产经营单位未组织开展安全宣传教育培训的，每发现一处以及讨论扣0.2分（本项最多扣2.0分）	
21	安全法律规范建设	安全法规体系建设	安全生产重点行业领域梳理，整理城市适用安全法规，出台细化本市行业领域安全管理办法，提高本规实用性；开展安全法规、管理办法学习宣贯，提高市民对安全法律、法规的理解，认知和自觉执行水平	3分	检查政府、相关部门资料	未制定或修订城市高层建筑、大型商业综合体、整隧道、综合交通枢纽、道路交通、桥梁、管线管廊、轨道交通、城市燃气、人防工程、城市照片、垃圾填埋场（渣土受纳场）、加油（气）站、电力设施、电梯、低空慢速小目标飞行器（物）和游乐设施等城市各类设施安全管理办法，以及制定既	

表 7-1（续）

序号	一级项	二级项	三级项	标准分值	考评方式	评定标准	评定得分
21	安全法律规范建设	安全法规体系建设	生产经营单位定期审核、更新优化安全规章制度、操作规程，以符合国家、地方安全法规要求	3分	检查政府、相关部门资料	有房屋装饰装修、城市棚户区、城中村和危房改造监督管理办法的，每发现一处最多扣0.2分（本项最多扣2.0分）；未组织开展近两年新修订安全法规、管理办法学习宣贯的，每发现一处扣0.1分（本项最多扣0.5分）；生产经营单位未定期审核、更新优化安全规章制度、操作规程和作业程序的，每发现一处扣0.1分（本项最多扣0.5分）	
22		安全标准规范体系建设	根据行业安全实际，制定行业领域安全管理标准或生产经营单位建立适应本单位的安全技术标准；鼓励大型生产经营单位或行业制定相关安全标准和相关安全技术标准	3分	检查相关部门、大型企业资料	交通运输、市场监管、消防、公安、水利、住建、应急管理、市政园林、商务、教育、文旅、农业农村等行业领域开展本领域标准规范建设，若近5年内未开展过安全相关标准规范制定或修订工作，每发现一处扣0.3分（本项最多扣1.5分）；大型核设施单位、大型发电厂、民用机场、主要港口、生产储存易燃易爆危险品的大型企业、储备可燃重要物资的大型仓库、基地，酒类、钢铁冶金、烟草等企业，被列为全国重点文物保护单位的古建筑群的管理单位，未建立适应本单位的安全管理标准和安全技术标准的，每发现一处扣0.3分（本项最多扣1.5分）	

表 7－1（续）

序号	一级项	二级项	三级项	标准分值	考评方式	评定标准	评定得分
23	安全法律规范建设	市民安全行为规范	根据城市公共设施运行及市民日常生活中表现出来的不安全行为，提出诸如公共场所用水用电、交通出行、校园安全、异常天气等方面的安全行为规范；大型生产经营单位根据本单位安全风险特点和实际需要，制定员工安全行为规范，危险作业安全标准要求、重点岗位安全行为要求等	2.5分	检查相关部门、大型企业资料	未提出公共场所、交通出行、居家用水用电、校园安全、异常天气等方面的安全行为规范的，每发现一处扣0.2分（本项最多扣1.0分）；大型核设施电厂、民用机场、主要港口、生产储备易燃易爆危险品的大型仓库、基地，被列为国家重点文物保护单位的古建筑群的管理单位，未建立本单位安全行为规范，危险作业安全行为不符合要求，重点岗位安全行为不符合要求的，每发现一处安全行为要求的（本项最多扣1.5分）	
24	安全行为建设	垂范引领	各级、各部门、生产经营单位主要领导在面对安全问题时，应坚持科学险决策，杜绝冒险思想；各级、各部门、生产经营单位主要领导率先垂范，在日常工作事项，需要明确解决的重点安全问题，积极做研究部署安全工作；各级、各部门、生产经营单位主要领导以身作则，在日常安全规定，遵守安全纪律，执行监督检查工作中做好个体防护；	3.5分	检查主要领导垂范引领情况	各级政府、行业领域和生产经营单位主要领导在解决安全问题时，存在冒险行为的，每发现一处最多扣1.0分）；各级政府、行业领域和生产经营单位主要领导未在日常工作中列明重点关注和解决的重点部署和解决研究，未研究的，每发现一处扣0.1分（本项最多扣1.5分）	

表 7-1（续）

序号	一级项	二级项	三　级　项	标准分值	考评方式	评　定　标　准	评定得分
24	安全行为建设	垂范引领	各级、各行业发挥率先引领作用，体现自身工作中发挥引领作用，体现自身安全素养，以实际行动让市民感受到对安全的重视	3.5分	检查主要领导垂范引领情况	各级政府、行业领域和生产经营单位主要领导在日常工作中，未遵守安全工作个个体防护的，每发现一处扣0.2分（本项最多扣1.0分）；市民或生产经营单位反映各级政府、行业领域和生产经营单位主要领导不重视安全工作，未发挥表率引领作用的，每发现一处扣0.2分（本项最多扣1.0分）	
25		尽职履责	制定各级、各行业安全管理人员，以及生产经营单位安全管理人员，生产经营管理人员安全工作标准，开展岗位安全技能培训、考核，保证工作人员与岗位安全管理能力；建立生产经营单位职工岗位安全要求清单，采取措施保证职工安全技能与岗位安全要求相适应	4分	检查安全工作标准、岗位安全要求清单、教育培训记录	各级政府、行业领域和规模以上生产经营单位未制定安全监管人员，安全管理人员，生产经营管理人员岗位安全工作标准的，每发现一处扣0.1分（本项最多扣1.0分）；各级政府、行业领域以上生产经营管理人员未参加安全教育培训的，每发现一处扣0.1分（本项最多扣1.0分）；规模以上生产经营单位未建立职工岗位安全要求清单的，每发现一处扣0.1分（本项最多扣1.0分）；规模以上安全培训、特种工未做到特证上岗的，每发现一处扣0.1分（本项最多扣1.0分）	

表 7－1（续）

序号	一级项	二级项	三级项	标准分值	考评方式	评定标准	评定得分
26	安全行为建设	自主学习	各级、各行业工作人员以及生产经营单位安全管理人员，生产经营管理人员接受安全培训并自主学习，获得与本岗位相适应的安全管理能力	2分	检查自主学习资料及记录	各级政府、行业领域安全监管人员未自主开展安全学习的，每发现一处自主扣0.2分(本项最多扣1.0分)；规模以上生产经营单位安全管理人员、生产经营管理人员未自主开展安全学习的，每发现一处扣0.2分（本项最多扣1.0分）	
27		正向激励	选树、表彰和宣传安全监管监察系统先进单位和先进个人的典型事迹；采取有奖举报等多种形式，引导市民参与城市安全监督工作，提高市民参与安全工作的热情；畅通问题举报及反馈渠道，鼓励市民对城市安全问题及个人关注的安全问题提出的质疑、及时解答，解决市民反映的意见和建议，建立职务晋升与安全绩效挂钩机制，提供带薪休假、培训机会、选树明星、创新达人，突出贡献奖等予以鼓励；生产经营单位鼓励职工针对安全工作提出合理化意见或建议，并给予有效反馈	4.5分	检查激励、奖励记录	未选树、表彰和宣传安全监管监察系统先进单位和先进个人典型事迹的，每发现一处扣0.2分(本项最多扣1.0分)；未采取有奖举报等多种报等形式的，每发现一处扣0.2分(本项最多扣1.0分)；问题举报及反馈渠道不能得到及时反馈的，每发现一处扣0.2分(本项最多扣1.0分)；未建立职务晋升与安全绩效挂钩机制的，每发现一处扣0.5分；规模以上生产经营单位未采取安全明星、创新达人、突出贡献等形式，对安全绩效显著的人员进行表彰的，每发现一处扣0.1分(本项最多扣0.5分)；规模以上生产经营单位未开展"安全合理化建设"工作的，每发现一处扣0.1分(本项最多扣0.5分)	

表7-1（续）

序号	一级项	二级项	三级项	标准分值	考评方式	评定标准	评定得分
28	安全行为建设	安全创新	推动生产经营单位结合自身特点，提出安全技术创新，管理创新和培训创新方式方法，开展诸如施工预制件生产创新、产业工人培育、党团员安全示范岗等创新活动	加4分	检查安全管理创新和技术创新资料	政府及行业领域建立安全生产、应急管理以及防灾减灾创新工作机制的，加1.0分；城市科研院所开展安全科学技术研究，取得省部级及以上奖励的，每一项加0.2分(本项最多加1.0分)；在城市安全管理体制、法制、制度、手段、方式创新等方面取得显著成绩和良好效果的，每一项加0.2分(本项最多加1.0分)；生产经营单位安全管理创新和安全技术创新，具有复制推广意义的，每一项加0.1分(本项最多加1.0分)；	
29	安全社会环境建设	营造安全环境	开展安全社区(村)建设，打造安全与消防一体化发展模式；加强社区有消防工作站、有消防宣传橱窗，有公共消防器材点，有志愿消防队伍的"四有"建设；利用公园、广场、学校操场、绿地、地下空间(含人民防空工程)、体育场馆、学校教室等建筑，开展应急避难场所建设，做到标志清晰，应急设备设施完整有效	3.5分	检查安全社区(村)建设情况，社区"四有"建设情况以及应急避难场所建设情况	安全社区(村)建设比例[安全社区(村)建设比例=已开展安全社区(村)建设的社区(村)数量/本行政区域内所有社区(村)数量]低于60%的，扣0.4分，低于40%的，扣0.2分，低于20%的扣0.6分(本项最多扣0.6分)；社区"四有"达标率100%的，每发现一处低于0.1分(本项最多扣1.5分)；未建设中心、固定应急避难场所，或避难场所应急设备设施缺失或损坏的，每发现一处扣0.1分(本项最多扣1.4分)	

表 7-1（续）

序号	一级项	二级项	三级项	标准分值	考评方式	评定标准	评定得分
30		安全生产"群防群治"	推动开展城市各级、各行业安全风险防控和事故隐患排查治理，合理管控风险，消除事故隐患，提高城市安全运行效能	2分	检查双重预防机制建设情况	政府及行业领域未建立安全风险防控和事故隐患排查治理双重预防机制的，每发现一处扣0.1分（本项最多扣1.0分）；规模以上生产经营单位未建立安全风险防控和事故隐患排查治理双重预防机制的，每发现一处扣0.1分（本项最多扣1.0分）	
31	安全社会环境建设	推动本质安全	鼓励科技兴安，应用新技术、新装备提升本质安全水平；加大先进工艺，提升本质安全水平，科技装备的投入力度，从源头上减少人员的伤亡；有计划、有步骤实施落后生产工艺技术和装备淘汰，老旧管网改造、老旧桥梁隧道改造以及其他老旧地下工程改造	3.5分	检查推动科技创新和新技术、新装备应用的文件资料	未在行业领域推进安全科技创新的，扣0.5分；未在矿山、尾矿库、交通运输、危险化学品、建筑施工、重大基础设施、城市公共安全、气象、水利、地震、地质、消防等行业领域推广应用具有基础性、紧迫性的先进安全技术和产品的，每发现一处扣0.2分（本项最多扣1.0分）；生产经营单位存在使用参考目录中的工艺、技术和装备的，每发现一处扣0.2分（本项最多扣1.0分）；老旧管网改造、老旧桥梁隧道改造以及其他老旧地下工程改造未按计划完成的，每发现一处扣0.2分（本项最多扣1.0分）	

表 7－1（续）

序号	一级项	二级项	三　级　项	标准分值	考评方式	评　定　标　准	评定得分
32		安全生产标准化建设	开展安全生产标准化建设，建立策划、实施、检查、改进、动态循环的现代安全管理模式；通过这一动态循环的管理模式，自我检查、自我纠正、自我完善这一动态循环的持续改进和安全生产长效机制的建立	1分	检查安全生产标准化建设情况	企业（建筑工地）安全生产标准化达标率小于80%，扣0.4分；达标率小于70%，扣0.7分；达标率小于60%，扣1.0分	
33	安全社会环境建设	加强应急力量	建立完善监测预警和安全管理信息系统，提升信息化水平，开展监测预警、风险响应、人员及设备实时监控、隐患排查实时监控、安全教育培训、远程检查等工作，进一步提升安全监管、智慧应急、科学减灾智能化水平；	7分	检查安全管理及监测预警信息系统，应急救援队伍和应急物资装备情况	交通运输、市场监管、消防、公安、水利、住建、应急管理、市政园林、商务、教育、文旅、农业农村等行业领域未建立安全管理及监测预警信息系统的，每发现一处最多扣0.5分（本项最多扣2.0分）；未按规定建立重点行业领域专业应急救援队伍以及应急装备不足的，每发现一处扣0.1分（本项最多扣1.0分）；危险物品生产、经营、储存、运输单位，矿山、金属冶炼、建筑施工单位，道交通运营、城市轨道交通运营，以及旅游景区等人员密集场所经营单位，未按规定建立应急救援队伍以及应急物资装备不足的，每发现一处扣0.1分（本项最多扣1.0分）；	

表7-1（续）

序号	一级项	二级项	三级项	标准分值	考评方式	评定标准	评定得分
33	安全社会环境建设	加强应急力量	建设重点领域专业应急救援队伍和基层社会救援力量，配备常用应急物资装备，组织开展培训和应急演练	7分	检查安全管理及监测预警信息系统，应急救援队伍和应急物资装备情况	符合条件的高危企业未按规定建立专职消防队伍的，或应急救援装备配备不符合规定的，每发现一处扣0.1分（本项最多扣1.0分）；小微企业未指定兼职应急救援人员，或未与邻近的应急救援队伍签订应急救援协议的，每发现一处扣0.1分（本项最多扣1.0分）；未组织开展应急演练的，每发现一处扣0.1分（本项最多扣1.0分）	
三、成效评估							
34	品牌建设	品牌建设	各级、各部门、生产经营单位组织开展安全文化建设活动，并长期坚持，形成品牌；制定安全文化建设示范单位创建标准，以生产经营单位为主体，每年评选安全文化建设示范单位；制定安全文化建设示范社区（村）创建标准，健全安全文化建设工作机制，每年开展安全文化示范社区（村）评选；推动工业园区和经济技术开发区等开展安全文化建设，建立园区安全文化品牌	2.5分	检查安全文化建设示范单位、示范社区（村）资料，工业园区和经济技术开发区安全文化建设资料	每发现下列任何一处情况扣0.5分：未制定安全文化建设示范单位创建标准的；未制定安全文化建设示范社区（村）创建标准的；未每年开展示范单位评选的；未每年开展示范社区（村）评选的；工业园区和经济技术开发区未开展安全文化建设的	

表 7-1（续）

序号	一级项	二级项	三级项	标准分值	考评方式	评定标准	评定得分
35	安全管理工具箱	安全管理工具箱	研究应用实践各级、各部门、生产经营单位安全经管理新工具、新方法，开展征集、评比、选出一批实用的安全管理工具、方法，在城市管理和企业生产经营中推广应用	2分	检查安全管理工具建设情况	交通运输、市场监管、消防、公安、水利、住建、教育、文旅、农业农村等行业领域未开展安全管理创新工具及方法的征集、推广工作的，每发现一处，扣0.1分（本项最多扣2.0分）	
36	宣传载体	宣传载体	各级、各部门、生产经营单位应在安全文化创建工作中切实做出成效，形成一系列宣传标语、一部宣传图书、一部宣传视频，每年至少开展一次具有一定规模的安全文化组织一次具有一定规模的安全文化专题活动，"安全生产月"期间城市各行业、集中组织开展一期安全文化宣传，组织员工和市民的不安全生产行为专项监督检查行动	2分	检查"七个一"成果资料	交通运输、市场监管、消防、公安、水利、住建、教育、文旅、农业农村等行业领域未组织开展"七个一"成果整理的，每发现一处，扣0.1分（本项最多扣2.0分）	
37	安全文化专家库建设	安全文化专家库建设	加强安全文化建设人才培养，提高组织协调、宣传教育和活动策划的能力，造就高层次、高素质的安全文化建设领军人才，建立安全文化建设专家库，加强基层安全文化队伍建设	1分	检查安全文化专家库建设情况	未建立安全文化专家库的，扣1分	

7.4.4 评估实施

对照安全文化建设评估细则进行打分，按以下公式计算实际得分 N：

$$N = 100 - 扣分项之和 + 加分项之和$$

评估等级分为 4 级，由高到低分别为一级（优秀）、二级（良好）、三级（一般）、四级（不达标）。安全文化评估等级见表 7 - 2。

表 7 - 2 安全文化评估等级

序号	实际得分（N）	评 估 等 级
1	$N \geqslant 90$	一级（优秀）
2	$80 \leqslant N < 90$	二级（良好）
3	$70 \leqslant N < 80$	三级（一般）
4	$N < 70$	四级（不达标）

8　城市安全科技支撑体系

当前，我国正处在城市安全事件易发、频发、多发阶段，安全问题总量居高不下，复杂性加剧，潜在风险和新隐患增多，突发事件防控与处置难度不断加大，维护城市安全的任务艰巨。特别在当前信息化和国际化快速推进时期，物联网、大数据、云计算等新技术助力安全科技发展，但也催生了新的风险隐患，给城市安全科技工作提出了新的挑战。虽然我国城市安全风险评估、监测预测预警、应急处置与救援、综合保障等核心技术与国际领先水平的差距呈现不断缩小的趋势，但是整体安全科技发展水平仍有待提高。

因此，全面贯彻落实习近平总书记关于推进应急管理体系和能力现代化、建设网络强国、数字中国和加快工业互联网发展等重要指示批示精神，立足新发展阶段、贯彻新发展理念、构建新发展格局，推进城市现代信息技术与安全生产高度融合，构建快速感知、实时监测、超前预警、联动处置、系统评估等新型能力体系，提升安全生产风险感知评估、监测预警、响应处置和应急联动能力，为全面提升城市公共安全应急保障、构建安全保障型社会提供科技支撑具有重要的战略意义和现实需求。

8.1　安全科技发展现状

我国一直高度重视安全科技创新工作，科研投入力度不断加大，安全领域科学研究和技术研发得到快速发展。总体来说，初步建立了安全科技创新体系，风险评估与预防、监测预测预警、应急处置与救援等安全关键技术得到长足发展。

党的十八大以来，习近平总书记提出了一系列关于科技发展的创新理念、重大战略思想，谋划实施了创新驱动发展战略、网络强国战略等，为做好安全生产工作、推动安全生产科技发展指明了方向，规划了路径，注入了强大的思想动力。

2020 年工业和信息化部、应急管理部关于印发《"工业互联网＋安全生产"行动计划（2021—2023 年）》的通知要求，通过工业互联网在安全生产中的融合应用，坚持工业互联网与安全生产同规划、同部署、同发展，构建基于工业互联网的安全感知、监测、预警、处置及评估体系，提升工业生产经营单位安全生产数字化、网络化、智能化水平，培育"工业互联网＋安全生产"协同创新模式，扩大工业互联网应用，提升安全生产水平。

整体来看，我国经济发展进入速度变化、结构优化和动力转换的新常态，科技创新呈现新趋势，5G 移动通信、物联网、大数据、人工智能、工业互联网等技术快速发展，无人机、智能装备等先进装备不断涌现，突破了很多发展瓶颈。风险评估技术正逐步趋于模型化、定量化、精细化和标准化，并由单灾种向多灾种综合风险评估转变；监测预警预报技术向综合感知、多灾种复合、多尺度协同、跨领域、智能化方向发展；应急处置与救援技术装备正朝着多技术集成、专业化、功能化、轻便化、模块化、智能化及成套化方向发展；综合保障技术更注重基于大数据、云技术和人工智能技术集成支持下的多灾种、全过程、全链条的综合防灾减灾决策与应急管理体系的建立和业务化运行平台的研发。

同时，我国安全科技创新还存在一些薄弱环节和深层次问题，主要表现在：基础理论研究不足，自主创新性成果缺乏；总体技术水平与国外领先国家相比还有差距，一些关键安全与应急技术装备依赖进口；国家重点实验室等科研基地和人才队伍建设依然薄弱。总体来说，我国的国家公共安全治理体系与治理能力现代化的科技创新体系尚未健全，而目前面临的公共安全形势却更为严峻，广大人民对公共安全的需求和期望又越来越高，急需更有力的科技支撑。

8.1.1 安全应急产业发展有待加强

自 2009 年我国首个国家级安全应急产业基地批准建设以来，各地获得相关部委认可的国家级安全应急产业示范基地已超 30 个，在建或已建的产业基地还有 10 余家。从空间布局来看，我国应急产业在长三角、珠三角、京津冀、西部和中部五大区域形成产业聚集区。东部以长三角、珠三角、京津冀集聚区为代表，发展领先性的"高新技术型"应急产业，依托高度发达的现代产业体系，建立了以新一代信息技术、先进制造业为基础的应急救援装备、智能应急机器人等全国领先的应急产业链。其中，北京以检测预警类产品为特色，江苏则注重处置救援类产品发展。中部以湖南、湖北、安徽、江西为代表，形成关联性的"产业依附型"应急产业，依托自身产业基础情况，发展工程机械救援装备、安全专用车及交通工程装备等具有地方产业特色的应急产品。西部以重庆、陕西、贵州、新疆为代表，形成后发性的"资源依托型"应急产业，主要是挖掘自身资源特色，发展矿山安全、危险化学品安全等资源型产业应急产品。

2021 年 4 月 22 日，工业和信息化部、国家发展改革委、科技部印发了《国家安全应急产业示范基地管理办法（试行）》的通知，重在引导生产经营单位集聚发展安全应急产业，优化安全应急产品生产能力区域布局，支撑应急物资保障体系建设，指导各地科学有序开展国家安全应急产业示范基地建设。

当前，我国应急产业主要面向两个市场：一是政府性市场，即政府主导的重要装备的物资储存市场；二是公众安全需求的市场。而大部分应急产品的市场相对有限，服务对象不清，发展目标不明，应急产品的公众安全需求市场急需拓宽。事前预防装备和技术相对薄弱，自主创新能力不强，大深度大吨位沉船快速抢险打捞装备、超高层建筑火灾扑救装备、救助车辆等关键技术产品还主要依赖进口，导致安全应急工作仍受到国外技术制约。

8.1.2 安全风险防控与应急技术装备研发不够充分

虽然我国安全应急产业经过多年发展取得了长足进展，但在安全与应急科技创新及产品研发上投入仍然不足、技术含量不高，在消防、特种设备、综合管廊、高层建筑、道路交通、建设施工等领域有关安全的技术进步未取得显著成效。针对化工企业集聚区、老旧城区和高层建筑火灾风险、油气管线和市政管网等方面的安全防控技术和应急装备创新能力还需加强。应急预案、应急物资装备、应急救援队伍等的数字化应用不充分，还有待进一步结合互联网、物联网、大数据、云计算、人工智能等信息技术实现创新性应用。

譬如，在消防安全领域，高层建筑尤其是超高层建筑一旦发生火灾，易造成群死群伤、巨额经济损失和社会恐慌等严重后果，其火灾防控和灭火救援已成为世界级难题。高层建筑火灾防控难度大，监测预警信息化手段缺乏。高层建筑体量庞大、功能复杂，风险管控区域多，火灾防控难度大，目前消防管理及监督缺乏信息化监测预警手段，火灾风险主动管控措施有限。人员疏散和灭火救援困难，态势研判和辅助决策手段不足。高层建筑中庭和幕墙多、竖向管井多，易形成立体火灾，灭火救援难度大，传统技战术难应对；高层建筑结构复杂、疏散路径长，人员疏散困难，灭火救援态势研判和决策支持手段不足。现有消防科技对高层建筑各相关方全周期全方位支撑不足。基于消防综合大数据的态势感知网尚未形成，区域及行业孤岛发展模式大量存在。为消防责任主体（业主、物业）落实管理责任、为消防监管部门提升监管及综合救援效能、为第三方机构提供定制化社会服务的科技支撑不足。

电气火灾时有发生，但有关电气火灾的监测预警装备的科技含量还有待提高，应用技术装备的针对性研究有待加强。一是现有电气火灾监测设备感知预警手段有限、早期处置缺乏，电气火灾感知—监测—评估—预警—处置相互脱节、风险预警智能化程度低，出现问题不能第一时间监测预警和处置。二是居民用电总负荷持续增加，电器设备及线路滥用现象激增；尤其是城中村，老旧住宅等居住建筑户内末端电气线路质量存缺陷，设计、施工、验收不规范，电气老化、超负荷运转的问题较突出。三是居民安全用电意识薄弱，导致各类人为隐患激增，尤其是近几年电动自行车室内充电、进电梯等导致的火灾伤人事故屡见不鲜。

8.1.3 智慧安全监管技术还需深化集成

在智慧安全监管工作中，城市安全信息化监控中心还处在刚起步阶段，部门数据壁垒和信息"孤岛"依然存在，有关"感知安全"生产系统数据、重大危险源监测预警系统数据、数字城管大数据、政务信息系统数据、气象风险预警信息系统数据、突发事件预警信息发布平台数据、城市桥梁信息管理平台数据及城市消防工作平台监测数据的集成整合还待深入。城市地下燃气、供热、给水、排水、通信、供电、隧道桥梁、大型综合体、综合交通枢纽、大型游乐设施等的安全智能监控专用设备、成套设备还较少。一些城市的"智慧安全"重大项目还需升级，研制相关配套装备、创新技术应用、示范成果转化以及推动安全科技、服务深度融合有待加强。

譬如，随着城市快速发展，高新技术、金融、物流、文化等支柱产业不断涌现，城市功能布局随之调整，对城市生命线的安全发展提出了更高要求。与日常生活息息相关的水、电、油、燃气、通信管道、给排水管道、地铁、桥梁、隧道等城市生命线在运行过程中风险耦合效应凸显，引发的衍生、次生灾害给城市公共安全风险治理带来了重大挑战。城市生命线风险防控与治理面临的挑战主要表现为：耦合隐患辨识不足、感知手段单一、灾害耦合空间监测预警手段不足、应急处置分析能力不足和信息孤岛等问题。危险化学品生产、经营、储存、运输、使用及处置等各环节信息相对孤立，危险化学品流向信息不明，各部门未形成协调联动的全流程管控体系。

8.1.4 宣传教育平台建设投入不足

安全生产宣传教育，指借助于不同的宣传教育手段使人们认识安全生产的本质性含义、重要性并且获得必要的安全生产理论及技能，从而有效提高人们的安全生产意识、安全技术水平的过程。宣传教育在安全工作中非常重要，但目前存在的问题是宣传教育平台建设速度明显滞后，平台建设内容严重不足。一是安全宣教体系尚未成型，宣传教育模式有待创新。目前缺乏个性化安全宣教需求的研判和支持，且线上线下联动渠道不畅通，未形成全方位、广覆盖、常态化的安全宣教体系；安全生产宣传教育在一定程度上，还存在"走过场、走形式"和"一厢情愿式"的问题，"宣"而未"教"，"教"而"单一"，宣传形式年年重复、月月雷同，宣传语言使用生硬、刻板，受众存在机械接受的现象，宣传成效还不明显。二是安全宣教资源亟待整合，宣传力量还需进一步加强。目前宣教内容质量良莠不齐，缺乏统一交流平台，生产经营单位及个人获取高质量安全宣教资源的渠道窄、难度大。另外，安全生产工作宣传教育是一项专业性很强的工作，也是一门专门的学问，非专业人员对相关的法律、法规、事故案例，以及安全生产常识的传授难以讲深讲透，起不到应有的宣传效果。如果只是一味采用"蜻蜓点水式"的教育，就无法达到宣传教育工作的成效，因此加强专业宣教队伍专业化、规范化建设尤为重要。三是缺乏成效检验技术手段，对宣教受众的安全意识、安全技能的提升效果缺乏成效检验技术手段，倾向以活动氛围及媒体关注作为宣教效果的判断标准，难以对宣教成果归纳总结，并持续改进。

8.1.5 应急指挥智能化水平发展不够

应急管理是国家治理体系和治理能力的重要组成部分。国家应急管理机构改革以来，应急指挥体系在理念方式、主体、制度保障等方面都发生了重大变化，朝着应急管理体系和应急管理能力现代化的目标不断迈进。

应急指挥是城市安全与应急管理工作的核心业务，涉及值班值守、预案管理、应急资源管理、指挥调度、应急联动、上下贯通、信息发布、通信保障等各项应急指挥能力建设。目前，应急指挥集成环境建设需要进一步完善，应急指挥调度平台的终端覆盖还需要拓展和加强；现有应急指挥通信的容量、稳定性以及融合接入能力还有待加强，极端条件下的应急通信手段还有所不足；用于综合管理、辅助决策的信息汇聚、数据分析能力还有待提高；适应森林防火、防汛等专项应急需求的指挥系统模块还有待完善。应急管理的运行机制仍以业务驱动模式为主，信息共享程度不高，智能化水平不足，基于数据驱动的运行机制模式尚处于探索阶段。利用大数据和人工智能等先进技术进行网络监管执法等技术手段尚待完善，距以智能化手段助力风险防范和精准治理的目标还有距离。

8.2 安全科技发展机遇

党和政府高度重视应急管理科技与信息化发展。党的十九大以来，习近平总书记对应急管理和防灾减灾救灾作出了系列重要论述，立意深远、思想深刻、内涵丰富，是做好防灾减灾救灾的重要指导方针，是应急管理科技与信息化工作的根本遵循，为应急管理科技与信息化发展提供了强大动力。习近平总书记在中央政治局第十九次集体学习时强调，要强化应急管理装备技术支撑，优化整合各类科技资源，推进应急管理科技自主创新，依靠科技提高应急管理的科学化、专业化、智能化、精细化水平；要加大先进适用装备的配备力度，加强关键技术研发，提高突发事件响应和处置能力；要适应科技信息化发展大势，以信息化推进应急管理现代化，提高监测预警能力、监管执法能力、辅助指挥决策能力、救援实战能力和社会动员能力。城市安全科技应以高质量发展为主题，以供给侧结构性改革为主线，以科技创新为引擎，统筹发展和安全，促进数字技术与实体经济深度融合。

新兴信息技术和科技创新为智慧应急发展提供支撑。当前，科学技术越来越成为推动经济社会发展的主要力量，新一轮科技革命和产业变革正在孕育兴起，以云计算、大数据、物联网、工业互联网和人工智能为代表的新一代信息技术快速发展，特别是5G、工业互联网技术突飞猛进，为数字化、网络化、智能化升级和人工智能应用提供了新的高速、智能平台，人工智能将在广域监测、大数据分析研判和精准预警方面发挥重要作用。《关于深化新一代信息技术与制造业融合发展的指导意见》对发展人工智能和工业互联网提出了新的要求。新技术为风险的感知、监测、防范、化解和事故灾害救援等各个环节提供了新手段，为应急管理提供了更多更强的技术性、工具性、方法性选择。瞄准应急管理现代化的内在要求，借助新一代信息技术发展大势，依托5G、工业互联网、人工智能等前沿技术，引领和带动应急管理信息化建设智能化升级，是"十四五"时期难得的历史机遇。

智慧应急是应急管理能力现代化的发展方向。《"十四五"国家应急体系规划》以及《应急管理部关于推进应急管理信息化建设的意见》等文件，对各省开展智慧应急建设，推进应急管理信息化高质量发展提出了一系列要求。智慧应急是现代信息网络技术与应急管理业务深度融合后形成的新业务形态，通过应急管理信息化建设和应用系统智能化升级改造，推进现代信息网络技术与应急管理业务深度融合，有利于促进体制机制创新、业务流程再造和工作模式创新，推进应急管理数字化转型赋能，提高监测预警、监管执法、指挥决策、救援实战和社会动员能力，逐步改变传统经验式、粗放化的应急管理方式，向科学化、专业化、精准化和智能化转变。

8.3　安全科技创新发展方向

8.3.1　加强安全科技创新能力提升和先进成果转化应用

健全完善安全科研创新体制机制，加快安全科技协同创新能力建设，构建政产学研用协同的科技创新机制与模式，打造专业化、社会化的技术支撑服务体系，构建生产经营单位为主体、市场为导向、产学研相结合的应急管理科技生态。

1. 大力推进新技术在安全领域的研发及应用

针对安全生产、应急管理的难点和痛点，积极推进新材料、新工艺、新技术等研发和应用，引导生产经营单位和科研机构在应急科技工作中突破创新，在物理、信息、材料、化学等学科交叉融合领域形成技术突破。促进泛在感知、物联组网、多元数据融合等前沿技术在监测感知体系的试点应用。培育一批低成本、高效能的新技术和创新型产品，从根本上解决应急管理工作中的成本效能矛盾，推动应急能力的跨越式发展。

2. 健全完善科技协同创新与成果转化机制

充分调动各方积极性与能动性，创建适宜应急管理理论研究、技术研发、仪器装备研制、应用示范与市场转化的科技创新机制与成果转化模式。鼓励联合高等学校、科研机构和生产经营单位开展理论研究并建立产学研协同创新机制，推动建立科技成果转化与管理制度，建设一批机制灵活、专业人才集聚、服务能力突出、具有影响力的应急管理技术转移机构，推进具有科技成果评价、孵化及转化落地能力的应急管理科技成果服务平台建设。

3. 推动应急产业发展

激发市场活力，吸引社会力量参与应急管理科技与信息化建设，培育一批合作意愿强烈、技术实力雄厚的领军生产经营单位。加强规划布局、指导和服务，适应现代产业发展规律，推动构建智慧应急产业体系和投融资服务体系，针对应急管理业务涉及的监测预警、现场救援处置等实际需求，从传感设备、通信装备、智能机器人等领域着手，推动应急产业快速发展。

4. 加强科技成果示范推广

坚持问题导向，激发市场需求，面向重点行业领域，打造应急产品试点应用示范工程。针对各类应急业务场景中的痛点难点问题，开放应用场景，明确相关的业务领域、功能需求以及可提供的数据资源，以"揭榜挂帅"的方式，推动各方资源积极参与科技创新与科研成果落地，鼓励一批解决实际业务问题的"首场景"应用落地示范。

8.3.2　促进智慧应急能力建设与提升

针对安全工作特点，夯实信息化基础支撑体系，聚焦应急管理监测预警、监管执法、指挥决策、救援实战以及宣教动员能力建设，促进信息技术与应急管理业务深度融合，解决实际业务过程中的难点和痛点，提升应急管理的智能化水平。

1. 监测预警能力建设

提升安全生产监测预警能力，扩展接入各类重点监管对象，研究构建标准化、智慧化的风险监测指标体系，实现对高危行业生产经营单位安全生产风险的智能识别和自动预警。

提升自然灾害监测预警能力，全面汇聚共享各渠道自然灾害监测预警数据，建设典型自然灾害监测预警模型库，构建多灾种和灾害链综合监测体系，形成风险早期识别和预报预警能力，为自然灾害防治和应急救援提供信息支撑。

提升城乡安全监测预警能力，汇聚城乡安全运行相关的城市风险感知数据，逐步补齐农村和边远区域安全风险监测短板，提高城乡重大风险防控与突发事件处置能力，为城市运行安全管理提供保障。

提升风险防控智能化水平，建设智能化风险诊断评估系统，打造"安全风险一张图"，实现安全风险全生命周期管理，支撑城市范围内的安全风险辨识、风险上报、风险评估及应急处置能力评估工作，从源头上防范化解重大安全风险。

2. 监管执法能力建设

配合"一网通办"建设，提升应急管理服务能力，优化群众体验感。促进各类数据的关联贯通和综合研判，集成实时监测数据、视频监控数据、监管执法数据等多维信息，基于知识图谱等提供全量法律法规以及执法行为检索，进一步提升监管执法效能。

加强执法体系的标准化、规范化、智能化建设，推动视频巡查、网上执法、电子文书等新型执法模式的试点应用。

3. 指挥决策能力建设

加强信息的汇聚与整合能力，提升信息的时效性与针对性，完善数据动态接入技术手段，为应急指挥决策提供系统、全面、实时、精准的数据保障和信息支撑。

强化应急指挥统筹调度能力，提升突发事件应急处置水平，打造贯通、协同、高效的应急指挥调度体系，支撑保障应急指挥过程的集中、统一、协同，提升重大突发事件应对过程的统筹协调和快速响应能力。

提升指挥救援智能支撑能力，丰富完善预案库与案例库建设，推进关联信息获取、态势推演、损失评估、相似案例推送等信息化能力建设，为指挥救援提供智能化辅助支撑。

4. 救援实战能力建设

打造数字化战场，丰富现场救援技术手段，促进多源信息融合，强化面向救援实战需求的灾害现场人员定位、信息获取与态势感知能力，实现现场态势全时可见，为现场救援提供信息支撑与技术保障。

提升极端环境下的现场应急通信保障能力，强化现场通信组网能力，确保现场信息的上传下达，保证突发事件现场通信安全稳定畅通。

提升无人装备的运用水平，加强智能无人装备在复杂环境探索搜寻、危险环境抢险救援、森林灭火等应用场景的应用，增强极端环境下的应急实战能力。

构建城市健全统一的应急物资保障体系，实现应急物资的统筹使用、合理储备、智能调度、实时跟踪、全程可控，为救援实战物资管理提供信息化保障。

5. 宣教动员能力建设

加强社会动员力量管理，充分利用应急部统建系统和其他移动客户端，全面掌握社会力量专业技能、装备配备等基本信息，加强对安全生产员、灾害信息员、应急志愿者的集中动态管理。

构建应急在线宣教网络，依托国家、省、市和现有资源，丰富宣教手段，扩大应急科普宣教覆盖面，普及安全知识，提升公民安全意识，提高自救互救能力。

结合国家、省、市统建系统，实现隐患举报、灾情报告、社会力量指挥、人员有序转移、物资调配分发等功能，提升应急社会响应能力。

6. 基础支撑能力建设

以370M应急无线通信网、应急指挥信息网、应急卫星网络为核心，推动卫星通信、1.4G无线政务网、5G公网、宽窄带专网等多种通信手段融合，不断提升应急通信网络的覆盖度和稳定性，实现应急通信的立体连接、泛在连接和智慧连接。

基于市大数据平台以及应急管理部数据中心，推进跨部门、跨区域、跨层级应急管理数据融合应用，加强应急基础信息统一管理和互联共享，实现应急管理数据的时空一致和动态接入，提升应急数据治理能力。

基于城市"一张图"，建设应急地理信息平台，为值班值守、突发事件处置、森林灭火和防汛调度等工作提供地理信息服务，为其他应急业务系统的地理信息应用打下坚实基础。

充分利用城市和应急管理部统建的基础共性信息化服务能力，建设数据丰富、功能齐全的应急知识库、模型库等智慧支撑体系，形成与应急部门"应急大脑"和"城市大脑中枢"融合共享、有机协同的应急大脑。

8.3.3 应急管理科研基地建设与人才培养

推动重点实验室、研发中心建设，坚持人才是第一资源的思想，加强内部人才梯队建设，积极吸纳外部社会力量，培养、引进一批应急管理领域的高端领军人才，建设技术过硬、层次合理、良性发展的应急管理科技人才队伍。

1. 专业技术研发中心建设

以应急管理实战需求为导向，瞄准科技前沿，依托科研资源，集聚与优化各类创新资源要素，围绕自然灾害防治、生产安全事故防控、应急救援处置等业务环节的技术需求，规划建设一批专业技术研发中心、重点实验室和工程中心。

2. 专业科研人才队伍建设

探索人才激励政策，建立适合科技创新、有利人才进步的人才管理机制，形成良性、可持续的人才培养环境。

加强科研队伍建设，打造优质科研团队，统筹高层次创新人才、青年科技人才、实用技术人才等队伍建设，加大科技人才奖励激励力度，推动形成一支结构合理、规模适当、素质优良的应急管理科技人才队伍。

3. 专业支撑服务团队和保障体系建设

加强技术力量整合，推进教学科研资源、市场化技术服务资源与技术支撑保障力量的整合；加强与国内相关领域知名高校、科研院所及信息技术领军生产经营单位的长期稳定合作；完善监测预警、监管执法、指挥决策、救援实战、宣教动员各业务环节的技术和服务支撑体系建设；通过自建或购买服务的方式，探索与专业机构长期稳定的合作关系，建立稳定的支撑队伍，实现技术支撑能力的整体提升。

8.3.4 推动安全科技协同配套发展

以引领国家应急技术装备研发、应急产品生产制造、应急服务发展为目标，在城市培育与发展一批专业类和综合类安全应急产业示范基地。面向处置突发事件和保障人民生命安全重大需求，加大安全与应急技术装备的研发及应用，强化智能技术在安全与应急技术装备的应用，研制标准化、体系化、成套化的安全与应急技术装备，为防范和处置突发事件提供科技支撑。

1. 以政府为主导实现资源聚集整合

发展安全应急产业，要坚持政府主导。应急产业设计的产品有着明显的公共服务属性，产业化项目具有投入巨大、技术和知识密集、风险高等特点，一般的经济主体很难胜任，要通过技术支持、市场保证、政策和制度供给等来推动和引导社会主体和资源进入产业化进程。

促进安全应急产业发展，要以现有行业的资源整合为出发点。实现资源的聚集与整合，必须要有高校、科研机构和科技人才的介入，进行产学研的协同创新。在促成生产经营单位、高校、科研院所的战略合作方面，要充分发挥科研机构作为智力资源枢纽的作用，积极对接大型生产经营单位和中小微生产经营单位不同特征以及各类研究所资源，推进资源的聚集、共享与整合。统筹部委产业、政策资源与科研、技术、人才资源协作互动、共同推进，形成应急产业关键领域重大突破，大生产经营单位发挥产学研用优势，中小生产经营单位强化自主研发能力，提升国产品牌话语权。

2. 以科技为引领提高科技成果转化

助推安全应急产业发展，提高科技创新能力是主攻方向。当前以物联网、云计算、大数据、人工智能、区块链、新材料等为主的新科技，正在引领和支撑安全应急产业发展。

打通产学研创新链、产业链、价值链，是创新科技成果转化的重要因素。科技要想变成广大民众的安全感，只进行基础研究而没有实用技术是行不通的，必须要有真正的经济效益和社会效益，要把技术变成产品。有了产品，才可能大范围应用，才有可能整体提升国家公共安全保障的能力，才能让广大民众真正有安全感。科技引领必须充分依靠创新链作为原始驱动，依靠产业链实现创新成果，依靠价值链实现价值。

3. 以标准为方向确保产业健康发展

提高安全应急产业的产出质量与管理水平、确保安全应急产业健康有序发展，坚持实施标准化。标准化是科研、生产、使用三者之间的桥梁。一项科研成果一旦纳入相应标准，就能迅速得到推广和应用，甚至上升为团体或行业标准，促进技术进步。

4. 以园区为载体打造安全产业集群

推动安全应急产业集聚，还要以园区为载体，打造安全产业集群。加快安全产业园区基地布局建设推进，打造公共安全产业新业态，促进公共安全产业集群化，坚持深化改革、调结构、促转型、惠民生，进一步完善产业链、创新链、资金链，创建公共安全产业示范园区，在园区内培育公共安全创新型生产经营单位、面向市场的新型研发机构和专业化技术转移服务体系，促进成果转化和应用，推动公共安全科技示范、科学普及与教育培训基地建设。

5. 加大应急产业开放合作

对标国际领先、国内高端、先进的应急产业技术、服务理念与标准，借助国内外交流合作商洽展示平台，搭建国内知名的应急展洽平台，扩大应急产业的特色产品与服务的影响力和知名度。

6. 建设智慧安全工业产业园区

整合各方资源，建设园区数据服务管理基础平台并进行感知和互联基础设施改造；针对粉尘涉爆场所、锂电池储存、有限空间作业等高风险单元开展视频分析、物联感知等智能交互设备改造升级；基于5G/互联网专线等建立生产经营单位、园区、政府部门间的智能联接网络，并开展工贸各细分行业领域风险评估、监测预警标准、视频智能分析算法等研究，最终实现为园区各类用户提供统一的风险管控、监测预警、协同联动和应急指挥决策等全过程安全服务。通过智慧安全工业园区平台建设，实现园区生产经营单位风险实时监测、快速感知、超前预警、联动处置；生产经营单位信息资源数字化、信息传递网络化、主动服务精准化、调度指挥智能化；实现工业园区发展规模、速度、质量、结构、效益、安全相统一。

8.4 城市安全科技发展前沿

8.4.1 安全监管监测技术研究

1. 城市生命线重大基础设施风险监测预警平台

1）建立城市生命线监测预警系统平台

以城市安全发展全周期管理理念为指导，聚焦城市生命线安全面临的挑战，融合物联网、云计算、大数据、移动互联、BIM/GIS 等现代信息技术，构建全方位、立体化的城市生命线安全网，研发城市生命线运行监测系统，形成统一的城市生命线安全风险预警及大数据分析可视化平台。加强生命线运行状态全面感知和动态监测预警、应急处置与救援能力，有效实现城市生命线安全管理模式从被动应对向主动保障、从事后处理向事前预防、从静态孤立监管向动态连续防控的转变，实现城市生命线公共安全防控目标。

2）关键技术和监测目标

基于机器视觉测量技术和工程结构健康感知算法、物联与视频混合感知、端测精准识别、云侧智能分析、边云协同等技术，构建城市生命线感知分析预警体系。研究适合城市的安全风险预测、预警数据挖掘技术和安全风险的预警算法，构建数据挖掘模型和决策情景库，实现决策情景应用。利用平台丰富的数据资源和分析能力，对突发事件进行提前感知、预警并提供相应的应急处置建议。城市生命线监测目标汇聚燃气（油气）管网、市政管网、桥梁隧道、公路、地下空间、地质隐患、第三方施工等物联感知数据，透彻感知城市生命线运行状况，分析生命线风险及耦合关系，深度挖掘城市生命线运行规律，实现城市生命线系统风险的及时感知，早期预测预警和高效处置应对。

2. 危险化学品全流程监管系统

基于大数据、卫片、电子标签、区块链等技术，对危险化学品生产、经营、储存、运输、使用等全生命周期信息进行综合管理，通过采集危险化学品生产经营单位生产经营数据与危险化学品运输流向数据，建立危险化学品全生命周期数据管理系统。通过对危险化学品运输路线、运输人员、运输工具、周边环境综合监控，建立危险化学品运输过程中的实时监控平台与危险化学品生产经营单位购销使用跟踪预警系统，对危险化学品全生命周期、全流程进行跟踪管理，支撑协同应急处置过程。

3. 人员密集场所应急疏散及大客流监测预警系统

对城镇大型活动场所、旅游景点区、城市地下空间、城市轨道交通等人员密集场所，通过视频监控、人脸识别、客流眼、电子围栏、Wi–Fi 嗅探、腾讯 LBS 等信息技术手段进行客流监测，融入公共交通、实时气候等更周详、更丰富的研判维度，结合场所安全出口、疏散路线、通风照明、电气设备以及周边消防救援力量、装备器材等关键要素，利用人工智能、机器学习、大数据等技术，通过计算机学习预测未来面临大客流情况，实现由实时监测向提前预测转变，不断迭代升级大客流风险洞察系统。

4. 全场景智慧监管系统

随着智能化建设的推进和实施，促使单一场景转向全场景、从单点智慧过渡到整体智慧，全场景智慧是促进城市安全发展全面推广和落地的必由之路。

全场景智慧的核心是能感知、会思考、可进化、有温度的"智能交互—智能联接—智能中枢—智慧应用"深度融合技术架构。通过构建一库（应急管理大数据库）、三中枢（监测预警智能中枢、应急指挥智能中枢和安全宣教智能中枢）、N系统（自然灾害防御、城市大客流监测、城市生命线安全和危险化学品安全等），打造城市安全发展智能体技术架构，将长期使城市安全发展全周期治理与可持续发展。

面向城市实际安全发展需求，依托"云—大—物—移—智—链"新一代技术，融合安全、韧性、智享、共治等理念，构建城市安全发展一体化智慧平台，驱动城市安全发展全场景智慧落地，实现城市公共安全"一体化监测、智能化预警、多信息融合、整体式管控"，显著提升城市风险防控智能化专业化水平。

5. 安全生产许可、监管、执法信息化系统

推动安全许可信息化、许可条件条目化，研发智能许可终端或 App，提高安全许可水平和效率；通过对接"互联网＋监管""互联网＋执法"等平台，实现监管执法数据与工业互联网数据的融合，推动各级各类执法终端接入工业互联网，确保执法全程可视化可追溯，实现透明、公开、客观、公正、高效的闭环管理。

6. 安全生产风险监测预警系统

围绕感知数据、生产工艺、设备设施等维度，通过历史资料分析、模拟推演等方式，建立安全生产风险分类分级预警样本库。基于样本库、深度学习算法，对安全生产风险预警模型进行训练及优化并进行测试，形成较为可靠并能够动态迭代、不断完善的安全生产风险监测预警模型。制定风险特征库和失效数据库标准，分析各类感知数据，通过数据和风险类别、风险程度等指标之间的对应关系形成风险特征模型，通过数据和零部件失效指标之间的对应关系形成零部件失效特征模型。依托边缘云建设，将上述特征模型分发到边缘端，加速对安全生产风险的分析预判，从而实现智能预警和超前预警。

7. 建设 5G 智慧工地

"5G 智慧工地"服务可实现多项落地突破，关注工地上人、机、料、法、环、测六要素，运用"一通、多能、四驱动"架构，采用 5G 网络无死角覆盖，并通过 5G 实名制双防监管系统、5G 便携巡检、5G 远程协作、5G 双 360 度空间立体实时监控系统、5G 智慧信息岛、多维安全监控系统、5G 作业面监管系统、5G＋智慧图纸技术等应用模块，结合人工智能、区块链、云计算、边缘计算、大数据等新兴技术开启 5G 创新应用，实现智能全方位智慧工地管理。

8. 利用 VR 研究作业人员不安全行为比对技术

设定典型作业活动情景，确定作业标准行为动作，开发 VR 应用程序，通过监测监控设备对照现场作业人员安全行为，开展不安全行为动作捕捉技术研究，及时提醒作业人员的不安全行为，避免发生事故。同时，还可利用 VR 技术和开发形成的应用程序，深化开展 VR + 安全体验培训、基于 VR 的作业人员安全行为评估；在集成 VR 应用程序的基础上，建立实物模型与 VR 应用程序相结合的体验装置，应用到各类安全体验馆中。

9. 压力容器罐壁自动监测和强度自动判定技术

改革开放四十余年来，我国建立了完善的工业体系，工业现代化取得了前所未有的发展。但工业生产中一些老设备、老装置的安全问题逐渐地暴露出来，形成了安全隐患。压力容器作为特种设备，应用面很广，但长时间使用之后，罐壁会产生裂缝、腐蚀变薄等问题，从而影响使用。通过采用物联网感知技术，研究使用高敏感度的感应设备，感知罐壁应力变化、结构变形，研究压力容器强度变化数学模型，判定压力容器使用效能。通过实验验证，形成压力容器自动监测和强度自动判定技术。

10. 高层楼宇或老旧建筑倾斜位移自动监测技术

近年来，时常发生高层楼宇或老旧建筑坍塌事故，造成人身伤亡。高层楼宇和高层建筑在各个城市的数量都非常巨大，随着时间的推移和其本身的质量问题，以及在所有权变更过程中反复的施工、装饰装修，荷载增加，造成强度下降，导致建筑安全问题突出。探索在新建高层楼宇以及老旧建筑中采用物联网技术，开展建筑物竖向或者横向位移监测，测算建筑倾斜率，开展建筑框架梁、柱变形、建筑附着物（如玻璃幕墙、店招牌等）变形监测，开展材料、构件和结构性能以及结构累积损伤影响、结构构件承载力验算，开发监测应用程序，通过试点应用，对高层楼宇和老旧建筑安全效能进行监测，便于及时采取应对措施。

11. 工作场所危害因素自动监测技术

工作方法场所存在尘、毒、噪声、高低温甚至放射性等危害，可在危害重点场所利用 5G 技术、整合自动监测设备，建设工作场所危害因素自动监测系统。通过试点应用形成标准化后，可作为建设项目安全设施或职业病危害防护设施"三同时"要求的一部分进行建设。开展作业现场危害因素监测数据统计分析研究，建设数学模型判定危害因素变化趋势，发挥预测预警效果。

8.4.2　安全装备应急救援设施研究

1. 高层建筑智慧消防安全装备及监控平台

1）建立智慧消防监测预警系统

通过增加摄像装置、消防水位液压传感器、火灾自动报警装置、燃气泄漏探测装置、防火门状态监测装置等感知设备，基于5G/互联网专线等建立智能联接网络，实现现场数据实时采集传输、建筑消防安全状态综合研判、物联网参数科学监测、大数据动态分析预警等功能，建立高层建筑智慧消防监测预警系统和平台。

2）关键技术研发

通过物联感知设施和技术对用户信息、建筑信息、消防设施状态等进行智能感知、采集；依托新一代通信和网络技术将数据传递、路由和传输控制；通过对海量数据进行分类、关联、演变和养护实现数据活化，另通过人工智能、知识图谱等，实现智能搜索、数据关联分析、空间决策等智能分析处理；整合消防领域的智慧应用，实现智能防火、智能灭火、可视化服务。

3）创新监管模式

通过全面感知、深度共享、协同融合，将不同环节、不同空间的人、物、事有效连接，实现事前全面感知：消防数据实时共享、风险底数动态掌握，隐患及时预警并提供定制化解决方案。事中态势研判：为公众提供动态智能疏散避难方案；为综合救援队伍接处警、指挥调度提供科学决策依据。事后延伸调查：复盘还原火灾全过程，为火灾防治提供借鉴。实现动态监测、智能预警、精准监管、科学指挥、快速处置、人性服务，形成"火灾防控多元共治、救援指挥融通智能、公众服务普惠便捷和延伸服务定制供给"的新格局，全面提升高层建筑整体消防安全水平。

2. 高风险单元电气火灾智能监测预警装备及平台

1）建立城市电气防火平台和系统

按照"风险管理、关口前移"的管控思路，利用非接触式检测、非侵入式监测、电器指纹识别、物联网、电气火灾知识图谱、贝叶斯网络、边缘计算等信息技术，构建全方位、立体化的城市电气防火平台。加强室内电气安全运行状态全面感知和动态监测预警、应急处置与救援，实现室内电气防火全周期安全目标。

2）构建电气防火防控体系

通过研究电气参数全域感知在线分析技术，获取被监测区域关键技术参数，形成电气安全信息基础数据库。通过开发电气火灾孕灾致灾风险因素关联知识图谱，训练多参量数据评估模型，形成电气火灾大数据预警分析系统，构建基于"全面检测—隐患整治—监测预警—动态评估"的电气火灾防控体系。

3）关键技术和装备研发

研究电气参数全域感知在线分析方法，研发多功能监测预警终端，发展基于车—桩充放电数据的热安全状态监测、电动自行车禁止入户监控、刺激自响应本质安全型电池材料和内置式车载电池快速灭火装置等关键技术及系统。针对现有电气火灾监测设备感知预警手段有限、早期处置缺乏等问题，发展基于边缘云端融合运算的电气火灾隐患分析技术，开发适应地下空间电气线缆及设备房、超高层建筑强弱电井、电动自行车、新能源汽车停放空间等特定场所的智能感知终端，制备发展基于智能刺激响应材料的本质安全型的锂离子电池和热失控防护装置。

3. 化工园区危险气体大范围速扫监测预警系统及装备

研发大范围速扫监测预警装备，支持化工园区及生产经营单位加快部署大范围速扫监测预警装备，快速监测化工园区危险气体浓度、反演重构危险区域复杂危险气体泄漏空间场分布，实现园区危险气体浓度场数据的远程、大范围、快速监测和传输。

4. 水下搜救装备

针对在江河湖海发生的沉船或人员落水淹溺等涉水安全事故，研究水下搜救装备。涉水安全事故具有突发性强、水域较深、环境复杂陌生、溺水人员和落水搜救困难等特点，给应急救援队伍实施水下救援任务带来了极大挑战。针对应急救援队伍缺乏高效水下搜救手段的问题，在水下应急搜救装备研究中，重点开展复杂水域对应急救援装备的动态响应分析、复杂环境下的应急救援装备智能控制等方面的技术攻关，并结合试验考核验证，使水下应急救援装备具有更好的环境适应性、操作便捷性以及作业可靠性等，用于替代潜水员执行水下搜索、打捞、切割等任务。

5. 超高层楼宇灭火装置

目前全国的超高层楼宇越建越多，而特种消防车辆最高抬升在 70 m 左右，对更高楼层无法进行灭火处置。超高层楼宇救火灭火成为城市消防工作的一个重点难点问题，开展超高层楼宇灭火装置研究成为迫切的需要。在超高层楼宇灭火装置研究中，重点开展高效灭火剂材料研究、无人机在低可视度及复杂低矮空间飞行控制研究、无人机携带灭火机或消防水带实施自动灭火技术研究、无人机火场监测机制研究等，开展高层楼宇火灾监测，解决高层楼宇灭火困难、消防救援设备不充分等实际困难。

6. 生产经营单位智能化高危作业管理系统

通过将动火作业、受限空间作业、临时用电作业等高危作业审批许可条件条目化、电子化、流程化，许可审批人员现场对照条目核实，上传现场检测照片等附件，只有满足全部作业条件后，方可签发作业许可，并通过信息化手段对作业全程进行过程和痕迹管理，从而实现特殊作业申请、审查、许可、监护、验收全流程信息化、规范化、程序化管理。逐步将作业条件条目化、程序化审批许可拓展到液化天然气、液化石油气、液氯、液氨等装卸作业及联锁摘除、恢复、变更中。鼓励生产经营单位用满足现场使用条件的电子锁将受限空间、临时配电箱上锁，只有经现场审核满足作业许可前置条件后，才能下发开锁授权码开锁，从而避免"先作业、后审批"。当作业现场气体探测器检测到可燃气体、有毒气体超标或氧含量不在标准范围，视频监控研判中断作业超过规定时限后、未再次上传气体分析数据等现象后，自动向作业、监护等人员发送报警信息，杜绝动火作业"中断作业超时、未检测""气体超标、继续作业"等不安全行为。当监测到受限空间连续作业超过规定时限，而未再次上传气体分析数据，自动向作业、监护等人员发送报警信息，避免"连续作业超时不检测"的不安全行为。

7. 人员定位装备

基于 Wi-Fi、蓝牙、超宽带（UWB）、射频识别技术（RFID）等相关技术以及差分基站、全球定位系统（GPS）、北斗、定位标签等信号终端设备，研究生产经营单位室外、室内和受限空间人员定位技术，实现在净空区域高精度（亚米级）和复杂装置、室内区域连续定位功能；研究人员定位数据长距离、高精度、连续传输技术；研究人员定位相关可穿戴设备。

8. 危险作业无人化装备

研究确定各行业类别的生产经营单位存在的小概率、高风险作业清单；针对高风险作业，探究基于工业互联网的危险作业无人化的可行性及解决方案，研发相关无人化作业的系统及装备，并进行能力验证。

9. 监测预警装备

围绕提高各类突发事件监测预警的及时性和准确性，重点研发智能化监测预警类应急产品。在事故灾难方面，重点研发危险化学品安全、特种设备安全、交通安全、有毒有害气体泄漏等安全传感产品、监测预警装备和监管监察执法设备；在社会安全方面，重点研发城市安全、道路交通安全、网络和信息系统安全等监测预警产品。

10. 防护类装备

围绕提高个体和重要设施保护的安全性和可靠性，重点研发预防防护类应急产品和先进安全材料。在个体防护方面，重点研发应急救援人员防护、危险化学品安全避险、特殊工种保护、家用应急防护等产品；在设备设施防护方面，重点研发社会公共安全防范、重要基础设施安全防护等设备。

11. 处置救援装备

围绕提高突发事件处置的高效性和专业性，重点研发处置救援类应急产品，特别是智能型处置救援装备。在现场保障方面，重点研发突发事件现场信息快速获取、应急通信、应急指挥、应急电源、应急后勤保障等产品；在生命救护方面，重点研发生命搜索与营救、卫生应急保障等产品；在抢险救援方面，重点研发建（构）筑物废墟搜救、危险化学品事故应急、特种设备事故救援、反恐防爆处置等产品。

后　　记

2018 年，中共中央办公厅、国务院办公厅印发了《关于推进城市安全发展的意见》，要求开展安全发展示范城市创建工作。2019 年，国务院安全生产委员会研究制定了《国家安全发展示范城市评价与管理办法》。国务院安全生产委员会办公室于 2019 年 11 月印发《国家安全发展示范城市评价细则（2019 版）》，规范了国家安全发展示范城市的创建标准和评价内容；2020 年 3 月国务院安全生产委员会办公室印发《国家安全发展示范城市评分标准（2019 版）》，进一步细化评价要求。

经国家评比达标表彰工作协调领导小组批准，国家安全发展示范城市正式列入第一批全国创建示范活动保留项目目录。从 2020 年开始，全国掀起争创安全发展示范城市的工作热潮。南京市全面贯彻习近平总书记关于安全生产的重要论述精神，深入践行安全发展理念，全力创建国家安全发展示范城市，通过倒排时序进度，压实推进责任，适时通报、警示提示，全市各级、各部门全力以赴完成各项工作任务，并在工作中补短板强弱项，大力开展样板示范单位创建，总结典型经验做法，不断将各行业领域的创建成果进行标准化、规范化。经各行业领域、各板块的共同努力，南京市创建国家安全发展示范城市工作取得了丰硕的成果，2021 年 1 月 21 日，国务委员王勇在中央改革办《改革情况交流》上专门批示，肯定了南京经验做法。

本书的主要撰写人员均全面、全过程参与了南京市创建国家安全发展示范城市的各项工作，理论基础和实践经验丰富，在总结、挖掘、提炼、优化南京市安全发展良好安全实践的基础上，借鉴、消化、吸收全国其他城市安全工作成果，经认真整理、反复修改完成本书的撰写工作，希望能为其他城市安全发展提供辅助参考。

在此，感谢南京市为创建国家安全发展示范城市所做的努力，感谢本书撰写人员的辛苦付出！